数字信号处理系统的分析与设计研究

刘　洋　付建梅　张文霞　著

中国原子能出版社

图书在版编目（CIP）数据

数字信号处理系统的分析与设计研究／刘洋，付建梅，张文霞著. --北京：中国原子能出版社，2021.6
ISBN 978-7-5221-1423-1

Ⅰ．①数…　Ⅱ．①刘…②付…③张…　Ⅲ．①数字信号处理－系统分析－研究②数字信号处理－系统设计－研究　Ⅳ．①TN911.72

中国版本图书馆 CIP 数据核字（2021）第 109147 号

内 容 简 介

本书全面系统地阐述了数字信号处理与滤波器的基本理论、基本分析方法及数字信号处理的应用，主要内容包括绪论、数字信号与线性系统、离散时间信号与系统的变换域分析、离散傅里叶变换及其快速算法、IR 数字滤波器的设计方法、FIR 数字滤波器的设计方法、随机信号谱估计方法、数字信号处理中的有限字长效应、多抽样率信号处理与滤波器组、数字信号处理的应用等。本书内容全面丰富、系统性强、叙述深入浅出，可供自动化类及相关专业或有关工程技术人员参考阅读。

数字信号处理系统的分析与设计研究

出版发行　中国原子能出版社（北京市海淀区阜成路 43 号　100048）
责任编辑　张　琳
责任校对　冯莲凤
印　　刷　三河市德贤弘印务有限公司
经　　销　全国新华书店
开　　本　787mm×1092mm　1/16
印　　张　20.5
字　　数　367 千字
版　　次　2022 年 3 月第 1 版　2022 年 3 月第 1 次印刷
书　　号　ISBN 978-7-5221-1423-1　　定　价　98.00 元

网址：http://www.aep.com.cn　　E-mail：atomep123@126.com
发行电话：010－68452845　　　　版权所有　侵权必究

前　言

随着当今科学技术的迅速发展,信号处理技术已成为21世纪信息化时代打开电子信息科学的一把钥匙。数字信号处理是将信号以数字方式表示并处理的理论和技术。广义来说,数字信号处理是研究用数字方法对信号进行分析、变换、滤波、检测、调制、解调以及快速算法的一门技术学科。也有人认为,数字信号处理主要是研究有关数字滤波技术、离散变换快速算法和谱分析方法。

超大规模集成电路和计算机技术的飞速发展,为数字信号处理中许多算法的实现奠定了坚实基础,进一步推动了数字信号处理学科的快速发展,数字信号处理理论与应用也得到了迅猛发展。数字信号处理技术现已广泛应用于数字通信、电子测量、遥感遥测、生物医学工程,以及数字图像处理、振动分析等领域。

数字信号处理是一门电子工程和通信工程各专业的技术基础课程。数字信号处理的内容十分广泛,经典数字信号处理包括离散信号和离散系统分析、z变换、DFT、FFT、IIR数字滤波器和FIR数字滤波器及一些特殊形式的滤波器设计、有限字长问题等。该课程内容的理论性和实践性都很强,是一门理论和技术发展都十分迅速,应用十分广泛的前沿性学科。因此,在强调基本理论和基本概念的同时,还要结合当前信号处理的应用领域,以助于切实掌握信号处理的基本方法。本着这样的原则,作者写作了本书。

本书作者在多年的教学与科研基础上,对数字信号处理的基本理论、基本算法、分析和设计方法等做了充分而深入的论述。全书共计10章,第1章为绪论,第2章介绍数字信号与线性系统,第3章为离散时间信号与系统的变换域分析,第4章介绍离散傅里叶变换及其快速算法,第5章、第6章分别介绍IIR、FIR数字滤波器的设计方法,第7章介绍随机信号谱估计方法,第8章介绍数字信号处理中的有限字长效应,第9章介绍多抽样率信号处理与滤波器组,第10章列举了数字信号处理的一些应用。

本书具有以下特点:内容深入浅出,逻辑性强;理论联系实际,侧重实用。以实用为原则,简化了繁琐的理论推导,将理论学习和实践相结合,有助于在实践中掌握数字信号处理的基本概念、基本方法和基本应用。本书可作为高校相关专业师生的参考书,也可供从事相关工程技术的人员及其他爱好者使用。

在写作本书过程中参考并引用了一些相关著作的内容,在此一并向原作者表示衷心的感谢!对在写作过程中给予帮助和大力支持的所有人表示感谢。我们希望写一本便于阅读的书,尽管我们一直努力这么做,但由于水平有限,书中存在不足之处在所难免,恳切希望读者和专家批评指正。

作者

2021 年 3 月

目　录

第1章 绪 论

数字信号处理(Digital Signal Processing,DSP)是利用计算机或专用的数字信号处理设备、采用数值计算的方法对信号进行处理的一门学科。数字信号处理学科是随着半导体器件和计算机技术的发展而出现的,它将数字或符号表示的序列,通过计算机或专用的硬件处理设备,用数字的方式去处理,以得到人们所要求的信号形式。例如,对信号滤波,选择了信号的有用分量,而抑制了无用分量;或是估计信号的特征参数。总之,数字信号处理的内容丰富多彩,凡是用数字的方式对信号进行滤波、变换、估计和识别等,都是数字信号处理研究的对象。

1.1 信号、系统与信号处理

人们相互问候、发布新闻、传播图像或者传递数据,其目的都是要把某些信息借一定形式的信号传送出去。信号是信息的载体,是信息的物理表现形式。

1.1.1 信号

同一种信号可以从不同的角度进行分类。

1.1.1.1 确定性信号与随机信号

若信号被表示为一个确定的时间函数,即对于指定的某一时刻,可以确定相应的函数值,这样的信号称为确定信号,如正弦信号。但是实际传输的信号往往具有不可预知的不确定性,这种信号称为随机信号或不确定信号。

1.1.1.2 周期信号与非周期信号

所谓周期信号就是信号按一定的时间间隔重复,而且是无始无终的信号,并且可表示为如下形式

$$x(t) = x(t + kT)(k \text{ 为整数})$$

或

$$x(n) = x(n + kN)(N \text{ 为正整数}, k \text{ 和 } n + kN \text{ 为任意整数})$$

则 $x(t)$ 和 $x(n)$ 都是周期信号,周期分别为 T 和 N。否则就是非周期信号。

1.1.1.3　能量信号与功率信号

信号 $x(t)$ 和 $x(n)$ 的能量分别定义为

$$E = \int_{-\infty}^{\infty} |x(t)|^2 \, dt \qquad (1\text{-}1\text{-}1)$$

$$E = \sum_{n=-\infty}^{\infty} |x(n)|^2 \qquad (1\text{-}1\text{-}2)$$

如果 $E < \infty$,我们称 $x(t)$ 或 $x(n)$ 为能量有限信号,简称为能量信号。若 $E \to \infty$,则称为能量无限信号。

当 $x(t)$ 和 $x(n)$ 的能量 E 无限时,我们往往研究它们的功率。信号 $x(t), x(n)$ 的功率分别定义为

$$P = \lim_{T \to \infty} \frac{1}{T} \int_{-T/2}^{T/2} |x(t)|^2 \, dt \qquad (1\text{-}1\text{-}3)$$

$$P = \lim_{N \to \infty} \frac{1}{2N+1} \sum_{n=-N}^{N} |x(n)|^2 \qquad (1\text{-}1\text{-}4)$$

若 $P < \infty$,则称 $x(t)$ 或 $x(n)$ 为有限功率信号,简称为功率信号。一个周期信号 $x(t)$ 或 $x(n)$,若其周期分别为 T 和 N,那么,它们的功率分别定义为

$$P_x = \frac{1}{T} \int_0^T |x(t)|^2 \, dt \qquad (1\text{-}1\text{-}5)$$

$$P_x = \frac{1}{N} \sum_{n=0}^{N-1} |x(n)|^2 \qquad (1\text{-}1\text{-}6)$$

周期信号、准周期信号及随机信号,由于其时间是无限的,所以它们总是功率信号。一般,在有限区间内存在的确定性信号有可能是能量信号。

1.1.1.4　连续时间信号与离散时间信号

连续时间信号的幅值可以是连续的,也可以是离散的,时间和幅值都为连续的信号又称为模拟信号。

离散时间信号在时间上是离散的,只是在某些不连续的规定瞬时给出函数值,在其他时间没有定义,用 n 表示离散时间变量。如果离散时间信号的幅值是连续的,则又可以称之为采样信号。如果离散时间信号的幅值被限定为某些离散值,即时间与幅度都具有离散性,则又可以称之为数字信号。图 1-1 中给出了模拟信号、采样信号与数字信号的示例:

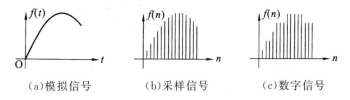

（a）模拟信号　　　　（b）采样信号　　　　（c）数字信号

图 1-1　模拟信号、采样信号与数字信号

1.1.1.5　一维信号、二维信号及多通道信号

若信号 $x(n)$ 仅仅是时间 n 这一个变量的函数,那么 $x(n)$ 为一维时间信号,如语音信号等。信号 $x(m,n)$ 是变量 m 和 n 的函数,我们称之为二维信号,如黑白图像中每个像素点具有不同的光强度,任一点都是两个变量的函数。对于一幅数字化了的图像,m 和 n 是在 x 方向和 y 方向的离散值,它们代表了距离,$x(m,n)$ 表示了在坐标 (m,n) 处图像的灰度。

若向量

$$\boldsymbol{X} = \left[x_1(n), x_2(n), \cdots, x_m(n) \right]^{\mathrm{T}}$$

式中,T 代表转置,n 是时间变量,m 是通道数,那么 $\boldsymbol{X}$ 是一个多通道信号。$\boldsymbol{X}$ 的每一个分量 $x_i(n)$,$i=1,2,\cdots,m$ 都代表了一个信号源。如空间中传播的电磁波,同时考虑时间变量而构成四维变量。

一维、二维及多通道信号又都可以分别对应确定性信号、随机信号、周期与非周期信量信号与功率信号。图 1-2 给出了信号的一个大致分类。

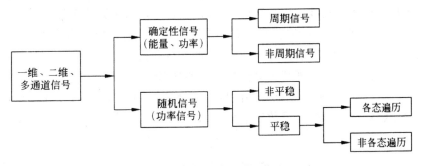

图 1-2　信号的大致分类

1.1.2　系统

系统定义为处理(或变换)信号的物理设备。实际上,因为系统是完成某种运算(操作)的,因而我们还可把软件编程也看成一种系统的实现方法。当然,系统有大小之分,一个大系统中又可细分为若干个小系统。

按所处理的信号种类的不同,可将系统分为四类:

(1)模拟系统:处理模拟信号,系统输入、输出均为连续时间、连续幅度的模拟信号。

(2)连续时间系统:处理连续时间信号,系统输入、输出均为连续时间信号。

(3)离散时间系统:处理离散时间信号——序列,系统输入、输出均为离散时间信号。

(4)数字系统:处理数字信号,系统输入、输出均为数字信号。

本书只讨论(3)、(4)两种系统,主要讨论第(3)种系统。系统可以是线性的或非线性的、时(移)不变或时(移)变的。

1.1.3 信号处理、数字信号处理

信号处理(包括数字信号处理)是研究用系统对含有信息的信号进行处理(变换),以获得人们所希望的信号,从而达到提取信息、便于利用的一门学科。信号处理的内容包括滤波、变换、检测、谱分析、估计、压缩、扩展、增强、复原、分析、综合、识别等一系列的加工处理,以达到提取有用信息、便于应用的目的。

因为过去多数科学和工程中遇到的是模拟信号,所以以前都是研究模拟信号处理的理论和实现。但是模拟信号处理难以做到高精度,受环境影响较大,可靠性差,且不灵活。随着大规模集成电路以及数字计算机的飞速发展,加之20世纪60年代末以来数字信号处理理论和技术的成熟和完善,利用计算机或通用或专用数字信号处理设备,采用数字方法来处理信号,即数字信号处理,已逐渐取代模拟信号处理。随着信息时代、数字世界的到来,数字信号处理已成为一门极其重要的学科和技术领域。

数字信号处理应理解为对信号进行数字处理,而不应理解为只对数字信号进行处理,而它既能对数字信号进行处理,又能对模拟信号进行处理,当然要将模拟信号转换成数字信号后再去处理。

1.2 数字信号处理系统的组成

在自然界中,大多数信号是模拟信号,即信号是连续变量的函数,而数字信号处理系统是对数字信号进行处理,因此,必须先将模拟信号转换成数字信号。一个模拟信号的数字处理过程如图1-3所示,包括三个步骤:模数转换(简称 A/D 转换)、数字信号的处理以及数模转换(简

称 D/A 转换）。

图 1-3　数字信号处理系统

　　A/D 变换器，即模数变换器。其作用是将模拟信号变换成为数字信号，A/D 变换器由抽样、量化和编码三部分组成。即每隔抽样间隔取出一次模拟信号的幅度，得到样值信号，再经量化和编码后，得到数字信号。一般采用有限位的二进制码来表示离散时间信号的幅度，如 8 位码只能表示 $2^8＝256$ 种不同的量化电平。当离散时间信号的幅度与量化电平不相同时，通常采用截尾处理或舍入处理，用最接近的一个电平来表示离散时间信号的幅度。因此，模拟信号经 A/D 变换器后，不仅时间上量化了，而且信号的幅度也量化了，从而得到了数字信号。其实，数字信号是数的序列，每一个数都是用一个有限的二进制码来表示的[①]。

　　数字信号处理器的作用是按照预定的要求，对输入序列进行加工处理，形成所需要的响应序列。

　　D/A 变换器，即数模变换器。其作用是将数字信号变换成为模拟信号。

　　如果只需要数字输出，可以直接以数字形式显示或打印，则图 1-3 中就不需要 D/A 变换器；如果处理的对象是数字信号，则图 1-3 中就不需要 A/D 变换器；如果处理的对象是数字信号，而且只需要数字输出，则图 1-3 中既不需要 A/D 变换器也不需要 D/A 变换器，仅需要一个数字信号处理器这一核心器件便可。

　　图 1-3 中(a)、(b)、(c)、(d)的信号波形图如图 1-4 所示。

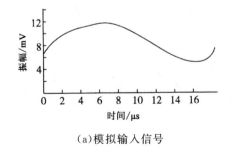

（a）模拟输入信号

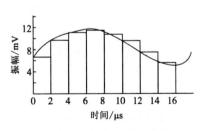

（b）抽样和保持电路的输出

---

① 陈绍荣,刘郁林,雷斌,等.数字信号处理[M].北京:国防工业出版社,2016.

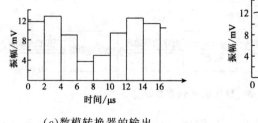
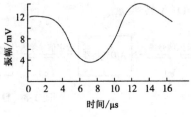

(c)数模转换器的输出　　　　　　　　　　(d)模拟输出信号

图 1-4　某信号在不同阶段的波形

为清晰起见,数字高电平和低电平分别用正脉冲和负脉冲表示

数字信号处理是利用数字系统对数字信号(包括数字化后的模拟信号)进行处理,离散时间信号处理是用离散时间系统对离散时间信号进行处理,二者的差别是,数字信号处理既要将离散时间信号加以幅度量化得到数字信号,又要将离散时间系统的系数(参数)加以量化得到数字系统。

1.3　数字信号处理的内容

一般学术界公认,1965 年快速傅里叶变换(FFT)算法的问世是数字信号处理这一新学科发展的开端,这一算法的提出,开辟了学科发展的极其广阔的前景。

数字信号处理和许多学科紧密相关,数学的重要分支微积分、概率论与随机过程、复变函数、高等代数及数值计算等都是它的极为重要的分析工具;而网络理论、信号与系统则是其理论基础,它与很多学科领域,例如通信理论、计算机科学、大规模集成电路与微电子学、消费电子、生物医学、人工智能、最优控制及军事电子学等结合都很紧密,并对它们的发展起着主要的促进作用。

总之,数字信号处理已形成一个和国民经济紧密相关的独立的、完整的学科理论体系,这个学科体系主要包括以下的领域。

(1)离散时间信号的时域及频域分析,时域频域的抽样理论,离散时间傅里叶变换理论。

(2)离散时间线性时(移)不变系统时域及变换域(频域,复频域即 z 变换域)的分析。

(3)数字滤波技术。

(4)离散傅里叶变换及快速傅里叶变换、快速卷积、快速相关算法。

(5)多抽样率理论及应用。

（6）信号的采集，包括 A/D 转换器、D/A 转换器、量化噪声等。

（7）现代谱分析理论与技术。

（8）自适应信号处理。

（9）信号的压缩，包括语言信号的压缩及图像信号的压缩。

伴随着通信技术、电子技术及计算机的飞速发展，数字信号处理的理论也在不断地丰富和完善，各种新算法、新理论正在不断地推出。例如，在过去的 30 多年中，平稳信号的高阶统计量分析、非平稳信号的联合时频分析、多抽样率信号处理、小波变换及独立分量分析等新的信号处理理论都取得了长足的进展，压缩传感（Compressive Sensing）理论正在发展中。可以预计，在今后的 10 年中，数字信号处理的理论将会更快地发展。

1.4　数字信号处理的特点

1.4.1　数字信号处理的优势

信号处理是对信号按某种算法进行运算，从中获得人们所需要的信息。模拟处理与数字处理的不同在于前者利用分立元器件的物理属性（例如，电容量等于电容器存储的电荷与电压之比，即 $C = Q/U$）进行运算，而后者则是在超大规模集成电路中进行二进制的逻辑运算，并且可以对集成电路中的 CPU（中央处理器）进行编程。这样，数字信号处理不但能在许多领域取代了昔日的模拟处理技术，还能用于许多非用数字信号处理不可的全新领域。这是因为数字信号处理技术拥有以下优势。

（1）精度高。在模拟信号处理中，由于组件容错性的限制，系统处理精度很难控制，且一般无法达到 10^{-3} 以上，而数字信号处理由于处理的是数字信号，可通过改变系统中 A/D 转换器和数字信号处理器的字长、浮点算术运算等参数达到。

（2）可靠性高。DSP 涉及的运算实际上都是在超大规模集成电路中进行的二进制逻辑运算。二进制只有 0 与 1 这两种状态，误码率极低。硬件中没有运算放大器之类的受温度和使用时间影响的器件，因而不会产生性能漂移。

（3）灵活。模拟系统对信号进行不同的处理时，需要对硬件重新设计和配置，还要进行测试和校验以观察可行性，而数字信号处理可通过软件仿真改变其参数，观看运行结果来确定其是否可行，即使进行硬件设计，也只需改变系统中的乘法器、加法器和延迟器等的参数[①]。

（4）易于大规模集成。对于模拟系统，由于诸多元件的参数难以一致，尤其是工作在低频的模拟系统，由于电感、电容的参数较大、体积大，因此，不便于集成化。然而在数字系统中，由于各元件都工作在"0"或"1"两种状态，因此，对元件参数要求不是十分严格。不仅易于大规模集成和大规模生产，而且产品的成品率较高。

（5）可时分复用。数字信号可通过分时将大量信号合成为一个信号（称复用信号），通过某个处理器处理后，再将信号解复用，即分离处理后的信号。这种方法可减少每路信号的处理代价。

由于每一路信号相邻抽样时刻之间存在很大的空隙时间，在同步器的控制下，在此空路时间中依次送入其他路信号，各路信号共用一个信号处理器。用同步器控制分路器和数字信号处理器中信息输入到乘法器的存储单元，可以得到不同特性的数字信号处理器，即可以实现时分复用。显然，数字信号处理器的速度越高，能处理的信道数目就越多。

图 1-5 给出了时分复用系统的基本框图，图 1-6 是时分复用的概念解释图，其中（a）和（b）分别是两路信号，这两路信号通过时分复用技术合并成信号（c），在信号（c）中，原来的（a）和（b）信号在时间上是相互独立的。

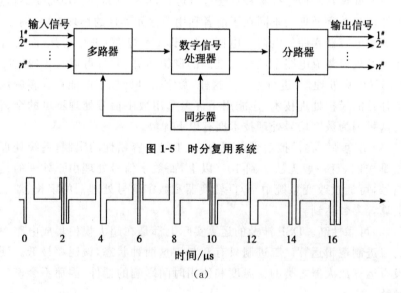

图 1-5　时分复用系统

时间/μs

（a）

---

①　刘芳,周蜜.数字信号处理与 MATLAB 实现[M].北京：中国人民大学出版社,2015.

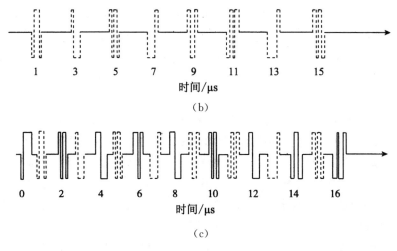

时间/μs

(b)

时间/μs

(c)

图 1-6　时分复用

（6）可以实现模拟系统无法实现的复杂处理功能。模拟系统只能对信号进行一些简单的处理，而数字系统则可以实现诸如解卷积、严格的线性相位、复杂的数学运算、信号的任意存取等各种复杂的处理与变换，如电视系统中的多画面、各种特技效果、特殊的音响和配音效果等。

（7）便于加、解密。目前信息安全要求越来越高，加、解密算法越来越复杂，而只有数字处理才可以实现复杂的加、解密算法。

由于上述意义的存在，使数字信号处理理论与实现技术成为近 40 年来经久不衰的研究热点，使本学科成为发展最快，新理论与新技术层出不穷，应用领域最广泛的新学科之一。

1.4.2　数字信号处理的局限性

数字信号处理的优势是与模拟处理相比较而存在的。数字信号处理仍有某些不足之处，但是，随着半导体工艺的发展，这些缺点将逐渐被克服。在选用信号处理方法时，要考虑以下几个方面。

（1）系统复杂性高，成本高。数字信号处理设计可能成本高昂，特别是当信号频带很宽时。目前，位数多的高速 ADC（模拟—数字转换器）和 DAC（数字—模拟转换器）都很昂贵。此外，只有特殊的集成芯片能用来处理兆赫级的信号，而这样的芯片也很昂贵。多数 DSP 芯片的速度还不够快，只能处理中等带宽的信号。因此，带宽在 100 MHz 量级的信号多用模拟方法处理。但是，可以预料，DSP 芯片的处理速度将会越来越快。

（2）处理速度与精度的矛盾。影响处理速度的因素是算法的速度，

A/D、D/A 转换器的速度,以及数字信号处理器芯片的速度;而 A/D、D/A 转换器的速度和精度(dB 数)是互相矛盾的,要做到高速,精度就会下降。总体来看,频率太高(速度要求就高),只能仍采用模拟信号处理办法,例如对 100 MHz 量级信号,如要求精度超过 12 dB 以上,则处理速度还要低一个量级以上。

(3)有效处理的频率范围有限。这个特性限制了它的应用,尤其是在模拟信号的数字处理中。数字信号处理器运算的有效频率范围主要由抽样和保持电路以及数模转换器决定,因此受当前技术发展的限制。目前文献上提到的最高抽样率大约为 1 GHz。这样高的抽样频率通常不在实际中使用,因为由模拟样本数字等效的字长确定的模数转换器可达到的分辨率随着转换器速度的增加而降低。例如,已报道的工作在 1 GHz 下的模数转换器的分辨率是 6 bit。而另一方面,在大多数应用中,所要求的模数转换器的分辨率约为 12 bit 到 16 bit。因此,目前实际应用中最高抽样率的上限为 10 MHz。然而,该上限随着技术的发展会变得越来越大[1]。

(4)有限字长问题。在任何 DSP 硬件中,算法中的数只能用有限的二进制位数来表示,系数和中间运算结果都存储于位数有限的单元,若位数不够,就会造成系统整体性能的严重下降[2]。

数字信号处理理论及其实现与应用技术的内容非常丰富和广泛,涉及微积分、随机过程、高等代数、数值分析、复变函数和各种变换(傅里叶变换,z 变换、离散傅里叶变换,小波变换,……)等数学工具,数字信号处理的理论基础包括网络理论、信号与系统等,其实现技术又涉及计算机、DSP 技术、微电子技术、专用集成电路设计、神经网络和程序设计等方面。通信、雷达、人工智能、模式识别、航空航天、图像处理等,都是数字信号处理的应用领域。

1.5　数字信号处理的实现

数字信号处理的主要处理对象是数字信号,采用的处理手段是各种处理运算或算法,因此其实现方法与传统的模拟信号处理是有很大区别的。数字信号处理技术的实现有三种方法。

---

① 黄羿,马新强.数据时代下的数字信号处理关键技术研究[M].北京:中国水利水电出版社,2018.

② 王大伦.数字信号处理[M].北京:清华大学出版社,2014.

1.5.1　硬件实现方法

按照具体的要求或功能,设计硬件结构,利用乘法器、加法器、延时器、控制器、存储器及输入/输出接口部件实现数字信号处理系统的构建。硬件实现方法的优点是速度快,便于信号的实时处理;缺点是灵活性较差,成本也较高,多用于需要对信号进行高速、实时处理的场合。

DSP 芯片较之大家所熟悉的单片机有着更为突出的优点,如内部带有硬件乘法器、累加器,采用流水线工作方式及并行结构,多总线,速度快,配有适于信号处理的指令等。目前市场上的 DSP 芯片以美国德州仪器公司(TI)的 TMS320 系列为主,其他的有 AD 公司、LSI 公司和 Freescale 公司各种型号的产品。目前 DSP 正朝着 DSP 核和 ARM 微处理器相结合、定点和浮点相结合及多核的方向发展,目标是在更快和更强的处理能力的情况下增强控制功能,并最大限度地降低功耗。DSP 芯片已形成了一个具有较大潜力的产业与市场。

TI 公司推出的芯片有多个系列,说明如下。

- TMSC2000 系列:价格低廉,最适用于工业产品控制。
- TMSC5000 系列:在保持良好性能的前提下,尽可能降低芯片的功耗。这个系列的芯片最适用于开发便携式通信产品及其他便携式仪器。
- TMSC6000 系列:属于高档次芯片,价格稍贵。适用于开发多媒体产品、进行图像处理及其他超高速信号处理的场合。其中,TMS320C62xx 和 TMS320C64xx 子系列是定点 DSP,而 TMS320C67xx 子系列是性能最高的浮点 DSP:TMS320C62xx 和 TMS320C64xx 的处理速度分别达到 1 600 MIPS 和 9 000 MIPS(MIPS——每秒百万条指令),TMS320C67xx 的浮点运算速度可以达到 1 GFLOPS(GFLOPS——每秒十亿次浮点运算)。

1.5.2　软件实现方法

按照具体的数字信号处理算法的原理,编写程序或采用现成的模块程序在通用计算机上进行实现。这种实现方法的主要优点是灵活性好,只要改变程序中的相关参数,即可改变系统性能;缺点是受限于特定计算机系统平台,速度慢,不适合实时处理,因而多用于算法研究与仿真、教学及实验等场合①。

信号处理的各种软件可由使用者自己编写,也可使用现成的。自IEEE DSP Comm. 于 1979 年推出第一个信号处理软件包以来,国外的研究机构、大学及有关信号处理著作的作者也推出了形形色色的信号处理软件包。这些都为信号处理的学习和应用提供了方便。目前,有关信号处理的最强大的软件工具是 MATLAB 语言及相应的信号处理工具箱。

数字信号处理各种快速算法及 DSP 器件的飞速发展为信号处理的实时实现提供了可能。所谓实时实现,是指在人的听觉、视觉允许的时间范围内实现对输入信号(图像)的高速处理。例如,数字移动电话、数字电视、可视电话、会议电视、军事、高性能的变频调速控制及智能化医学仪器等领域,均需要实时实现。实时实现需要算法和器件两方面的支持。我们在本书中所讨论的快速傅里叶变换、卷积和相关的快速算法等都是为了这一目标。器件是指以 DSP 为代表的一类专门为实现数字信号处理任务而设计的高性能的单片 CPU。

1.5.3 软硬件结合的实现方法

依靠单片处理器或数字信号处理器(Digital Signal Processor,DSP)作为硬件支撑,配置相应的信号处理软件,实现各种数字信号处理功能。这种方法可以充分利用软件实现方法的灵活性和硬件实现方法的实时性,已经成为目前最常用的一种数字信号处理技术的实现方法。在软硬件结合的实现方法中,选用 DSP 芯片进行数字信号处理系统的实现是发展方向①。

随着数字技术、处理器技术的高速发展,各种处理器芯片层出不穷,数字信号处理系统的构建方式也是各种各样,常见的主要有以下几种。

(1)利用通用计算机,结合数字信号处理软件构建。

(2)基于单片机构建。

(3)利用专门用于数字信号处理的可编程 DSP 芯片构建。

(4)利用特殊用途的 DSP 芯片构建。

(5)利用 FPGA 开发专用集成电路(Application Specific Integrated Circuit,ASIC)芯片构建。

(6)在通用计算机系统中使用加速卡来构建。

实际应用中,选用哪种实现方法,需要结合实时性、灵活性、成本等因素进行综合考虑与选择。

①　张峰,石现峰,张学智.数字信号处理原理及应用[M].北京:电子工业出版社,2012.

1.6　数字信号处理系统的应用领域

从 20 世纪 60 年代中期起,随着 DSP 的问世和计算机技术的发展,以信息化为特征的第三次工业革命开始了。60 多年来,DSP 的研究、应用达到了空前的广度和深度。可以说,基于数字计算机的 DSP 代表着当今的先进生产力,改造了许多古老的产业,催生了众多崭新的学科和应用领域。DSP 广泛地应用于雷达、声呐、电子对抗、航空航天、地震、语音、图像、通信系统、遥感遥测、地质勘探、系统控制、生物医学工程、机械振动、故障检测、电力系统、自动化仪器等领域。

数字信号处理已和我们每个人的生活紧密相连。如我们的手机、数码相机、高清数字电视等,不但它们内部含有 DSP 芯片,而且含有丰富的数字信号处理内容。

综上所述,数字信号处理是一门涉及众多学科,又应用于众多领域的新兴学科,它既有较为完整的理论体系,又以最快的速度形成自己的产业。因此,这一新兴学科有着极其美好的发展前景,还将为国民经济的多个领域的发展做出自己的贡献。

(1)汽车:自适应驾驶、防滑制动、蜂窝电话、数字收音机、电机控制、全球定位、导航、振动分析、声音操控。

(2)消费电子:数字收音机/电视机、数字音响、教育玩具、音乐综合、固态应答机、磁盘机。

(3)控制:电机控制、马达控制、机器人控制、伺服控制。

(4)通用领域:自适应滤波、卷积、相关、数字滤波、快速傅里叶变换、希尔伯特变换、波形产生、加窗。

(5)绘图/图像:三维计算、动画制作/数字地图、同态处理、图像压缩/传输、图像增强、模式识别、机器人视觉、工作站。

(6)工业:数字控制、电力线监控、机器人、安全监控。

(7)仪器:数字滤波、函数产生、模式匹配、锁相环、地震处理、频谱分析、瞬态分析。

(8)生物医学:诊断设备、胎儿心电图监护、助听器、病人监护、临床修复、超声设备。

(9)军事:图像处理、全球定位、空中预警、导弹精确制导、导航、雷达处理、声呐处理、电子战、安全通信。

(10)通信:蜂窝无线电话、基站、自适应均衡器、多路通信、双音多频编码/解码、扩频通信、视频会议、自适应回音消除、移动电话。

(11)语音:语音处理是最早应用数字信号处理的领域之一,包括语音识别、语音合成和语音增强等处理技术,在市场上出现了许多相关产品,例如:盲人打字机、语音应答机、各种会说话的仪器和玩具等。

在实际工程中,对各种 DSP 应用系统的需求越来越多,使得 DSP 算法开发工具不断充实与完善。无疑,C 语言是一种最有用的编程工具,多数生产数字信号处理芯片的厂商都会提供 C 编译、仿真器,这类编译器都具有 C 语言及高效的直接汇编语言,利用其可以优化一些对实时要求较高的应用的编程。此外,美国 Mathworks 公司开发的 MATLAB 是一种功能强大、用于高科技运算的软件,MATLAB 已成为数字信号处理与分析的重要工具,它有丰富的工具箱,其中与信号处理相关的有通信、滤波器设计、信号处理等工具箱,每种工具箱内有大量可调用的函数,而各类函数能以矩阵形式描述和处理所有数据。因而要熟练掌握数字信号处理的理论和技术,就既要学好有关的基础知识,又要掌握 C 语言并学会应用 DSP 及 MATLAB 软件工具。

第 2 章　数字信号与线性系统

离散时间信号与系统的基本知识是学习数字信号处理的重要基础。在实际的应用中,许多离散信号或数字信号来自对连续信号的采样,因而离散时间信号与系统的分析方法和连续时间信号及系统的分析方法均有相似之处。在学习离散时间信号与系统的时域分析方法时,应同连续时间信号与系统的时域分析方法联系起来,比较其异同,只有这样,才能更好地掌握离散信号与系统的某些独特性能。

2.1　离散时间信号——序列

对模拟信号进行数字处理,信号必须经过模/数(A/D)转换。首先通过采样将模拟信号转换成离散时间信号(时间离散、幅度连续),再通过量化将离散时间信号转换成数字信号(时间和幅度都离散)。其中采样是线性过程,量化是非线性过程。对线性变换已经有一套完整的、简便有效的数学分析方法,而对非线性变换的描述手段却少得多,而且复杂和不够精确,所以,研究数字信号处理的理论体系都是建立在离散时间信号与系统上的,即暂不考虑量化的影响。

2.1.1　离散时间信号的定义

离散时间信号(以下简称离散信号)又称序列,用 $x(nT)$ 表示,它是离散时间系统的处理对象。序列是一个数组,定义在离散的时间点 nT(n 为任意整数,T 为采样间隔)上。这里设 $T=1$,序列 $x(n)$ 可以表示为

$$x = \{x(n)\}, -\infty < n < +\infty \tag{2-1-1}$$

离散信号 $x(n)$ 可以是自然产生的,也可以是连续信号的抽样。离散信号的时间函数只在某些不连续的时间值上给定函数值。$x(nT)$ 一般写作 $x(n)$,这样做不仅仅是为了书写方便,而且可以使分析方法具有更普遍的

意义,可以同时表示不同取样间隔下的信号,而且离散变量可不限于时间变量。图 2-1 表示一个有限长序列 $x(n)$ 的表示形式。

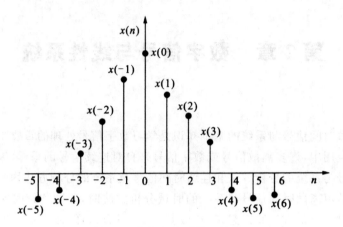

图 2-1　有限长序列的一般表示

离散信号 $x(n)$ 可以用数学解析式、图形形式和序列形式等方式描述。如

$$x(n) = \begin{cases} n, & 0 \leqslant n \leqslant 4 \\ 0, & \text{其他} \end{cases}$$

是它的解析式,其图形形式如图 2-2 所示。其序列形式为 $x(n) = [0,1,2,3,4]$,有"↑"表示起点 $n=0$。若序列任一边有无限大的范围,则用省略号"…"表示。如 $x(n)=n(n>0)$,可写为 $x(n) = [0,1,2,3,4,\cdots]$。

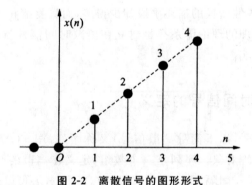

图 2-2　离散信号的图形形式

2.1.2　离散信号的分类

当 $n<M$ 时,$x(n)=0$,则离散信号称为右边序列;当 $n>M$ 时,$x(n)=$

0,则离散信号称为左边序列;当 $n<0$ 时,$x(n)=0$,则离散信号称为因果序列,因果信号是右边序列的特殊情况;当 $n>0$ 时,$x(n)=0$,则离散信号称为反因果序列,反因果信号是左边序列信号的特殊情况;每隔 N 个采样点重复一次,即有 $x(n)=x(n\pm mN)$,$(m=1,2,3,\cdots)$,N 为一个整数,是周期序列的最小周期。右边序列、因果序列、左边序列、反因果序列和周期序列都是无限长序列,分别如图 2-3 和图 2-4 所示。

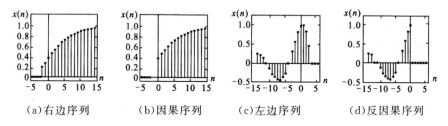

(a)右边序列　　　(b)因果序列　　　(c)左边序列　　　(d)反因果序列

图 2-3　右边序列、因果序列、左边序列和反因果序列

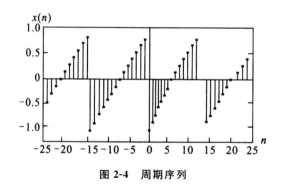

图 2-4　周期序列

$x(n)$ 定义在 $a<n<b$ 之间,其中 a、b 为整数,当 n 为其他值时,$x(n)=0$,这种离散信号称为有限长序列,如图 2-5 所示。

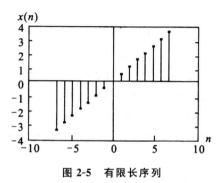

图 2-5　有限长序列

2.1.3 离散信号的能量与功率计算

与连续信号类似,离散信号的能量定义为信号电压(或电流)消耗在 $1\,\Omega$ 电阻上的能量 E 为

$$E = \sum_{n=-\infty}^{\infty} |x(n)|^2 \qquad (2\text{-}1\text{-}2)$$

离散信号的功率定义为信号电压(或电流)在时间区间 $(-\infty, +\infty)$ 内消耗在 $1\,\Omega$ 电阻上的平均功率 P 为

$$P = \lim_{N \to \infty} \frac{1}{2N+1} \sum_{n=-N}^{N} |x(n)|^2 \qquad (2\text{-}1\text{-}3)$$

信号总能量为有限值而信号平均功率为零的信号即为能量信号,信号平均功率为有限值而信号总能量为无限大的信号即为功率信号。直观上不难理解,在时间间隔无限趋大的情况下,周期信号都是功率信号;只存在于有限时间内的信号是能量信号;存在于无限时间内的非周期信号可以是能量信号,也可以是功率信号,这要根据具体信号而定。

2.1.4 几种常用序列

在离散时域中,有一些基本的离散时间信号,它们在离散时间信号与系统中起着重要的作用。下面给出一些典型的离散时间信号表达式和波形。

2.1.4.1 单位抽样序列 $\delta(n)$

单位抽样序列 $\delta(n)$ 定义为

$$\delta(n) = \begin{cases} 1, n = 0 \\ 0, n \neq 0 \end{cases} \qquad (2\text{-}1\text{-}4)$$

其波形如图 2-6(a)所示。$\delta(n)$ 也称为单位脉冲序列或单位样值序列。这是常用重要的序列之一,它在离散时间信号与系统的分析、综合中有着重要的作用,其地位犹如连续时间信号与系统中的单位冲激信号 $\delta(t)$。虽然 $\delta(t)$ 与 $\delta(n)$ 符号上一样,形式上 $\delta(n)$ 就像 $\delta(t)$ 的抽样,但它们之间存在本质的区别:$\delta(t)$ 在 $t=0$ 时,脉宽趋于零、幅值趋于无限大、面积为 1,是极限概念的信号,是现实中不可实现的一种信号,表示在极短时间内所产生的巨大“冲激”;而 $\delta(n)$ 在 $n=0$ 时,值为 1,是一个现实数序列。图 2-6(b)所示为 $\delta(n)$ 右移三个单位的信号 $\delta(n-3)$ 的波形。

显然,任意序列可以表示成单位抽样序列的移位加权和,即

$$x(n) = \sum_{m=-\infty}^{\infty} x(m)\delta(n-m)$$

$$= \cdots + x(-1)\delta(n+1) + x(0)\delta(n) + x(1)\delta(n-1) + \cdots$$

$$(2\text{-}1\text{-}5)$$

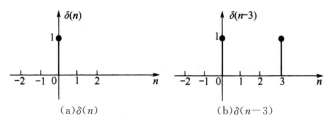

(a)$\delta(n)$　　　　　　　(b)$\delta(n-3)$

图 2-6　单位抽样序列及其移位

2.1.4.2　单位阶跃序列 $u(n)$

单位阶跃序列 $u(n)$ 定义为

$$u(n) = \begin{cases} 1, n \geqslant 0 \\ 0, n < 0 \end{cases} \qquad (2\text{-}1\text{-}6)$$

其波形如图 2-7 所示。它类似于连续时间信号与一系统中的单位阶跃信号 $u(t)$。但一般情况 $u(t)$ 在 $t=0$ 处没有定义，而 $u(n)$ 在 $n=0$ 时定义为 $u(0)=1$。

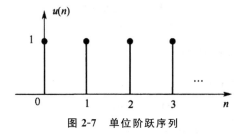

图 2-7　单位阶跃序列

用 $\delta(n)$ 及其移位来表示 $u(n)$，可得两者之间的关系为

$$u(n) = \delta(n) + \delta(n-1) + \delta(n-2) + \delta(n-3) + \cdots = \sum_{k=0}^{\infty} \delta(n-k)$$

$$(2\text{-}1\text{-}7)$$

反过来，$\delta(n)$ 可用 $u(n)$ 的后向差分来表示，即

$$\delta(n) = u(n) - u(n-1) \qquad (2\text{-}1\text{-}8)$$

可见，相对于连续时间信号与系统中单位冲激信号 $\delta(t)$ 与单位阶跃信号 $u(t)$ 之间的微分与积分关系，在离散时间系统中，单位抽样序列 $\delta(n)$ 与单位阶跃序列 $u(n)$ 之间是差分和求和关系。

由 $u(n)$ 的定义可知,若将序列 $x(n)$ 乘以 $u(n)$,即 $x(n)u(n)$,则相当于保留 $x(n)$ 序列 $n \geqslant 0$ 的部分,所得到的序列即为因果序列。

2.1.4.3 矩形序列 $R_N(n)$

矩形序列 $R_N(n)$ 定义为

$$R_N(n) = \begin{cases} 1, 0 \leqslant n \leqslant N-1 \\ 0, \text{其他} \end{cases} \qquad (2\text{-}1\text{-}9)$$

其波形如图 2-8 所示。显然,矩形序列与单位抽样序列、单位阶跃序列的关系为

$$R_N(n) = u(n) - u(n-N) \qquad (2\text{-}1\text{-}10)$$

$$R_N(n) = \sum_{m=0}^{N-1} \delta(n-m) \qquad (2\text{-}1\text{-}11)$$

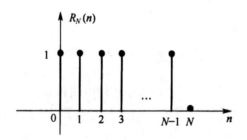

图 2-8 矩形序列

2.1.4.4 正弦序列

正弦序列表达式为

$$x(n) = A\sin(\omega_0 n + \phi) \qquad (2\text{-}1\text{-}12)$$

式中,A 为幅度,ϕ 为初始相位,ω_0 为正弦序列的数字域频率。其波形如图 2-9 所示。

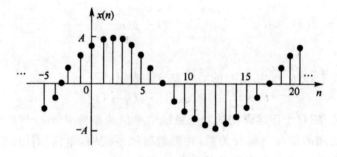

图 2-9 正弦序列

该信号可以看成对连续时间正弦信号进行抽样得到的。若连续正弦信号 $x(t)$ 为

$$x(t) = A\sin(\Omega_0 t + \phi) = A\sin(2\pi f_0 t + \phi)$$

式中，f_0 为信号（物理）频率，$\Omega_0 = 2\pi f_0$ 为模拟角频率，信号的周期 $T_0 = \dfrac{1}{f_0} = \dfrac{2\pi}{\Omega_0}$。

对 $x(t)$ 以抽样间隔 T_s 进行等间隔周期抽样得到离散信号 $x(n)$，即

$$x(n) = x(t)\big|_{t = nT_s} = A\sin(\Omega n T_s + \phi) = A\sin(\omega_0 t + \phi)$$

由上述推导过程可知

$$\omega_0 = \Omega_0 T_s = \frac{2\pi f_0}{f_s} \tag{2-1-13}$$

对于一般的信号有

$$\omega = \Omega T_s = \frac{2\pi f}{f_s} \tag{2-1-14}$$

式(2-1-14)便是数字信号处理中的数字角频率 ω、模拟角频率 Ω 及物理频率 f 三者之间的关系。

2.1.4.5　实指数序列

实指数序列的表达式为

$$x(n) = a^n u(n) = \begin{cases} a^n, & n \geqslant 0 \\ 0, & n < 0 \end{cases} \tag{2-1-15}$$

式中，a 为实数，由于 $u(n)$ 的作用，当 $n < 0$ 时，$x(n) = 0$。其波形特点是：当 $|a| < 1$ 时，序列收敛，如图 2-10(a) 和图 2-10(c) 所示；当 $|a| > 1$ 时，序列发散，如图 2-10(b) 和图 2-10(d) 所示；从图 2-10(c) 和图 2-10(d) 可以看出，当 a 为负数时，序列值在正负之间摆动。

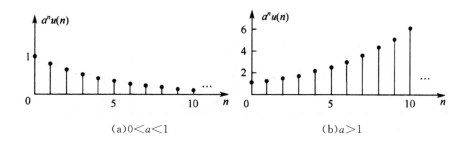

(a)$0 < a < 1$　　　　　　　　　　(b)$a > 1$

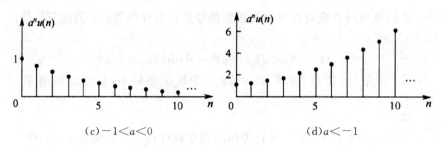

(c)$-1<a<0$ (d)$a<-1$

图 2-10 实指数序列

2.1.4.6 复指数序列

复指数序列的表达式为

$$x(n) = e^{(\sigma+j\omega_0)n} \tag{2-1-16}$$

其指数是复数（或纯虚数），用欧拉公式展开后，得到

$$x(n) = e^{\sigma n}\cos\omega_0 n + je^{\sigma n}\sin\omega_0 n \tag{2-1-17}$$

式中，ω_0 为复正弦序列的数字域频率，σ 表征了该复正弦序列的幅度变化情况。其实部和虚部的波形如图 2-11 所示。

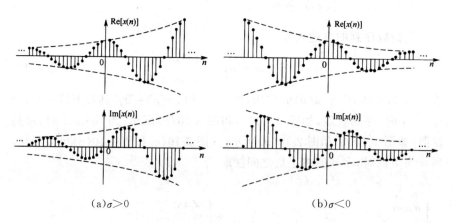

(a)$\sigma>0$ (b)$\sigma<0$

图 2-11 复指数序列

复指数序列表示成极坐标形式为

$$x(n) = |x(n)| e^{j\arg[x(n)]} = e^{\sigma n} e^{j\omega_0 n} \tag{2-1-18}$$

式中，$|x(n)| = e^{\sigma n}$，$\arg[x(n)] = \omega_0 n$。

2.1.5 序列的基本运算

在数字信号处理中，对信号的处理是通过序列之间的运算完成的。序列的运算包括相加、乘积、差分、累加、卷积及变换自变量(移位、反褶和尺度变换等)。下面简单介绍几种常用的运算。

(1)移位。设某一序列 $x(n)$,当 m 为正时,$x(n-m)$ 指原序列 $x(n)$ 逐项依次延时(右移)m 位;而 $x(n+m)$ 则指 $x(n)$ 逐项依次超前(左移)m 位,这里 m 为整数。当 m 为负时,正好相反。

例 2-1-1 已知序列 $x(n)=\begin{cases}\dfrac{1}{3}\left(\dfrac{1}{3}\right)^{n}, & n\geqslant-1 \\ 0, & n<-1\end{cases}$,则

$$x(n+1)=\begin{cases}\dfrac{1}{9}\left(\dfrac{1}{3}\right)^{n}, & n\geqslant-2, \\ 0, & n<-2\end{cases}$$

$$x(n-1)=\begin{cases}\left(\dfrac{1}{3}\right)^{n}, & n\geqslant0, \\ 0, & n<0\end{cases}$$

移位运算如图 2-12 所示。从图中可以看出,一个非因果的右边序列可以通过移位变成因果信号,反之亦然。序列移位可以理解成序列幅值不变,序列号增加或减少的过程。

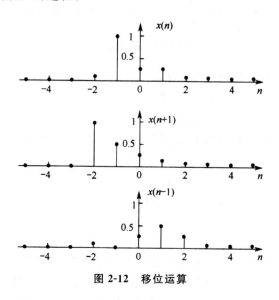

图 2-12　移位运算

(2)反褶。若有序列 $x(n)$,定义 $x(-n)$ 为对 $x(n)$ 的反褶信号,此时 $x(-n)$ 的波形相当于将 $x(n)$ 的波形以 $n=0$ 为轴翻转得到。

例 2-1-2 已知序列 $x(n)=\begin{cases}\left(\dfrac{1}{3}\right)^{n}, & n\geqslant-1 \\ 0, & n<-1\end{cases}$,则 $x(-n)=$

$$\begin{cases} \dfrac{1}{3}\left(\dfrac{1}{3}\right)^{-n}, & n \leqslant 1 \\ 0, & n > 1 \end{cases}, x(n) \ \text{及} \ x(-n) \ \text{如图 2-13 所示。}$$

与移位过程类似,序列反褶可以理解成序列幅值不变,序列号取相反数。

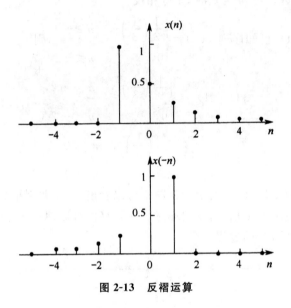

图 2-13 反褶运算

(3)序列的加、减。两序列的加、减指同序号(n)的序列值逐项对应相加、减而构成一个新的序列,表示为

$$z(n) = x(n) \pm y(n) \tag{2-1-19}$$

(4)乘积。两序列的乘积指同序号(n)的序列值逐项对应相乘而构成一个新的序列,表示为

$$z(n) = x(n)y(n) \tag{2-1-20}$$

(5)累加。序列 $x(n)$ 的累加运算定义为

$$y(n) = \sum_{k=-\infty}^{\infty} x(k) \tag{2-1-21}$$

该定义表示序列 $y(n)$ 在 n 时刻的值等于 n 时刻的 $x(n)$ 值及 n 时刻以前所有 $x(n)$ 值的累加和。序列的累加运算类似于连续信号的积分运算。

(6)差分运算。序列 $x(n)$ 的一阶前向差分 $\Delta x(n)$ 定义为

$$\Delta x(n) = x(n+1) - x(n) \tag{2-1-22}$$

式中,Δ 表示前向差分算子。

一阶后向差分定义为

$$\nabla x(n) = x(n) - x(n-1) \tag{2-1-23}$$

式中,∇表示后向差分算子。

由式(2-1-22)和式(2-1-23)可以得出:前向差分和后向差分运算可相互转换,即 $\Delta x(n-1)=\nabla x(n)$。

(7)序列的线性卷积。序列 $x(n)$、$y(n)$ 的线性卷积定义为

$$w(n) = x(n) * y(n) = \sum_{m=-\infty}^{\infty} x(m)y(n-m) \qquad (2\text{-}1\text{-}24)$$

如果序列 $x(n)$、$y(n)$ 的长度分别为 M、N,则式(2-1-24)中 $x(m)$ 的非零区间为

$$0 \leqslant m \leqslant M-1$$

$y(n-m)$ 的非零区间为

$$0 \leqslant n-m \leqslant N-1$$

$w(n)$ 的非零区间应是使 $x(m)$ 和 $y(n-m)$ 同时不为 0 的 n 的取值范围,也就是使上面两式同时成立的 n,应为

$$0 \leqslant n \leqslant M+N-2 \qquad (2\text{-}1\text{-}25)$$

即长度为 $M+N-1$。显然,如果两序列中有一个是无限长序列,则卷积结果就是无限长序列。

根据线性卷积的定义式(2-1-24)可以看出,式(2-1-26)表示的是线性卷积运算,即

$$x(n) = x(n) * \delta(n) = \sum_{m=-\infty}^{\infty} x(m)\delta(n-m) \qquad (2\text{-}1\text{-}26)$$

也就是说,任意序列与单位脉冲序列的线性卷积等于序列本身。该结论在后续章节会经常用到。

线性卷积运算具有交换律和结合律,即

$$x(n) * y(n) = y(n) * x(n)$$
$$y(n) * [x_1(n)+x_2(n)] = y(n) * x_1(n) + y(n)x_2(n)$$

按照线性卷积的定义式(2-1-24),线性卷积的运算分四个步骤:翻褶、移位、相乘、相加。

例 2-1-3 已知序列

$$x(n) = 3\delta(n)+2\delta(n-1)+\delta(n-2)$$
$$y(n) = 2\delta(n)+\delta(n-1)+\delta(n-2)$$

求:$w(n)=x(n)*y(n)$。

解:$w(n) = x(n) * y(n) = \sum_{m=-\infty}^{\infty} x(m)y(n-m)$

可以将运算过程表示如下。

m	$\cdots$ -3 -2 -1 0 1 2 3 4 5 $\cdots$	$w(n)$
$x(m)$	3 2 1	
$y(m)$	2 1 1	
$y(-m)$	1 1 2	$w(0)=2\times3=6$
$y(1-m)$	1 1 2	$w(1)=1\times3+2\times2=7$
$y(2-m)$	1 1 2	$w(2)=1\times3+1\times2+2\times1=7$
$y(3-m)$	1 1 2	$w(3)=1\times2+1\times1=3$
$y(4-m)$	1 1 2	$w(4)=1\times1=1$
$y(5-m)$	1 1 2	$w(5)=0$

其中，$y(-m)$是将 $y(m)$以 $m=0$ 为轴翻转，称为反褶；$y(1-m)$是将 $y(-m)$向右平移 1 位，$y(2-m)$是将 $y(1-m)$再向右平移 1 位，以此类推。例 2-1-3 中两序列长度都是 3，卷积后总长度应是 $L=3+3-1=5,0\leqslant n\leqslant 4$。从表格中可以看出，从 $w(5)$开始，卷积结果总是为 0。所以两序列的线性卷积为

$$w(n)=6\delta(n)+7\delta(n-1)+7\delta(n-2)+3\delta(n-3)+\delta(n-4)$$

或表示为

$$w(n)=\{6,7,7,3,1\},0\leqslant n\leqslant 4$$

（8）时间尺度变换。序列的尺度变换包括抽取和插值两类。给定序列 $x(n)$，令 $y(n)=x(Dn)$，D 为正整数，称 $y(n)$是由 $x(n)$进行 D 倍的抽取所产生的，即从 $x(n)$中每隔 $D-1$ 点取 1 点。令 $y(n)=x(n/I)$，I 为正整数，称 $y(n)$是由 $x(n)$进行 I 倍的插值所产生的。序列的抽取和插值如图 2-14 所示。

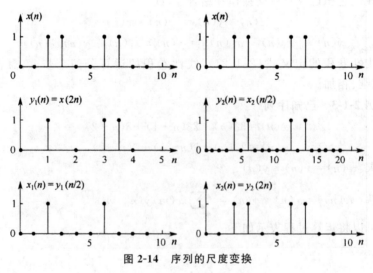

图 2-14 序列的尺度变换

在图 2-14 中,进行抽取运算时,每 2 点(每隔 1 点)取 1 点;进行插值运算时,每 2 点之间插入 1 点,插入值是 0。

2.2　离散时间系统

数字信号处理就是将输入序列变换为所要求的输出序列的过程,我们就将输入序列变换为输出序列的算法或设备称为离散时间系统。一个离散时间系统,可以抽象为一种变换,或者一种映射,即把输入序列 $x(n)$ 变换为输出序列 $y(n)$

$$y(n) = T[x(n)] \tag{2-2-1}$$

式中,T 代表变换。一个离散时间系统的输入输出关系可用图 2-15 表示。

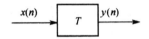

图 2-15　离散时间系统框架

2.2.1　线性系统

满足均匀性与叠加性的离散时间系统称为离散时间线性系统。若输入序列为 $x_1(n)$ 与 $x_2(n)$,它们对应的输出序列分别为 $y_1(n)$ 与 $y_2(n)$,即

$$y_1(n) = T[x_1(n)], y_2(n) = T[x_2(n)]$$

假设当输入 $x(n) = ax_1(n) + bx_2(n)$ 时,系统的输出 $y(n)$ 满足下式:

$$
\begin{aligned}
y(n) &= T[x(n)] \\
&= T[ax_1(n) + bx_2(n)] \\
&= aT[x_1(n)] + bT[x_2(n)] \\
&= ay_1(n) + by_2(n)
\end{aligned}
\tag{2-2-2}
$$

则该系统就是线性系统。式(2-2-2)中 a、b 为任意常数,说明两个序列分别乘以一个系数相加后通过系统,等于这两个序列分别通过系统后再乘以相应系数的和。图 2-16 说明了线性系统的等价关系。

式(2-2-2)还可以推广到多个输入的叠加,即如果

$$x(n) = \sum_k a_k x_k(n) \tag{2-2-3}$$

那么一个线性系统的输出一定是

$$y(n) = \sum_k a_k y_k(n) \tag{2-2-4}$$

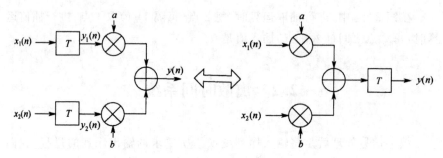

图 2-16 线性系统的等价关系

其中，$y_k(n)$是对应于$x_k(n)$的系统输出。

在证明一个系统是线性系统时，必须证明该系统满足上述线性条件；反之，若有一个输入或一组输入使系统不满足线性条件，就可以确定该系统不是线性系统。

例 2-2-1 判断$y(n)=2x(n)+5$所代表的系统是否为线性系统。

解：因为

$$y_1(n) = T[x_1(n)] = 2x_1(n)+5$$
$$y_2(n) = T[x_2(n)] = 2x_2(n)+5$$

所以

$$a_1 y_1(n) + a_2 y_2(n) = 2a_1 x_1(n) + 2a_2 x_2(n) + 5(a_1 + a_2)$$

但是

$$T[a_1 x_1(n) + a_2 x_2(n)] = 2[a_1 x_1(n) + a_2 x_2(n)]+5$$

因而

$$T[a_1 x_1(n) + a_2 x_2(n)] \neq a_1 y_1(n) + a_2 y_2(n)$$

所以此系统不是线性系统。同理可证明$y(n)=x(n)\sin\left(\dfrac{2\pi}{3}n+\dfrac{\pi}{5}\right)$是线性系统。

2.2.2　移不变系统

如果系统的参数都是常数，它们不随时间变化，则称该系统为移不变系统。在这种情况下，系统的输出与输入施加于系统的时刻无关。即对于移不变系统，假设输入$x(n)$序列产生输出为$y(n)$序列，则输入$x(n-m)$时将产生输出$y(n-m)$序列，这表明输入延迟一定时间T，其输出也延迟相同的时间，而其幅值保持不变。上述移不变可用公式表述为若

$$y(n) = T[x(n)]$$

则

$$y(n-m) = T[x(n-m)] \qquad (2\text{-}2\text{-}5)$$

其中,m 为任意整数。移不变系统体现了系统延时与系统操作的可交换性,如图 2-17 所示。

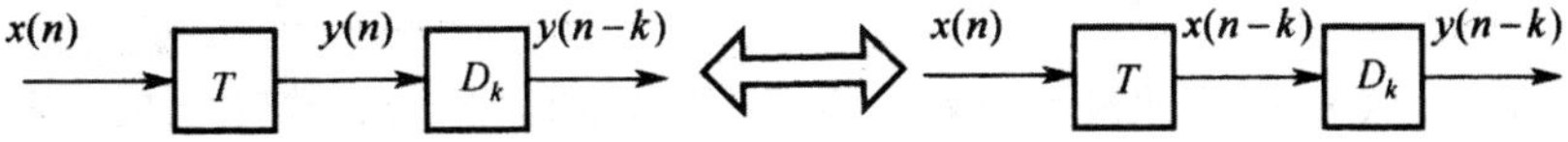

图 2-17　移不变系统中系统延时与系统操作的关系

在图 2-17 中,D_k 表示延时 k 个单元。

例 2-2-2　判断 $y(n)=2x(n)+5$ 所代表的系统是否是移不变系统。

解：

$$T[x(n-m)] = 2x(n-m)+5$$
$$y(n-m) = 2x(n-m)+5$$

可得

$$y(n-m) = T[x(n-m)]$$

所以此系统是移不变系统。同理可证明 $y(n)=x(n)\sin\left(\dfrac{2\pi}{3}n+\dfrac{\pi}{5}\right)$ 不是移不变系统。

2.2.3　单位抽样响应与卷积和

单位抽样响应是指输入为单位抽样序列 $\delta(n)$ 时线性移不变系统的输出(假设系统输出的初始状态为零)。单位抽样响应一般用 $h(n)$ 表示,即

$$h(n) = T[\delta(n)] \qquad (2\text{-}2\text{-}6)$$

在知道 $h(n)$ 后,就可得到此线性移不变系统对任意输入的零状态响应。

设系统输入序列为 $x(n)$,输出序列为 $y(n)$。由式(2-2-2)可知,任一序列 $x(n)$ 可写成 $\delta(n)$ 的移位加权和,即

$$x(n) = \sum_{m=-\infty}^{\infty} x(m)\delta(n-m)$$

则系统输出为

$$y(n) = T[x(n)] = T\left[\sum_{m=-\infty}^{\infty} x(m)\delta(n-m)\right]$$

因为线性系统满足均匀性和叠加性,所以有

$$y(n) = \sum_{m=-\infty}^{\infty} x(m)T[\delta(n-m)]$$

又因为系统满足移不变性,所以有

$$y(n) = \sum_{m=-\infty}^{\infty} x(m)h(n-m) \tag{2-2-7}$$

由式(2-2-7)可知,任何离散时间线性移不变系统,完全可以通过其单位抽样响应 $h(n)$ 来表征。将式(2-2-7)与线性卷积的定义式 $y(n) = \sum_{m=-\infty}^{\infty} x(m)h(n-m)$ 比较可以看出,系统在激励信号 $x(n)$ 作用下的零状态响应为 $x(n)$ 与系统的单位抽样响应的线性卷积,即

$$y(n) = x(n) * h(n) \tag{2-2-8}$$

一般地,线性移不变系统都是由式(2-2-8)的卷积来描述的,所以这类系统的性质就能用离散时间卷积的性质来定义。因此,单位抽样响应就是某一特定线性移不变系统性质的完全表征。

2.2.4　离散时间系统的时域响应

2.2.4.1　离散系统响应的数字解

离散时间系统的输入与输出关系通常用差分方程描述。对于线性时不变的离散时间系统的数学模型是常系数线性差分方程。

描述 N 阶离散系统的差分方程的一般形式为

$$\sum_{i=0}^{N} a_i y(n-i) = \sum_{i=0}^{M} b_i x(n-i) \tag{2-2-9}$$

式中,$x(n)$ 和 $y(n)$ 分别为系统的输入和输出序列,和均为常数。

一般来说,已知系统的差分方程和系统输入 $x(n)$,通过差分方程的求解,就可以得到离散系统的输出 $y(n)$。求解差分方程有几种方法:第一种是经典解,与微分方程的解法类似;第二种是零输入响应和零状态响应;第三种是递推法,适合利用计算机进行数字求解。

例 2-2-3　常系数线性差分方程为 $y(n) - ay(n-1) = x(n)$,求其单位响应 $h(n)$。

解:设 $x(n) = \delta(n)$,对因果系统,有

$$y(n) = h(n) = 0, n < 0(初始条件)$$

在 $\delta(n)$ 作用下,输出 $y(n)$ 就是 $h(n)$。

$$h(0) = ah(-1) + 1 = 0 + 1 = 1$$
$$h(1) = ah(0) + 0 = a + 0 = a$$
$$h(2) = ah(1) + 0 = a^2 + 0 = a^2$$
$$\vdots$$
$$h(n) = ah(n-1) + 0 = a^n + 0 = a^n$$

故系统的单位响应为

$$h(n) = \begin{cases} a^n, n \geqslant 0 \\ 0, n < 0 \end{cases}$$

显然,常系数线性差分方程。所代表的系统是一个因果系统,如果 $|a| < 1$,此系统是稳定的。

例 2-2-4　已知离散系统的单位函数响应为 $h(n) = R_4(n)$,系统的输入 $x(n) = R_4(n)$,求系统的零状态响应 $y(n)$。

解:根据系统的输入输出关系,有

$$y(n) = h(n) * x(n) = \sum_{n=-\infty}^{\infty} R_4(m) R_4(n-m)$$

式中,$R_4(m)$ 在 $0 \leqslant m \leqslant 3$ 区域取值非零值 1,$R_4(n-m)$ 在 $n-3 \leqslant m \leqslant n$ 区域取非零值 1,当 $0 \leqslant n \leqslant 3$ 时,$y(n) = \sum_{m=0}^{n} 1 = n+1$,当 $y(n) = \sum_{m=0}^{n} 1 = n+1$ 时,$y(n) = \sum_{m=n-3}^{3} 1 = 7-n$。该例的卷积过程及最后 $y(n)$ 波形如图 2-18 所示。

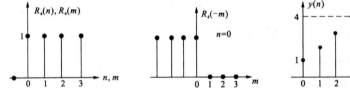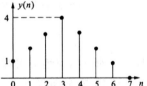

图 2-18　$\boldsymbol{R_4(n)}$ 与 $\boldsymbol{R_4(m)}$ 的线性卷积

2.2.4.2　离散系统的转移算子模型

在式(2-2-9)中,应用算子 S,式(2-2-9)可以改写为

$$(a_N S^N + a_{N-1} S^{N-1} + \cdots + a_0) y(n)$$
$$= (b_M S^M + b_{M-1} S^{M-1} + \cdots + b_0) x(n) \tag{2-2-10}$$

为使上式中 S^N 的系数为 1,调整上式系数,可以得到

$$y(n) = \frac{b_m S^m + b_{m-1} S^{m-1} + \cdots + b_0}{S^n + a_{n-1} S^{n-1} + \cdots + a_0} x(n)$$
$$= H(S) x(n) \tag{2-2-11}$$

这里 $H(S)$ 称为离散系统的转移算子。

2.3　离散时间系统的稳定性和因果性

由上一节可以看到,线性时不变系统可以通过卷积计算得到系统的输出。但在工程中更为重要的约束条件是系统的稳定性和因果性,这是保证系统正常运行和物理可实现的重要条件。

2.3.1　离散时间系统的稳定性

对于所有的 n,如果 $x(n)$ 是有界的,那么存在一个常数 M_x,使得

$$|x(n)| \leqslant M_x < \infty$$

类似地,如果输出是有界的,那么存在一个常数 M_y,使得

$$|y(n)| \leqslant M_y < \infty$$

稳定系统是指有界输入产生有界输出($BIBO$)的系统,即

$$|x(n)| \leqslant M_x \Rightarrow |y(n)| \leqslant M_y$$

一个线性移不变系统是稳定系统的充分且必要条件是

$$\sum_{n=-\infty}^{\infty} |h(n)| = p < \infty \tag{2-3-1}$$

即单位抽样响应绝对可和。

证明:充分条件:

$$y(n) = \sum_{k=-\infty}^{\infty} h(k)x(n-k)$$

如果对等式两边取绝对值,那么得出

$$|y(n)| = \left| \sum_{m=-\infty}^{\infty} h(m)x(n-m) \right|$$

因为各项和的绝对值常常小于等于各项绝对值的和,因此有

$$|y(n)| \leqslant \sum_{m=-\infty}^{\infty} |h(m)||x(n-m)|$$

如果输入是有界的,那么存在一个有限数 M_x,使得 $|x(n)| \leqslant M_x$。将上面等式中的 $x(n)$ 用上界替换,得出

$$|y(n)| \leqslant M_x \sum_{m=-\infty}^{\infty} |h(m)|$$

如果系统的单位抽样响应满足 $\sum\limits_{n=-\infty}^{\infty} |h(n)| = p < \infty$,则有

$$|y(n)| \leqslant M_x p < \infty$$

即输出有界,此时 $M_y = M_x p$。

必要条件:利用反证法来证明。已知系统稳定,假设

$$\sum_{n=-\infty}^{\infty} |h(n)| = \infty$$

可以找到一个如下式的有界输入

$$x(n) = \begin{cases} 1, h(-n) \geqslant 0 \\ -1, h(-n) < 0 \end{cases}$$

则

$$y(0) = \sum_{m=-\infty}^{\infty} x(m)h(n-m) \Big|_{n=0}$$

$$= \sum_{m=-\infty}^{\infty} |h(-m)| = \sum_{m=-\infty}^{\infty} |h(m)| = \infty$$

即有界的输入 $x(n)$ 的输出在 $n=0$ 处无界,不符合稳定条件,与假设矛盾,

所以 $\sum_{n=-\infty}^{\infty} |h(n)| = p < \infty$ 是稳定系统的必要条件。

2.3.2　离散时间系统的因果性

如果一个系统在任何时刻的输出只取决于现在的输入及过去的输入,该系统就称为因果系统,即 $n=n_0$ 时刻的输出 $y(n_0)$ 只取决于 $n \leqslant n_0$ 的输入 $x(n)$。若系统现在时刻的输出还取决于未来时刻的输入,则不符合因果关系,因而是非因果系统,是实际中不存在的系统。如系统 $y(n)=x(n)-x(n+1)$ 就是非因果系统。

线性移不变系统是因果系统的充分且必要条件是

$$h(n) = 0, n < 0 \tag{2-3-2}$$

证明:充分性:当 $n<0$ 时,$h(n)=0$,则

$$y(n) = \sum_{m=-\infty}^{n} x(n-m)h(m)$$

而

$$y(n_0) = \sum_{m=-\infty}^{\infty} x(n_0-m)h(m)$$

$$= \sum_{m=0}^{\infty} h(m)x(n_0-m) + \sum_{m=-\infty}^{-1} h(m)x(n_0-m)$$

$$= [h(0)x(n_0) + h(1)x(n_0-1) + h(2)x(n_0-2) + \cdots] + [h(-1)x(n_0+1) + h(-2)x(n_0+2) + \cdots]$$

我们看到,第一个求和项包括 $x(n_0)$,$x(n_0-1)$,……也就是输入信号的当前和过去值。另外,第二个求和项包括输入信号量 $x(n_0+1)$,$x(n_0+2)$,……即 $y(n_0)$ 只与 $m \leqslant n_0$ 时的 $x(m)$ 值有关,因而是因果系统。

必要性:利用反证法来证明。已知系统是因果系统,如果假设当 $n<0$ 时,$h(n) \neq 0$,则

$$y(n_0) = \sum_{m=0}^{\infty} h(m)x(n_0-m) + \sum_{m=-\infty}^{-1} h(m)x(n_0-m)$$

在所设条件下,第二个求和式至少有一项不为零,即 $y(n_0)$ 至少和 $m > n_0$ 时的一个 $x(m)$ 有关,这不符合因果性条件,所以假设不成立。因而当 $n<0$ 时 $h(n)=0$ 是必要条件。

仿照此定义,我们将 $n<0$,$x(n)=0$ 的序列称为因果序列,表示这个序列可以作为一个因果系统的单位抽样响应。

2.4　信号的采样与重建

2.4.1　信号的采样

本节只针对时域采样论述采样定理。但由于傅里叶变换具有对偶性(duality),所以只要将时域采样定理涉及的"时域"与"频域"换位,就能将结论用于频域采样场合。读者不必拘泥于所谓的"时域"与"频域"。把二者抽象为 A 域与 B 域即可。

采样定理(sampling theorem)对信号处理理论与实践至关重要。例如,在野外数据采样,多路复用通信系统的设计,数字滤波器的设计等场合,人们需要确定信号采样率的恰当值。在研究多采样率转换系统时,人们要知道怎样正确地提高或降低采样率。本节阐述采样定理,希望读者理解以下两个问题:

(1)采样后,所得信号的频谱与原来模拟信号的频谱有什么关系?

(2)怎样选择合适的采样率? 若采样率不够高,会有什么效应?

最基本的方法是从变换域入手,进行研究。

在一个域中以间隔 A 对原函数进行采样,将导致变换域中的像函数周期化,其周期为 B=1/A(注意:A 与 B 互为倒数)。

这种方法简单明了,容易理解,比较规范。

另外,也可以从频域卷积定理入手,说明时域采样定理。这种方法并不直截了当:需要先证明傅里叶变换的性质,然后再来证明采样定理。

图 2-19 的左方示出理想采样器。开关 K 以 T_s 为周期接通模拟信号 x (t)。假定可以忽视接通时间,这样就可以在理想采样器的输出端得到理想采样序列 $x(n)$。这里为了简单起见,并未对 $x(n)$ 进行幅度量化。

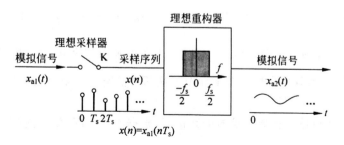

图 2-19　理想采样器和重构器

采样周期 T_s 的倒数称为采样率:

$$f_s = \frac{1}{T_s} \tag{2-4-1}$$

采样率的选定与被采样信号的具体情况有关。在简单系统中,采样率是固定的。它应足够高,使采样点能反映信号的细节。例如,图 2-20(a)的采样间隔太大,未能在信号变化最快的区段提供足够的采样点,这预示着原信号的高频信息将会丢失。图 2-20(b)的采样间隔比较合适。图 2-20(c)的信号变化缓慢,所用的采样间隔显然太小,可以适当地加大。

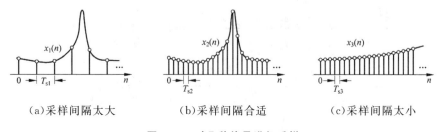

(a)采样间隔太大　　　　(b)采样间隔合适　　　　(c)采样间隔太小

图 2-20　对几种信号进行采样

2.4.1.1　时域采样定理

在周期频谱 $X(f)$ 中,位于 $f=0$ 邻域的频谱块 $\overline{X}(f) = \dfrac{X_a(f)}{T_s}$ 称为基带频谱。其他以采样率 f_s 为周期而重复出现的频谱块称为镜像频谱。因此,Poisson 式可改写为

$$X(f) = \sum_{n=-\infty}^{\infty} \overline{X}(f - nf_s) \tag{2-4-2}$$

图 2-21 表示采样造成的频谱周期延拓。

频谱是频率的复值函数,包含模值和相位信息。图 2-21 是一个平面图,它只能表示频谱模值。从图可以看出,序列频谱是模拟信号频谱的周期延拓,并除以采样间隔 T_s。图中,$\frac{f_s}{2}$ 等称为奈奎斯特频率,区间 $\left[-\frac{f_s}{2},\frac{f_s}{2}\right]$ 称为奈奎斯特区间。此外,通常还采用数字频率 ω 和归一化频率 f/f_s 作为频率坐标。图中标出了这两种情况的奈奎斯特频率、奈奎斯特区间以及频谱周期。

通常在讨论采样所得信号的频谱时,根据不同情况,用不同的主变量表示频谱函数,计有:模拟频率 f、模拟角频率 $\Omega=2\pi f$、数字频率 $\omega=2\pi\frac{f}{f_s}$ 和相对频率(归一化频率)。图 2-21 显示这 4 种频率坐标。读者务必注意相应的单位。

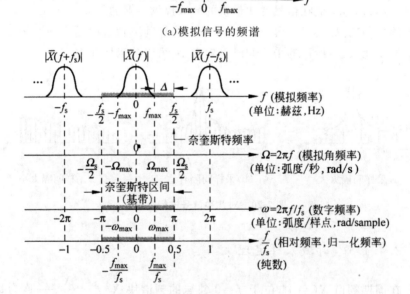

(a)模拟信号的频谱

(b)序列的周期频谱

图 2-21　采样造成的频谱周期延拓

应该指出,式(2-4-2)对任何信号 $x_a(t)$ 都成立,不要求 $x_a(t)$ 必须是带限信号。当模拟信号 $x_a(t)$ 的频带受到限制,其最高频率近似地被限制为

f_{max}，并且采样率 f_s 足够高，满足 $f_{max} \leqslant \dfrac{f_s}{2}$，则可以认为相邻的频谱块彼此不重叠，如图 2-21 所示。这时，已采样信号的基带频谱 $X(f)$ 落在奈奎斯特区间 $\left[-\dfrac{f_s}{2}, \dfrac{f_s}{2} \right]$ 的那一部分等同于原模拟信号频谱（只相差一个常数），图 2-21 中，各重复频谱之间留有保护带 $\Delta = f_s - 2f_{max}$。但是，如果模拟信号

$$T_s \overline{X}(f) = X_a(f), \quad -\frac{f_s}{2} \leqslant f_{max} \leqslant \frac{f_s}{2} \tag{2-4-3}$$

的频谱如图 2-22(a)所示，$f_{max} > \dfrac{f_s}{2}$，导致保护带不复存在（$\Delta < 0$），各重复频谱便会部分地重叠。基带两侧的频谱块部分地进入奈奎斯特区间，从而与基带频谱叠加，如图 2-22（b）所示，这种现象称为混叠。但要注意，图 2-22 仅仅是示意性的。因为频谱一般是复数，故混叠区的频谱是按复数相加的。若着眼于图中 $f = \dfrac{1}{2} f_s$ 的邻域，可以看出，频率超过 $f = \dfrac{1}{2} f_s$ 的频谱被折回奈奎斯特区间。故奈奎斯特频率又称折叠频率。

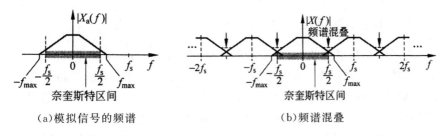

(a)模拟信号的频谱　　　　　　　　（b）频谱混叠

图 2-22　频谱混叠

至此，时域采样定理可以表述如下：

对频谱为 $X_a(f)$ 的模拟信号以时间间隔 T_s 进行采样，所得序列 $x(n)$ 的频谱 $X(f)$ 是周期函数。将函数 $\dfrac{X_a(f)}{T_s}$ 以 $f_s = 1/T_s$ 为周期进行延拓，即得 $X(f)$。为了不产生频谱混叠，应使模拟信号的最高频率 $f_{max} \leqslant f_s/2$，即全部信号频谱应落在奈奎斯特区间。

上述对采样率的要求（$f_s \geqslant 2f_{max}$）从时域信号来看是很显然的。图 2-23 的模拟信号 $x(t)$ 在 $t_1 \sim t_2$ 区段的斜率最大，因此，至少要保证在这区段的两端有采样点。而该处的 $x_a(t)$ 可近似成半个余弦波，即信号的最高频率为

$$f_{max} \approx 1/\left[2(t_1 \sim t_2) \right] \tag{2-4-4}$$

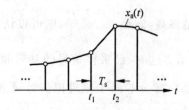

图 2-23　近似地确定信号的采样间隔

要保证采样频率满足 $f_s \geqslant 2f_{\max}$。这是一个对数字信号处理极为重要的结论。其所以重要不仅因为采样所得的信号能够重建原来的模拟信号，而且可以保证其后对已采样信号的处理相当于对原模拟频谱 $X_a(f)$ 的处理，而不是对已混叠或已失真的频谱的处理。例如，对已采样信号进行数字滤波，该滤波器将输入序列 $x(n)$ 变换为输出序列 $y(n)$。后者的频谱变为

$$Y(f) = H(f)X(f) \qquad (2\text{-}4\text{-}5)$$

式中，$H(f)$ 为数字滤波器的频率响应。如果式（2-4-3）成立，则式（2-4-5）中被改变的频谱 $X(f)$ 乃是原模拟信号的频谱 $X_a(f)$（前者乘以 T_s 即是后者）。同时，由于滤波器的频率响应是周期的，经数字滤波器处理后，采样所得信号频谱仍维持其周期性，但各个频谱块并不重叠。

2.4.1.2　抗混叠滤波器

为了消除频谱混叠，可以采取两种对策。其一，当有用信号的最高频率为 $f_{\max}$ 时，提高采样率 f_s，以满足 $f_s \geqslant 2f_{\max}$。其二，如果不能提高采样率，则应限制信号的频谱，使最高频率 $f_{\max}$ 满足 $f_{\max} \leqslant f_s/2$。对于第二种情况，要采用通频带为 $-f_{\max} \sim f_{\max}$ 的抗混叠滤波器（模拟低通滤波器）将模拟输入信号频谱限制在奈奎斯特区间内（图 2-24），使关系式 $f_{\max} \leqslant f_s/2$ 得以满足。

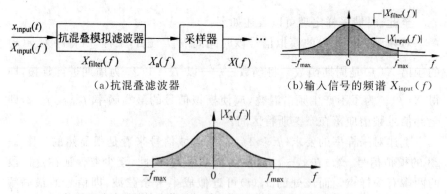

（a）抗混叠滤波器　　　　（b）输入信号的频谱 $X_{\text{input}}(f)$

（c）抗混叠滤波器的输出信号频谱和抗混叠滤波器的频率特性 $X_{\text{filter}}(f)$

图 2-24　用抗混叠模拟滤波器获得带限信号

2.4.2　信号的重建

2.4.2.1　理想的信号重建器

如果信号采样满足式(2-4-3)，则数字处理器按照某种算法对采样所得序列进行处理后，以输出序列的样点作为节点，通过插值可以得到无混叠时的节点之间的信号值(模拟信号)。这个过程称为信号重建。

图 2-25 中，图(a)示出理想的信号重建器的输入输出波形。假定采样所得序列的频谱无混叠，则经过数字滤波器处理后，滤波器输出序列(即信号重建器的输入序列) $y(nT_s)$ 的频谱 $\hat{Y}(f)$ 也无混叠。因此，只要使序列 $y(n)$ 通过一个理想低通模拟滤波器就可以正确地取出 $y(nT_s)$ 的基带频谱，而滤除其他的镜像频谱，从而得到模拟信号 $y_a(t)$ 。图(b)和图(c)分别示出这个理想滤波器的幅频特性和冲激响应。图 2-26 表示用理想低通滤波器取出基带频谱。

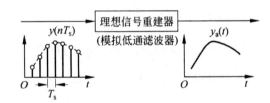

(a)信号波形

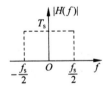

(b)理想低通滤波器的幅频特性

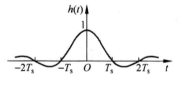

(c)冲激响应

图 2-25　理想的信号重建器

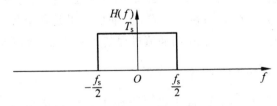

(a)理想低通滤波器的幅频特性

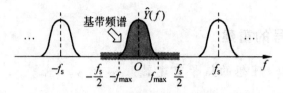

（b）信号重建器输入序列的频谱

图 2-26　用理想低通滤波器取出基带频谱

为了得到居中的频谱 $Y(f)$，滤波器的频率响应 $H(f)$ 应为

$$H(f) = \begin{cases} T_s, & |f| \leqslant f_s/2 \\ 0, & |f| > f_s/2 \end{cases} \tag{2-4-6}$$

滤波器的输出信号频谱为

$$Y(f) = H(f)\hat{Y}(f)$$

故

$$Y(f) = \begin{cases} T_s \hat{Y}(f), & |f| \leqslant f_s/2 \\ 0, & |f| > f_s/2 \end{cases} \tag{2-4-7}$$

理想信号重建器的冲激响应 $h(t)$ 是频率响应 $H(f)$ 的傅里叶反变换

$$h(t) = \int_{-\infty}^{\infty} H(f) e^{j2\pi ft} df$$

即

$$h(t) = \frac{\sin(\pi t/T_s)}{\pi t/T_s} = \frac{\sin(\pi f_s T_s)}{\pi f_s T_s} \tag{2-4-8}$$

模拟输出 $y_a(t)$ 为

$$y(t) = y(nT_s) \otimes h(t) = \sum_{n=-\infty}^{\infty} y(nT_s) \frac{\sin[\pi f_s(t-nT_s)]}{\pi f_s(t-nT_s)}$$

$$= \sum_{n=-\infty}^{\infty} y(nT_s) \mathrm{sinc}[\pi f_s(t-nT_s)] \tag{2-4-9}$$

这是一个插值公式，插值函数是 sinc 函数，插值节点是序列 $y(nT_s)$ 所有样点。在插值点 $t=nT_s$ 处，插值结果只与该处的样点有关，而与其余样点无关，即 $y_a(t)=y(nT_s)$；在 $t\neq nT_s$ 处，插值结果是各个加权插值函数在该处的取值的总和。这一点说明插值过程其实就是低通滤波过程。

2.4.2.2　实际的信号重建器

实际上，数字处理器的输出是二进码形式的数字信号 $y_b(nT_s)$。如图 2-27(a)所示，D/A 转换芯片先将每一个输入瞬间的样点值 $y_b(nT_s)$ 保持不变,然后再进行 D/A 转换,在芯片内部得到幅度变化的序列 $y(nT)$。每一个 $y(nT)$ 样点值由保持电路保持不变,等待转换。因此,D/A 转换器的输出 $y'(t)$ 呈现阶梯状,每个阶梯经历的时间等于采样间隔 T_s。这样的输出往往不能满足要求,为了使阶梯信号逼近理想的模拟信号,需要提高采样率。此外,要采用高质量的模拟低通滤波器进行平滑(滤去其中的高频分量),以得到比较理想的模拟输出信号 $y(t)$。

比较理想重建器和实际重建器的频率响应和冲激响应是颇为有趣的,二者的形状恰好相反。下面探讨实际重建器的频率响应和冲激响应。

由于阶梯信号 $y'(t)$ 的每个阶梯的时间间隔为 $T_s = 1/f_s$,所以 D/A 转换器的冲激响应 $h(t)$ 是一个时宽为 T_s 的矩形波(图 2-27(b))

$$h(t) = u(t) - u(t - T_s) = \begin{cases} 1, 0 \leqslant t \leqslant T_s \\ 0, \text{其他} \end{cases} \quad (2\text{-}4\text{-}10)$$

进行拉普拉斯变换,得

$$H(s) = \frac{1}{s} - \frac{1}{s}e^{-st}$$

作置换 $s = j2\pi f$,得 D/A 转换器的频率响应为

$$H(f) = \frac{1}{j2\pi f}(1 - e^{-j2\pi fT_s}) = T_s \frac{\sin(\pi fT_s)}{\pi fT_s}e^{-j\pi fT_s} \quad (2\text{-}4\text{-}11)$$
$$= T_s \text{sinc}(\pi fT_s)e^{-j\pi fT_s}$$

图 2-27(c)示出幅频特性 $|H(f)|$。

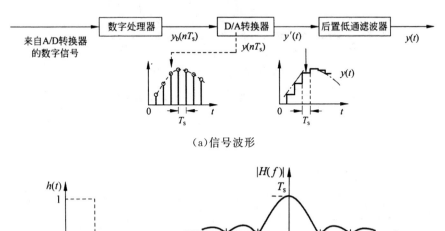

（a）信号波形

（b）冲激响应 （c）D/A 转换器的幅频特性

图 2-27 实际的 D/A 转换系统

为了与理想重建器的幅频特性相比较,图 2-28 重画图 2-27(c)所示的阶状重建器的幅频特性。由图 2-28 可知,在奈奎斯特区间内,阶状重建器的频率响应不是常数,这导致基带频谱不同于原频谱。而在奈奎斯特区间以外,阶状重建器的频率响应不为零,留有残余的镜像频谱。这样的频率特性导致实际 D/A 转换器的时域输出不是平滑的。因此,对后置模拟滤波器提出的要求如下。

- 修整基带内的频率响应,使之接近理想情况。
- 消除残余的镜像频谱。

实践中,要求 D/A 系统中的低通滤波器具有极高的技术指标。为了易于实现,要采用过采样技术。此处,级联的积分器梳状滤波器用作低通滤波器,有很高的计算效率,可用做 D/A 系统中的低通滤波器。

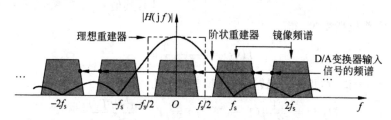

(a)理想重建器与阶状重建器的模频特性

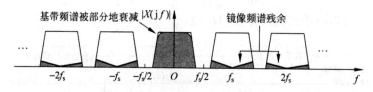

(b)阶状重建器不能完全滤除镜像频谱

图 2-28　理想重建器和实际(阶状)重建器的幅频特性

第3章　离散时间信号与系统的变换域分析

离散信号与系统的时域分析,数学模型精准,物理概念清晰,分析方法成熟,分析结论直观。但是,离散信号的频率特性以及离散系统对于离散信号的频率成分改造无法表现。因此,借助傅里叶变换和 z 变换将离散信号与系统的分析在变换域中进行,利用傅里叶变换将离散信号从时间域转换到实频域,而 z 变换作为傅里叶变换的推广,将离散信号从时间域转换到复频域,这样,能够很好地分析离散信号的频率特性。利用 z 变换将离散时间系统的差分方程转换为代数方程,使离散系统的响应计算变得简单。由此,能够深入掌握离散系统的频率特性。

3.1　离散时间序列的傅里叶变换

在连续信号与系统中,傅里叶分析是重要的数学工具,同样,对于离散信号与系统的分析,傅里叶分析同样占据着重要的地位。由于连续信号和离散信号在时间上的差异,连续信号的傅里叶分析和离散信号的傅里叶分析有明显的差异,但在信号处理中的分析方法和傅里叶分析的很多性质是相似的。

3.1.1　离散时间信号的傅里叶变换的定义

对于一个任意的离散信号,其离散傅里叶变换(Discrete Time Fourier Transform,DTFT)定义为

$$X(\mathrm{e}^{\mathrm{j}\omega}) = \mathrm{FT}[x(n)] = \sum_{n=-\infty}^{\infty} x(n)\mathrm{e}^{-\mathrm{j}\omega n} \tag{3-1-1}$$

上式成立的条件是序列 $x(n)$ 绝对可和,或者说,序列的能量有限,满足下面公式

$$\sum_{n=-\infty}^{\infty} |x(n)| < \infty \qquad (3\text{-}1\text{-}2)$$

对于不满足绝对可和条件的序列 $x(n)$，如周期信号和 $u(n)$ 等，引入奇异函数，使它们的傅里叶变换可以表达出来。

离散序列傅里叶的反变换定义为

$$x(n) = \frac{1}{2\pi} \int_{-\pi}^{\pi} X(e^{j\omega}) e^{j\omega n} d\omega \qquad (3\text{-}1\text{-}3)$$

由此就得到一对离散序列傅里叶变换公式，其中，式（3-1-1）为正变换，式（3-1-3）为反变换。

式（3-1-3）表明，离散序列 $x(n)$ 可以分解为一系列幅度为无穷小的离散复正弦序列 $e^{j\omega n}$ 在 $-\pi < \omega < \pi$ 之中的积分，每个复正弦信号的幅度为 $\frac{1}{2\pi}$ $X(e^{j\omega}) d\omega$。这与连续信号经过傅里叶变换后可以表示成许多幅度为无穷小的复正弦信号的积分一样。$X(e^{j\omega})$ 是 ω 的复函数，可表示为

$$X(e^{j\omega}) = |X(e^{j\omega})| e^{j\phi(\omega)} = \mathrm{Re}[X(e^{j\omega})] + j\mathrm{Im}[X(e^{j\omega})] \qquad (3\text{-}1\text{-}4)$$

$X(e^{j\omega})$ 表示 $x(n)$ 的频谱，$|X(e^{j\omega})|$ 为幅度谱，$\phi(\omega)$ 为相位谱。由于 $e^{j\omega}$ 是变量 ω 以 2π 为周期的周期函数，因此 $X(e^{j\omega})$ 也是以 2π 为周期的周期函数，通常变量以 ω 范围为主值区间 $(-\pi, \pi)$ 中的一部分。

3.1.2　序列傅里叶变换的基本性质

与连续信号的傅里叶变换类似，离散序列的傅里叶变换具有一些基本性质，这里简单列举如下。

3.1.2.1　线性特性

$$\mathrm{DTFT}[a \cdot x_1(n) + b \cdot x_2(n)]$$
$$= a \cdot \mathrm{DTFT}\{x_1(n)\} + b \cdot \mathrm{DTFT}\{x_2(n)\} \qquad (3\text{-}1\text{-}5)$$

式中，a, b 为任意常数。

3.1.2.2　时域平移特性

若 $\mathrm{DTFT}\{x(n)\} = X(e^{j\omega})$，则

$$\mathrm{DTFT}\{x(n-n_0)\} = e^{-jn_0\omega} X(e^{j\omega}) \qquad (3\text{-}1\text{-}6)$$

该特性表明时域位移对应频域相移。

3.1.2.3　频域位移特性

若 $\mathrm{DTFT}\{x(n)\} = X(e^{j\omega})$，则

$$\mathrm{DTFT}\{e^{j\omega_0 n}x(n)\} = X(e^{j(\omega - \omega_0)}) \qquad (3\text{-}1\text{-}7)$$

该特性表明频域位移对应时域调制。

3.1.2.4　频域微分特性

$$\mathrm{DTFT}\{n \cdot x(n)\} = j\frac{\mathrm{d}}{\mathrm{d}\omega}X(e^{j\omega}) \qquad (3\text{-}1\text{-}8)$$

该特性表明时域的线性加权对应频域微分。

3.1.2.5　序列的反褶特性

$$\mathrm{DTFT}\{x(-n)\} = X(e^{-j\omega}) \qquad (3\text{-}1\text{-}9)$$

3.1.2.6　奇偶虚实性

DTFT 具有与连续信号傅里叶变换相同的奇偶虚实性,如果 $x(n)$ 是一个实数序列,则 $X(e^{j\omega})$ 的实部或幅度满足偶对称性,虚部或相角满足奇对称性。如果 $x(n)$ 是一个实偶序列,$X(e^{j\omega})$ 只有实部,虚部一定等于零;如果 $x(n)$ 是一个实奇序列,则 $X(e^{j\omega})$ 只有虚部,实部一定等于零。

3.1.2.7　卷积定理

卷积定理包括时域卷积和频域卷积定理:

$$\mathrm{DTFT}\{x_1(n) * x_2(n)\} = \mathrm{DTFT}\{x_1(n)\} \cdot \mathrm{DTFT}\{x_2(n)\} \qquad (3\text{-}1\text{-}10)$$

$$\mathrm{DTFT}\{x_1(n) \cdot x_2(n)\} = \frac{1}{2\pi}\mathrm{DTFT}\{x_1(n)\} * \mathrm{DTFT}\{x_2(n)\} \qquad (3\text{-}1\text{-}11)$$

3.1.2.8　帕塞瓦尔定理

$$\sum_{k=-\infty}^{\infty} |x(n)|^2 = \frac{1}{2\pi}\int_{-\pi}^{\pi} |X(e^{j\omega})|^2 \mathrm{d}\omega \qquad (3\text{-}1\text{-}12)$$

此定理也称为能量定理,序列的总能量等于其傅里叶变换模平方在一个周期内积分取平均,即时域总能量等于频域一周期内总能量。

3.2　离散信号的 z 变换分析

在离散信号与系统的分析中,利用离散傅里叶变换对离散信号进行频域分析,利用 z 变换对离散系统进行复频域分析。由此可见,傅里叶变换和 z 变换都是数字信号处理中的重要数学工具。

3.2.1 z 变换的定义及收敛域

3.2.1.1 z 变换的定义

z 变换的概念可以从理想抽样信号的拉普拉斯变换引出,也可以在离散域直接给出。下面我们直接给出序列的 z 变换的定义。

一个序列 $x(n)$ 的 z 变换 $X(z)$ 定义为

$$X(z) = \sum_{n=-\infty}^{\infty} x(n)z^{-n} \tag{3-2-1}$$

其中,z 是一个连续复变量,$X(z)$ 是一个复变量 z 的幂级数。也就是说,z 变换在复频域内对离散时间信号与系统进行分析。

有时将 z 变换看成一个算子,它把一个序列变换成为一个函数,称为 z 变换算子,记为

$$X(z) = Z[x(n)]$$

序列 $x(n)$ 与它的 z 变换 $X(z)$ 之间的相应关系用符号记为

$$x(n) \xleftrightarrow{z} X(z)$$

由式(3-2-1)所定义的 z 变换称为双边 z 变换,与此相对应的单边 z 变换则定义为

$$X(z) = \sum_{n=0}^{\infty} x(n)z^{-n} \tag{3-2-2}$$

显然,当 $x(n)$ 为因果序列($x(n)=0, n<0$)时,其单边 z 变换与双边 z 变换是相等的。

3.2.1.2 z 变换的收敛域

因为 z 变换是一个复变量的函数,所以利用复数 z 平面来描述和阐明 z 变换是方便的。将复变量 z 表示成极坐标形式

$$z = re^{j\omega} \tag{3-2-3}$$

在极坐标平面上,r 是半径,ω 是辐角。在直角坐标平面上,则用其实部 $\text{Re}(z)$ 表示横坐标,用其虚部 $\text{IM}(z)$ 表示纵坐标。组成以 z 为变量的复数平面;在作图时,坐标轴就命名为 Re 和 Im。如图 3-2-1 所示。

由 z 变换的定义式(3-2-1)可知,只有当级数收敛时 z 变换才有意义。而式(3-2-1)中的级数是否收敛,取决于 z 的值。对于任意给定的序列

$x(n)$,使其 z 变换所定义的幂级数 $\sum\limits_{n=-\infty}^{\infty} x(n)z^{-n}$ 收敛的所有 z 值的集合称为 $X(z)$ 的收敛域(Region of Convergence,RoC)。

在式(3-2-1)中,相当于将原序列 $x(n)$ 乘以实指数 r^{-n},因此通过选择适当的 r 值,总可以使式(3-2-1)的级数收敛。例如序列 $x(n)=2^n u(n)$ 的傅里叶变换并不收敛,但当 $r>2$ 时,则 $2^n u(n) \cdot r^{-n}$ 绝对可和,则其 z 变换收敛,所以这个序列的 z 变换的收敛域为 $|z|>2$。可见,收敛域是定义 z 变换函数的重要因素。

$X(z)$ 收敛的充分且必要条件是 $x(n)z^{-n}$ 绝对可和,即

$$\sum_{n=-\infty}^{\infty} |x(n)z^{-n}| = \sum_{n=-\infty}^{\infty} |x(n)| |z|^{-n} < \infty \tag{3-2-4}$$

为使式(3-2-4)成立,就需要确定 $|z|$ 取值的范围,即收敛域。由于 $|z|$ 为复数的模,即式(3-2-3)中的 r,可知收敛域为一圆环状区域,即

$$R_- < |z| < R_+ \tag{3-2-5}$$

式中,R_-、R_+ 称为收敛半径,R_- 可以小到 0(此时收敛域为圆盘),而 R_+ 可以大到 ∞。式(3-2-5)的 z 平面表示如图 3-2-2 所示。

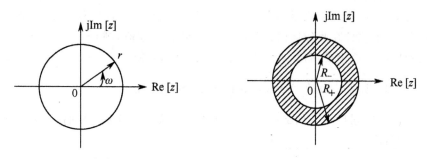

图 3-2-1 复数 z 平面　　　　　图 3-2-2 环状收敛域

常见的一类 z 变换是有理函数,也即两个多项式之比

$$X(z) = \frac{B(z)}{A(z)}$$

分子多项式 $B(z)$ 的根是使 $X(z)=0$ 的那些 z 值,称为 $X(z)$ 的零点。z 取有限值的分母多项式 $A(z)=0$ 的根是使 $X(z)=\infty$ 的那些 z 值,称为 $X(z)$ 的极点。因此 $z=\infty$ 也可能是 $X(z)$ 的零、极点。

z 变换的收敛域和极点分布密切相关。在极点处 z 变换不收敛,因此在收敛域内不能包含任何极点,而且收敛域是由极点来限定边界的。

3.2.2　序列的性质和其 z 变换收敛域的关系

对一个序列来说,当序列的 z 变换存在时,其在 z 平面上的收敛域的位置和序列的性质存在着密切的关系。现将一些典型情况分别讨论如下。

3.2.2.1　有限长序列(Finite Length Sequence)

这类序列只在有限长度区间 $n_1 \leqslant n \leqslant n_2$ 内有非零值,即

$$x(n) = \begin{cases} x(n), n_1 \leqslant n \leqslant n_2 \\ 0, 其他 \end{cases} \tag{3-2-6}$$

由 z 变换的定义,式(3-2-6)所表示的序列的 z 变换可写成

$$X(z) = \sum_{n=n_1}^{n_2} x(n) z^{-n} = \sum_{n=n_1}^{n_2} x(n) \frac{1}{z^n} \tag{3-2-7}$$

当 $|x(n)| < \infty$ 时,式(3-2-7)为一有限项级数和,则其 ROC 为整个 z 平面;但 $|z| = 0$ 和 $|z| = \infty$ 除外,需进一步讨论如下:显然当 $n_1 < 0$ 时,ROC 不包括 $|z| = \infty$,而当 $n_2 > 0$ 时,ROC 不包括 $|z| = 0$。因此,有限长序列的 z 变换,其 ROC 至少为 $0 < |z| < \infty$,当 $n > 0$ 时序列有非零值,则 $|z| = 0$ 不包含在收敛域内;当 $n < 0$ 时序列有非零值,则 $|z| = \infty$ 不包含在收敛域内。这里要指出,$z^0 = 1$,不管 z 为何值,即使 $z^0 = 1$ 也是如此。

3.2.2.2　右边序列(Right-Side Sequence)

这类序列只在 n 轴某一点的右边有非零值,即当 $n < N$ 时,$x(n) = 0$。其 z 变换为

$$X(z) = \sum_{n=N}^{\infty} x(n) z^{-n} \tag{3-2-8}$$

根据无穷项级数敛散性判别的柯西方法,式(3-2-9)的级数收敛需满足

$$\lim_{n \to \infty} \sqrt[n]{|x(n) z^{-n}|} < 1 \tag{3-2-9}$$

则有

$$\lim_{n \to \infty} \sqrt[n]{|x(n)|} \, |z|^{-1} < 1 \tag{3-2-10}$$

可得到右边序列的 z 变换的收敛域的形式如下

$$|z| > \lim_{n \to \infty} \sqrt[n]{|x(n)|} = R_- \tag{3-2-11}$$

为了证明 ROC 的正确性,先设 $X(z)$ 在 $|z| = R_-$ 处收敛,即

$$\sum_{n=N}^{\infty} |x(n)| R_-^{-n} < \infty \tag{3-2-12}$$

如果 $N \geqslant 0$，则当 $|z| > R_-$ 时必定有

$$\sum_{n=N}^{\infty} |x(n)z^{-n}| \leqslant \sum_{n=N}^{\infty} |x(n)| \, |z|^{-n} < \sum_{n=N}^{\infty} |x(n)| R^{-n} < \infty$$

$$(3\text{-}2\text{-}13)$$

如果 $N < 0$，则式(3-3-10)的等号右边可写成两项，有

$$\sum_{n=N}^{\infty} x(n)z^{-n} = \sum_{n=N}^{-1} x(n)z^{-n} + \sum_{n=0}^{\infty} x(n)z^{-n} \qquad (3\text{-}2\text{-}14)$$

式(3-2-14)的第一项为有限长序列，其 ROC 至少为 $0 < |z| < \infty$。第二项根据前面 $N \geqslant 0$ 的论述，其在 $|z| > R_-$ 时收敛。因为公共收敛域就是 $R_- < |z| < \infty$，因此右边序列的 z 变换的 ROC 是半径为 R_- 的圆的圆外部分，但 $|z| = \infty$ 是否包含于 ROC 内与 N 有关。

　　如果右边序列为因果序列，即 $N \geqslant 0$，则序列的 z 变换在 $|z| = \infty$ 处也收敛。由此可得到一个推论：如果序列 $x(n)$ 的 z 变换的 ROC 包括，则该序列为因果序列，反之亦然。

3.2.2.3　左边序列(Left-Side Sequence)

　　这类序列只在 n 轴某一点的左边有非零值，即当 $n > N$ 时，$x(n) = 0$。其 z 变换为

$$X(z) = \sum_{n=-\infty}^{N} x(n)z^{-n} \qquad (3\text{-}2\text{-}15)$$

式(3-3-15)可通过变量替换变换为另外一种形式，即

$$X(z) = \sum_{n=-N}^{\infty} x(-n)z^{n} \qquad (3\text{-}2\text{-}16)$$

　　同样，由柯西方法可以得到左边序列的 z 变换的收敛域的形式如下

$$|z| < \frac{1}{\lim_{n \to \infty} \sqrt[n]{|x(-n)|}} = R \qquad (3\text{-}2\text{-}17)$$

即左边序列的 z 变换 $X(z)$，应在收敛半径 R_+ 以内的 z 平面收敛，但 $|z| = 0$ 是否属于 ROC 与 N 有关。显然，由式可知，当 $N < 0$ 时，属于 ROC，即反因果序列的 z 变换的 ROC 包括 $|z| = 0$。

3.2.2.4　双边序列(Bilateral Sequence)

　　若 $x(n)$ 是从 $n = -\infty$ 到 ∞ 都有值(也许某些值为 0)的序列，此序列就称为双边序列，如一个左边序列"加"一个右边序列一定是一个双边序列。前面介绍的 3 种序列，其实就是双边序列加了不同约束条件的 3 个特例。其 z 变换为

$$X(z) = \sum_{n=-\infty}^{\infty} x(n)z^{-n} = \sum_{n=-\infty}^{-1} x(n)z^{-n} + \sum_{n=0}^{\infty} x(n)z^{-n} \qquad (3\text{-}2\text{-}18)$$

式(3-2-18)中的第一项为左边序列的 z 变换,ROC 为 $|z|<R_+$;第二项为右边序列的 z 变换,ROC 为 $|z|>R_+$。

显然,对整个变换式而言,必须存在一个公共收敛域,使得各子式均能收敛。这就要求下式必须成立

$$R_+ > R_- \qquad (3\text{-}2\text{-}19)$$

如果式(3-2-19)成立,则双边序列 z 变换的 ROC 为

$$R_- < |z| < R_+ \qquad (3\text{-}2\text{-}20)$$

如果式(3-2-19)不成立,则双边序列 z 变换不收敛。

常用序列的 z 变换及其收敛域见表 3-2-1。

表 3-2-1 常用序列的 z 变换及其收敛域

序列	z 变换	收敛域
$\delta(n)$	1	$0 \leqslant z \leqslant \infty$
$u(n)$	$\dfrac{1}{1-z^{-1}}$	$|z|>1$
$|z|<|a|$	$\dfrac{z^{-N}}{1-z^{-1}}$	$|z|>0$
$nu(n)$	$\dfrac{z^{-1}}{(1-z^{-1})^2}$	$|z|>1$
$a^n u(n)$	$\dfrac{1}{1-az^{-1}}$	$|z|>|a|$
$-a^n u(-n-1)$	$\dfrac{1}{1-az^{-1}}$	$|z|<|a|$
$na^n u(n)$	$\dfrac{az^{-1}}{(1-az^{-1})^2}$	$|z|>|a|$
$-na^n u(-n-1)$	$\dfrac{az^{-1}}{(1-az^{-1})^2}$	$|z|<|a|$
$e^{-an}u(n)$	$\dfrac{1}{1-e^{-a}z^{-1}}$	$|z|>|e^{-a}|$
$e^{-j\omega_0 n}u(n)$	$\dfrac{1}{1-e^{-j\omega_0}z^{-1}}$	$|z|>1$
$\sin(\omega_0 n)u(n)$	$\dfrac{\sin(\omega_0)z^{-1}}{1-2\cos(\omega_0)z^{-1}+z^{-2}}$	$|z|>1$
$\cos(\omega_0 n)u(n)$	$\dfrac{1-\cos(\omega_0)z^{-1}}{1-2\cos(\omega_0)z^{-1}+z^{-2}}$	$|z|>1$
$r^n \sin(\omega_0 n)u(n)$	$\dfrac{r\sin(\omega_0)z^{-1}}{1-2r\cos(\omega_0)z^{-1}+r^2 z^{-2}}$	$|z|>|r|$
$r^n \cos(\omega_0 n)u(n)$	$\dfrac{1-r\cos(\omega_0)z^{-1}}{1-2r\cos(\omega_0)z^{-1}+r^2 z^{-2}}$	$|z|>|r|$

3.2.3　z 反变换

定义 3.2.1　由 $X(z)$ 及其收敛域求序列 $x(n)$ 的变换称为 z 反变换。

离散时间系统的 z 域分析中要用到 z 反变换。从 z 变换的定义式(3-2-1)可看出,序列 $x(n)$ 的 z 变换定义式就是复变函数中的罗朗级数。罗朗级数在收敛域内是解析函数,因此,在收敛域内的 z 变换也是解析函数,这就意味着 z 变换及其所有导数是 z 的连续函数,在这种条件下,研究 z 变换和 z 反变换时,就可以运用复变函数理论中的一些定理了。下面根据柯西积分公式推导 z 反变换公式。

3.2.3.1　z 反变换公式

z 反变换公式为

$$x(n) = \mathrm{ZT}^{-1}\big[X(z)\big] = \frac{1}{2\pi \mathrm{j}} \oint_c X(z) z^{n-1} \mathrm{d}z \qquad (3\text{-}2\text{-}21)$$

式中,$\mathrm{ZT}^{-1}\big[X(z)\big]$ 表示对 $X(z)$ 进行 z 反变换。其结果是:在 z 平面上的 $X(z)$ 的收敛域中,沿包围原点的任意封闭曲线 c 的反时针方向对 $X(z)z^{n-1}$ 的围线积分。

式(3-2-21)的证明如下。

将 z 变换定义式,即式(3-2-1)两边均乘以 z^{m-1},并在 $X(z)$ 的收敛域内取一条包围原点的积分围线做围线积分,有

$$\frac{1}{2\pi \mathrm{j}} \oint_c X(z) z^{m-1} \mathrm{d}z = \frac{1}{2\pi \mathrm{j}} \oint_c \Big[\sum_{n=-\infty}^{\infty} x(n) z^{-n} \Big] z^{m-1} \mathrm{d}z$$

$$= \sum_{n=-\infty}^{\infty} x(n) \frac{1}{2\pi \mathrm{j}} \oint_c z^{-n+m-1} \mathrm{d}z \qquad (3\text{-}2\text{-}22)$$

式(3-2-22)不加证明地把求和与积分次序进行了交换。柯西积分公式的一个推导式为

$$\frac{1}{2\pi \mathrm{j}} \oint_c z^{k-1} \mathrm{d}z = \begin{cases} 1, k = 0 \\ 0, k \neq 0 \end{cases} \qquad (3\text{-}2\text{-}23)$$

对照式(3-2-22)与式(3-2-23),只要式(3-2-22)中的 $m=n$,就有

$$\frac{1}{2\pi \mathrm{j}} \oint_c X(z) z^{m-1} \mathrm{d}z = x(m)$$

则反变换公式(3-2-21)得到证明。

如果 $X(z)$ 的 ROC 含有单位圆,且积分围线 c 就选为单位圆,以 $z = \mathrm{e}^{\mathrm{j}\omega}$(单位圆)代入式(3-2-21),则围线积分变为 ω 由 $-\pi$ 到 π 的积分,有

$$x(n) = \frac{1}{2\pi j}\int_{-\pi}^{\pi} X(e^{j\omega})e^{j\omega(n-1)}\,de^{j\omega} = \frac{1}{2\pi}\int_{-\pi}^{\pi} X(e^{j\omega})e^{j\omega n}\,d\omega$$

则 z 反变换式成为前面说明过的离散时间傅里叶反变换式。

3.2.3.2　z 反变换计算方法

直接使用式(3-2-21)的围线积分求 $x(n)$ 是比较困难的,较常采用的计算方法主要有留数法、幂级数展开法和部分分式展开法。

(1)留数法。

由复变函数理论,式(3-2-21)可以应用留数定理来求解。由该定理有

$$x(n) = \frac{1}{2\pi j}\oint_c X(z)z^{n-1}\,dz = \sum_k \text{Res}\left[X(z)z^{n-1}\right]_{z=z_k} \quad (3\text{-}2\text{-}24)$$

式中,z_k 为 $X(z)z^{n-1}$ 在 c 内的极点,Res 表示极点的留数,求和符号表示所有 c 内的极点的留数的代数和。

求留数也是比较困难的,但如果 $X(z)z^{n-1}$ 是 z 的有理函数,可写为下面的有理分式,即

$$X(z)z^{n-1} = \frac{\psi(z)}{(z-z_k)^s} \quad (3\text{-}2\text{-}25)$$

则求留数就比较容易了。式(3-2-25)表示 $X(z)z^{n-1}$ 在 $z=z_k$ 处有 s 阶极点,而 $\psi(z)$ 中已没有 $z=z_k$ 的极点。根据留数定理,$X(z)z^{n-1}$ 在 $z=z_k$ 处的留数为

$$\text{Res}\left[X(z)z^{n-1}\right]_{z=z_k} = \frac{1}{(s-1)!}\left[\frac{d^{s-1}}{dz^{s-1}}\right]_{z=z_k}$$

$$= \frac{1}{(s-1)!}\left\{\frac{d^{s-1}}{dz^{s-1}}\left[(z-z_k)^s X(z)z^{n-1}\right]\right\}_{z=z_k}$$

$$(3\text{-}2\text{-}26)$$

如果 $z=z_k$ 是 $X(z)z^{n-1}$ 的一阶极点,式(3-2-26)就变得简单了,即

$$\text{Res}\left[X(z)z^{n-1}\right]_{z=z_k} = \psi(z_k) \quad (3\text{-}2\text{-}27)$$

求留数时,一定要注意收敛域内积分围线 c 所包围的极点情况(只计算围线 c 内的极点留数和)。

3.3　z 变换与拉普拉斯变换、傅里叶变换的关系

本节主要讨论离散信号的 z 变换与拉普拉斯变换、傅里叶变换之间的联系,以及它们之间相互转换的条件。

3.3.1　z 变换与拉普拉斯变换的关系

模拟信号 $x(t)$ 的理想冲激抽样表达式为

$$\hat{x}(t) = x(t) \sum_{n=-\infty}^{\infty} \delta(t-nT) = \sum_{n=-\infty}^{\infty} x(nT)\delta(t-nT)$$

将上式两边取拉氏变换得

$$\hat{X}(s) = \int_{-\infty}^{\infty} \hat{x}(t) \mathrm{e}^{-st} \, \mathrm{d}t = \sum_{n=-\infty}^{\infty} x(nT) \mathrm{e}^{-nsT}$$

设 $s = \dfrac{1}{T}\ln z$，或者 $\mathrm{e}^{sT} = z$，代入上式得

$$\hat{X}(s)\big|_{s=\frac{1}{T}\ln z} = \sum_{n=-\infty}^{\infty} x(nT)z^{-n} = X(z)$$

故
$$\hat{X}(s)\big|_{s=\frac{1}{T}\ln z} = X(z)$$

或
$$X(z)\big|_{z=\mathrm{e}^{sT}} = \hat{X}(s) \tag{3-3-1}$$

因此，复变量 z 与 s 有下列关系

$$z = \mathrm{e}^{sT} \tag{3-3-2}$$

式中，T 为序列的抽样周期。

为了说明 s 与 z 的映射关系，将 s 表示成直角坐标形式，而将 z 表示成极坐标形式，即

$$s = \sigma + \mathrm{j}\Omega, z = r\mathrm{e}^{\mathrm{j}\omega}$$

将 s、z 代入式(3-3-2)得

$$r\mathrm{e}^{\mathrm{j}\omega} = \mathrm{e}^{(\sigma+\mathrm{j}\Omega)T} = \mathrm{e}^{\sigma T}\mathrm{e}^{\mathrm{j}\Omega T}$$

于是有

$$r = \mathrm{e}^{\sigma T} \tag{3-3-3}$$

$$\omega = \Omega T \tag{3-3-4}$$

以上两式表明 s 平面与 z 平面之间有如下映射关系：

(1)s 平面上的虚轴($\sigma=0$，$s=\mathrm{j}\Omega$)映射到 z 平面是单位圆($r=1$)，其右半平面($\sigma>0$)映射到 z 平面是单位圆的圆外($r>1$)，其左半平面($\sigma<0$)映射到 z 平面是单位圆的圆内($r<1$)。

(2)s 平面的实轴($\Omega=0$，$s=\sigma$)映射到 z 平面是正实轴($\omega=0$)，s 平面平行于实轴的直线(Ω 为常数)映射到 z 平面是过原点的射线。

(3)由于 $\mathrm{e}^{\mathrm{j}\omega}$ 是 ω 的周期函数，因此 Ω 每增加一个 $2\pi/T$，就增加一个 2π，即重复旋转一周，z 平面重叠一次。所以 s 平面与 z 平面的映射关系并不是单值的。其映射关系分别如图 3-3-1 和图 3-3-2 所示。

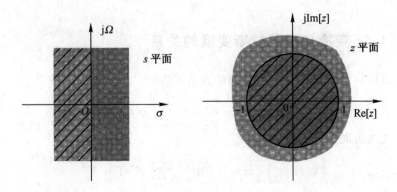

图 3-3-1 $\sigma>0$ 映射为 $r>1$，$\sigma=0$ 映射为 $r=l$，$\sigma<0$ 映射为 $r<1$

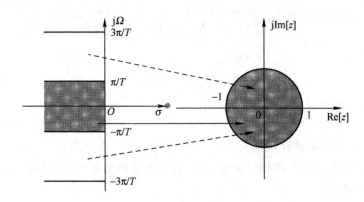

图 3-3-2 s 平面与各平面的多值映射关系

以 s 平面左边平面为例，右半平面类似

由拉氏变换理论可知，模拟信号 $x(t)$ 的拉氏变换 $X(s)$ 与 $x(t)$ 的抽样信号 $\hat{x}(t)$ 的拉氏变换 $\hat{X}(s)$ 有如下关系

$$\hat{X}(s) = \frac{1}{T} \sum_{m=-\infty}^{\infty} X(s - \mathrm{j}m\Omega_s) \qquad (3\text{-}3\text{-}5)$$

式中，$\Omega_s = 2\pi f_s = 2\pi/T$。

因此根据式(3-3-1)、式(3-3-5)可以得到

$$X(z)\big|_{z=e^{sT}} = \hat{X}(s) = \frac{1}{T} \sum_{m=-\infty}^{\infty} X(s - \mathrm{j}m\Omega_s) \qquad (3\text{-}3\text{-}6)$$

式(3-3-6)反映了模拟信号的拉氏变换在 s 平面上沿虚轴周期延拓，周期为 Ω_s，同时反映了模拟信号的拉氏变换每一个周期与整个 z 平面成映射关系，它揭示了 s 平面与 z 平面映射关系的非单值性。

式(3-3-6)即为 z 变换与拉氏变换关系。

如果已知信号的拉氏变换，可对其求拉氏反变换，再抽样后求其 z 变

换,可得

$$
\begin{aligned}
X(z) &= \sum_{n=0}^{\infty}\left[\frac{1}{2\pi j}\int_{\sigma-j\infty}^{\sigma+j\infty}X(s)\,e^{snT}\,ds\right]z^{-n} \\
&= \frac{1}{2\pi j}\int_{\sigma-j\infty}^{\sigma+j\infty}X(s)\sum_{n=0}^{\infty}e^{snT}z^{-n}\,ds \\
&= \frac{1}{2\pi j}\int_{\sigma-j\infty}^{\sigma+j\infty}\frac{X(s)}{1-e^{snT}z^{-1}}\,ds \\
&= \sum_{k}\mathrm{Res}\left[\frac{X(s)}{1-e^{snT}z^{-1}},s_{k}\right]
\end{aligned}
\tag{3-3-7}
$$

式中,s_k 表示 $X(s)$ 的极点。

如果 $x(t)$ 的拉氏变换 $X(s)$ 为部分分式形式,且只含有一阶极点 s_k,即

$$
X(s) = \sum_{k}\frac{A_k}{s-s_k}
\tag{3-3-8}
$$

此时,$\hat{x}(t)$ 的 z 变换必然为

$$
X(z) = \sum_{k}\frac{A_k}{1-z^{-1}e^{s_k T}}
\tag{3-3-9}
$$

式中,A_k 为 $X(s)$ 在极点 s_k 处的留数。

因此,只要已知 $X(s)$ 的 A_k 和 s_k,可直接写出 $X(z)$。

3.3.2　序列的 z 变换和傅里叶变换的关系

由 s 平面与 z 平面的映射关系可知:s 平面虚轴映射到 z 平面单位圆上,s 平面虚轴上的拉氏变换就是傅里叶变换。因此,单位圆上的 z 变换即为序列的傅里叶变换。因此,若 $X(z) = \sum_{n=-\infty}^{\infty}x(n)z^{-n}$ 在 $|z|=1$ 上收敛,则序列的傅里叶变换为

$$
X(z)\big|_{z=e^{j\omega}} = X(e^{j\omega}) = \sum_{n=-\infty}^{\infty}x(n)e^{j\omega n}
\tag{3-3-10}
$$

根据 z 反变换公式

$$
x(n) = \frac{1}{2\pi j}\oint_{c}X(z)z^{n-1}\,dz
$$

如果选择上式中积分围线为单位圆,那么

$$
x(n) = \frac{1}{2\pi}\int_{-\pi}^{\pi}X(e^{j\omega})e^{j\omega n}\,d\omega
\tag{3-3-11}
$$

这样式(3-3-10)与式(3-3-11)就构成了序列的傅里叶变换对

$$
X(e^{j\omega}) = \sum_{n=-\infty}^{\infty}x(n)e^{-j\omega n}
$$

$$x(n) = \frac{1}{2\pi} \int_{-\pi}^{\pi} X(e^{j\omega}) e^{j\omega n} \, d\omega \qquad (3\text{-}3\text{-}12)$$

因为序列的傅里叶变换是单位圆上的 z 变换,所以它的一切特性都可以直接由 z 变换特性得到。$X(e^{j\omega})$ 称为序列的傅里叶变换或频谱。$X(e^{j\omega})$ 是 ω 的连续函数,周期为 2π。将 $s = j\Omega, z = e^{j\omega}, \omega = \Omega T$,代入式(3-3-6)有

$$X(e^{j\omega}) = \frac{1}{T} \sum_{m=-\infty}^{\infty} X(j\Omega - jm\Omega_s) = \frac{1}{T} \sum_{m=-\infty}^{\infty} X\left(j\frac{\omega - 2\pi m}{T}\right)$$

$$(3\text{-}3\text{-}13)$$

式中,$\Omega_s = 2\pi/T$。

式(3-3-13)说明,虚轴上的拉氏变换,即理想抽样信号频谱(序列傅里叶变换)是其相应的连续时间信号频谱的周期延拓,周期为 Ω_s。同时式(3-3-13)也说明,数字频谱是其相应连续信号频谱周期延拓后再对抽样周期的归一化。称 ω 为数字域频率,Ω 为模拟域频率。$\omega = \Omega T$ 表示 z 平面角度变量 ω 与 s 平面频率变量的关系。所谓数字频率实质是 $\omega = \Omega/f_s$,即模拟频率对抽样频率的归一化。这个概念经常用在数字滤波器与数字谱分析中。

总之,对连续信号可以采用拉氏变换、傅里叶变换进行分析。傅里叶变换是虚轴上的拉氏变换,反映信号频谱。对于离散信号(序列),相应可采用 z 变换及序列傅里叶变换分析。序列傅里叶变换是单位圆上的名变换,反映的是序列频谱。理想抽样沟通了连续信号拉氏变换、傅里叶变换与抽样后序列名变换,以及序列傅里叶变换之间的关系。

3.4　离散系统响应的 z 域分析

线性时不变离散系统可以用常系数线性差分方程描述,即

$$\sum_{i=0}^{N} a_i y(n-i) = \sum_{j=0}^{M} b_j x(n-j)$$

式中,将上式两边取单边 z 变换,并利用 z 变换的位移公式可得

$$\sum_{i=0}^{N} a_i z^{-i} \left[Y(z) + \sum_{l=-i}^{-1} y(l) z^{-l} \right] = \sum_{j=0}^{M} b_j z^{-j} \left[X(z) + \sum_{m=-j}^{-1} x(m) z^{-m} \right]$$

整理得到

$$Y(z) = \frac{\displaystyle\sum_{j=0}^{M} b_j z^{-j} X(z)}{\displaystyle\sum_{i=0}^{N} a_i z^{-i}} + \frac{\displaystyle\sum_{j=0}^{M} \left[b_j z^{-j} \sum_{m=-j}^{-1} x(m) z^{-m} \right]}{\displaystyle\sum_{i=0}^{N} a_i z^{-i}} - \frac{\displaystyle\sum_{i=0}^{N} \left[a_i z^{-i} \sum_{l=-i}^{-1} y(l) z^{-l} \right]}{\displaystyle\sum_{i=0}^{N} a_i z^{-i}}$$

$$(3\text{-}4\text{-}1)$$

当系统处于零输入时,即 $x(n)=0$,则使式(3-4-1)中前两项为零,系统零输入响应的 z 变换为

$$Y(z) = -\frac{\sum_{i=0}^{N}\left[a_i z^{-i} \sum_{l=-i}^{-1} y(l) z^{-l}\right]}{\sum_{i=0}^{N} a_i z^{-i}} \tag{3-4-2}$$

因此,系统零输入响应为

$$y(n) = Z^{-1}\left[Y(z)\right]$$

当系统处于零状态时,设 $n=0$ 时接入 $x(n)$,则 $l<0$ 时,$y(l)=0$。式(3-4-1)中的第三项为零,系统零状态响应的 z 变换为

$$Y(z) = \frac{\sum_{j=0}^{M} b_j z^{-j} X(z)}{\sum_{i=0}^{N} a_i z^{-i}} + \frac{\sum_{j=0}^{M}\left[b_j z^{-j} \sum_{m=-j}^{-1} x(m) z^{-m}\right]}{\sum_{i=0}^{N} a_i z^{-i}} \tag{3-4-3}$$

因此,系统零状态响应为

$$y(n) = Z^{-1}\left[Y(z)\right]$$

当激励 $x(n)$ 为因果序列,求零状态响应时,式(3-4-1)中的第二项和第三项为零,系统零状态响应的 z 变换为

$$Y(z) = \frac{\sum_{j=0}^{M} b_j z^{-j} X(z)}{\sum_{i=0}^{N} a_i z^{-i}} \tag{3-4-4}$$

3.5　离散系统的系统函数和频率响应

3.5.1　离散系统的系统函数与系统特性

定义 3.5.1　LTI 离散系统的单位取样响应序列 $h(n)$ 的 z 变换称为系统的系统函数。

用 $H(z)$ 表示系统函数,即有

$$\sum_{n=-\infty}^{\infty} x(n) z^{-n} \tag{3-5-1}$$

如果 $x(n)$ 是 LTI 离散系统的输入序列,其 z 变换为 $X(z)$,而 $y(n)$ 为系统的输出序列,变换为 $Y(z)$,则由 z 变换的卷积定理可得

$$Y(z) = H(z) X(z) = X(z) H(z) \tag{3-5-2}$$

由式(3-5-2)有
$$H(z) = \frac{Y(z)}{X(z)} \qquad (3\text{-}5\text{-}3)$$

式(3-5-3)提供了求 LTI 离散系统的系统函数的一种方法。

同一个 LTI 离散系统可以用时域的 $h(n)$ 来表征,也可以用频域的 $H(e^{j\omega})$ 来表征,还可用 z 域的系统函数 $H(z)$ 来描述,那么系统函数一定能反映系统的特性。

3.5.2　系统函数与差分方程的关系

一个 LTI 离散系统的输出序列 $y(n)$、输入序列 $x(n)$ 和单位取样响应序列 $h(n)$ 之间的关系为

$$y(n) = h(n) * x(n) = \sum_{k=-\infty}^{\infty} h(k)x(n-k) \qquad (3\text{-}5\text{-}4)$$

式(3-5-4)通常称为卷积公式,而从数学分析来看,其本质是差分方程。显然式(3-5-4)一般不能用于求解,需要加上一个前提条件,即系统为因果系统。在这一前提条件下,系统当前的输出只与当前和过去的输入、过去的输出有关,这样式(3-5-4)就可抽象地写为

$$y(n) = \sum_{k=1}^{N} a_k y(n-k) + \sum_{r=0}^{M} b_r x(n-r) \qquad (3\text{-}5\text{-}5)$$

一般因果 LTI 离散系统都可以用式(3-5-5)来近似描述,由于求和符号的上限都是有限值,因此可称为有限差分方程。

对式(3-5-5)两端进行 z 变换并考虑到 z 变换的移位性质,可以得到

$$Y(z) = \sum_{k=1}^{N} a_k z^{-k} Y(z) + \sum_{r=0}^{M} b_r z^{-r} X(z) \qquad (3\text{-}5\text{-}6)$$

由式(3-5-3)及式(3-5-6),则系统函数为

$$H(z) = \frac{Y(z)}{X(z)} = \frac{\displaystyle\sum_{r=0}^{M} b_r z^{-r}}{1 - \displaystyle\sum_{k=1}^{N} a_k z^{-k}} \qquad (3\text{-}5\text{-}7)$$

由于式(3-5-8)是两个多项式之比,因此一般都可以分解因式为

$$H(z) = \frac{A \displaystyle\prod_{r=1}^{M} (1 - c_r z^{-1})}{\displaystyle\prod_{k=1}^{N} (1 - d_k z^{-1})} \qquad (3\text{-}5\text{-}8)$$

由式(3-5-8)可以看出,系统的零点为 $z = c_r$,系统的极点为 $z = d_k$。可见,除了比例常数 A,系统函数完全由其全部零、极点来确定。

3.5.3　离散系统的频率响应

3.5.3.1　离散系统频率响应的意义

设离散系统的输入为 $x(n)=\mathrm{e}^{\mathrm{j}n\omega}u(n)$，系统的单位函数响应为 $h(n)$，则离散系统的零状态响应为 $h(n)$ 与 $x(n)$ 的卷积，即

$$
\begin{aligned}
y_{zs}(n) &= \sum_{i=-\infty}^{\infty} h(i)x(n-i)\\
&= \sum_{i=-\infty}^{\infty} h(i)\mathrm{e}^{\mathrm{j}\omega(n-i)} \qquad (3\text{-}5\text{-}9)\\
&= \mathrm{e}^{\mathrm{j}\omega n}\sum_{i=-\infty}^{\infty} h(i)\mathrm{e}^{-\mathrm{j}\omega i}
\end{aligned}
$$

上式中的 $\sum\limits_{i=-\infty}^{\infty} h(i)\mathrm{e}^{-\mathrm{j}\omega i}$ 实际上就是 $h(n)$ 的 z 变换在 $z=\mathrm{e}^{\mathrm{j}\omega}$ 处的值

$$
H(\mathrm{e}^{\mathrm{j}\omega}) = H(z)\big|_{z=\mathrm{e}^{\mathrm{j}\omega}} = \sum_{i=-\infty}^{\infty} h(i)\mathrm{e}^{-\mathrm{j}\omega i} \qquad (3\text{-}5\text{-}10)
$$

比较得知，系统频率响应 $H(\mathrm{e}^{\mathrm{j}\omega})$ 就是系统单位函数响应 $h(n)$ 的离散序列傅里叶变换。则可将式(3-5-9)表示为

$$
y_{zs}(n) = \mathrm{e}^{\mathrm{j}\omega n}H(\mathrm{e}^{\mathrm{j}\omega}) \qquad (3\text{-}5\text{-}11)
$$

上式说明，系统对复正弦序列韵稳态响应仍是同频率的离散指数复正弦序列，其系统特性为 $H(\mathrm{e}^{\mathrm{j}\omega})$，设 $H(\mathrm{e}^{\mathrm{j}\omega})=|H(\mathrm{e}^{\mathrm{j}\omega})|\mathrm{e}^{\mathrm{j}\phi(\omega)}$，上式可以表示为

$$
y_{zs}(n) = |H(\mathrm{e}^{\mathrm{j}\omega})|\mathrm{e}^{\mathrm{j}[\omega n+\phi(\omega)]} \qquad (3\text{-}5\text{-}12)
$$

其中，$H(\mathrm{e}^{\mathrm{j}\omega})$ 的模量 $|H(\mathrm{e}^{\mathrm{j}\omega})|$ 反映了系统对频率为 ω 的复正弦信号幅度的影响，$H(\mathrm{e}^{\mathrm{j}\omega})$ 的相角 $\phi(\omega)$ 反映了系统对频率为 ω 的复正弦信号相位的影响。

从式(3-5-12)可以知道，$\mathrm{e}^{\mathrm{j}\omega}$ 为周期函数，因而离散系统的频率响应 $H(\mathrm{e}^{\mathrm{j}\omega})$ 必然也为周期函数，周期为序列重复频率 ω_s（若 $T=1$，则 $\omega_s=2\pi$），因此，对离散时间系统的频率特性分析只要在一个周期内进行就可以了。

与模拟滤波器相比较，离散系统(数字滤波器)按其频率特性也有低通、带通、高通、带阻、全通之分。鉴于频率响应具有周期性，因此这些特性完全可以在 $-\dfrac{\omega_s}{2}\leqslant\omega\leqslant\dfrac{\omega_s}{2}$ 范围内区分，如图 3-5-1 所示。

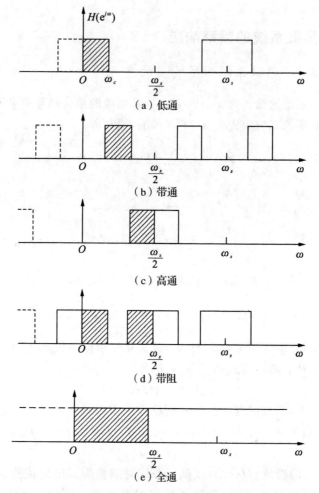

图 3-5-1   离散系统的各种频率响应

3.5.3.2   系统频率响应的几何分析法

离散系统可以用系统函数 $H(z)$ 在 z 平面上零极点分布，通过几何分析法简便地表示出离散系统的频率响应特性。

离散系统函数 $H(z)$ 为

$$H(z) = \frac{\prod_{r=1}^{M}(z - z_r)}{\prod_{n=1}^{N}(z - p_n)}$$

设 $z = e^{j\omega}$ 可以得到离散系统的频率响应特性为

$$H(e^{j\omega}) = \frac{\prod\limits_{r=1}^{M}(e^{j\omega} - z_r)}{\prod\limits_{n=1}^{N}(e^{j\omega} - p_n)} = \mid H(e^{j\omega}) \mid e^{j\phi(\omega)}$$

令 $e^{j\omega} - z_r = A_r e^{j\psi_r}$，$e^{j\omega} - p_n = B_n e^{j\theta_n}$，于是幅度响应为

$$\mid H(e^{j\omega}) \mid = \frac{\prod\limits_{r=1}^{M} A_r}{\prod\limits_{n=1}^{N} B_n} \tag{3-5-13}$$

相位响应为

$$\phi(\omega) = \sum_{r=1}^{M} \psi_r - \sum_{n=1}^{N} \theta_n \tag{3-5-14}$$

式中，A_r、ψ_r 分别代表 z 平面上的零点到单位圆上某点 $e^{j\omega}$ 的矢量($e^{j\omega} - z_r$)的长度与幅角；B_n、θ_n 分别表示 z 平面上极点 p_n 到单位圆某点 $e^{j\omega}$ 的矢量($e^{j\omega} - p_n$)的长度与幅角。如图 3-5-2 所示，随着单位圆上的 D 点不断移动，就可以得到全部的频率响应，C 点对应于 $\omega = 0$，E 点对应于 $\omega = \dfrac{\omega_s}{2}$。由于离散系统频响是周期性的，因此只要 D 点转一周就可以了。利用几何分析法可以比较方便地由系统函数 $H(z)$ 的零极点位置求出该系统的频率响应。

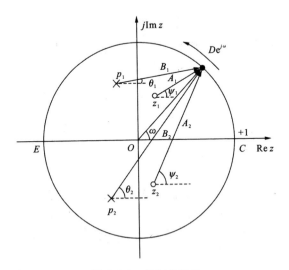

图 3-5-2　几何分析法

从几何分析法中,不难得出以下几点。

(1)$z=0$ 处的零极点对幅频特性 $|H(e^{j\omega})|$ 没有影响,只对相位有影响。

(2)当 $e^{j\omega}$ 点旋转到某个极点 p_n 附近时,如在同一半径上,B_n 较短,则 $|H(e^{j\omega})|$ 在该点应出现一个峰值,B_n 越短,则频响在峰值附近越尖锐。如果 p_n 落在单位圆上,$B_n=0$,则频率响应的峰值趋于无穷大。对于零点而言其作用与极点恰恰相反。

第4章 离散傅里叶变换及其快速算法

计算机是进行数字信号处理的主要工具,计算机只能处理有限长序列,这就决定了有限长序列处理在数字信号处理中的重要地位。离散傅里叶变换建立了有限长序列与其近似频谱之间的联系,在理论上具有重要意义。它的一个显著特点就是时域和频域都是有限长序列,它适宜于用计算机或专用数字信号处理设备来实现,而且由于离散傅里叶变换有其快速算法,即快速傅里叶变换(FFT),因此它在数字信号处理技术中起着核心作用。

4.1 周期序列的离散傅里叶级数

若以 $\tilde{x}(n)$ 表示一个周期序列,它具有如下性质:

$$\tilde{x}(n) = \tilde{x}(n + rN)$$

式中,r 为任意整数;N 为正整数,表示该序列的一个周期的长度。由于周期序列随 N 在 $(-\infty, \infty)$ 周而复始地变化,因而在整个 z 平面找不到一个衰减系数 $|z|$ 使周期序列绝对可和,即满足

$$\sum_{n=-\infty}^{\infty} |\tilde{x}(n)| \, |z^{-n}| < \infty$$

因此,周期序列 $|\tilde{x}(n)|$ 不能进行 z 变换。但是,类似于连续时间的周期信号可以展开成复指数函数的傅里叶级数,周期序列也可以展开成复指数序列的离散傅里叶级数,即用周期为 N 的复指数序列来表示周期序列。

4.1.1 周期序列的离散傅里叶级数

设 $\tilde{x}(n)$ 是以 N 为周期的周期序列,与连续时间周期信号一样,因为具有周期性,$\tilde{x}(n)$ 也可以展开成傅里叶级数,该级数相当于成谐波关系的复指数序列之和,也就是说,复指数序列的频率是与周期序列 $\tilde{x}(n)$ 有关的基

频 $\dfrac{2\pi}{N}$ 的整数倍。这些周期性复指数的形式为

$$e_k(n) = \mathrm{e}^{\mathrm{j}\frac{2\pi}{N}kn}$$

一个连续时间周期信号的傅里叶级数通常需要无穷多个成谐波关系的复指数表示,但是由于 $e_k(n)$ 满足

$$e_{k+rN}(n) = \mathrm{e}^{\mathrm{j}\frac{2\pi}{N}(k+rN)n}e_k(n) = \mathrm{e}^{\mathrm{j}\frac{2\pi}{N}kn} = e_k(n)$$

所以,对于周期为 N 的离散时间信号的傅里叶级数,只需要 N 个呈谐波关系的复指数序列 $e_0(n), e_1(n), \cdots, e_{N-1}(n)$,也就是说,级数展开式中只有 N 个独立的谐波。这样,一个周期序列 $\tilde{x}(n)$ 的离散傅里叶级数具有如下形式:

$$\tilde{x}(n) = \frac{1}{N}\sum_{k=0}^{N-1}\tilde{X}(k)\mathrm{e}^{\mathrm{j}\frac{2\pi}{N}kn} \tag{4-1-1}$$

式中,$\tilde{X}(k)$ 为傅里叶级数的系数。为求系数 $\tilde{X}(k)$,将利用复指数序列集的正交性。式(4-1-1)两边同乘以 $\mathrm{e}^{-\mathrm{j}\frac{2\pi}{N}nm}$,并从 $n=0$ 到 $n=N-1$ 求和,可以得到

$$\sum_{n=0}^{N-1}\tilde{x}(n)\mathrm{e}^{-\mathrm{j}\frac{2\pi}{N}nm} = \sum_{n=0}^{N-1}\frac{1}{N}\Big[\sum_{k=0}^{N-1}\tilde{X}(k)\mathrm{e}^{\mathrm{j}\frac{2\pi}{N}kn}\Big]\mathrm{e}^{-\mathrm{j}\frac{2\pi}{N}nm} \tag{4-1-2}$$

交换等号右边的求和顺序,式(4-1-2)变为

$$\sum_{n=0}^{N-1}\tilde{x}(n)\mathrm{e}^{-\mathrm{j}\frac{2\pi}{N}nm} = \sum_{k=0}^{N-1}\tilde{X}(k)\Big[\sum_{n=0}^{N-1}\frac{1}{N}\mathrm{e}^{\mathrm{j}\frac{2\pi}{N}(k-m)n}\Big] \tag{4-1-3}$$

式中,若 k, m 都是整数,则

$$\frac{1}{N}\sum_{n=0}^{N-1}\mathrm{e}^{\mathrm{j}\frac{2\pi}{N}(k-m)n} = \begin{cases} N, k-m = rN \\ 0, 其他 \end{cases} \tag{4-1-4}$$

对于 $k-m=rN$,无论 n 取何值,式(4-1-4)总是成立。对于 $k-m\neq rN$ 的情况有

$$\frac{1}{N}\sum_{n=0}^{N-1}\mathrm{e}^{\mathrm{j}\frac{2\pi}{N}(k-m)n} = \frac{1}{N}\frac{1-\mathrm{e}^{\mathrm{j}\frac{2\pi}{N}(k-m)N}}{1-\mathrm{e}^{\mathrm{j}\frac{2\pi}{N}(k-m)}}$$

因为 $\mathrm{e}^{\mathrm{j}\frac{2\pi}{N}(k-m)N}=1$,所以 $k-m\neq rN$ 时,有

$$\frac{1}{N}\sum_{n=0}^{N-1}\mathrm{e}^{\mathrm{j}\frac{2\pi}{N}(k-m)n} = 0$$

将式(4-1-4)代入式(4-1-3)中括号内的求和运算,可以得出

$$\tilde{X}(k) = \sum_{n=0}^{N-1}\tilde{x}(n)\mathrm{e}^{-\mathrm{j}\frac{2\pi}{N}kn} \tag{4-1-5}$$

式(4-1-5)虽然是用来求从 $k=0$ 到 $k=N-1$ 的 N 次谐波系数,但该式本身也是一个用 N 个独立谐波分量组成的傅里叶级数,它们所表达的也应该

是一个以 N 为周期的周期序列 $\tilde{X}(k)$,即

$$\tilde{X}(k+rN) = \sum_{n=0}^{N-1} \tilde{x}(n) e^{-j\frac{2\pi}{N}(k+rN)n} = \sum_{n=0}^{N-1} \tilde{x}(n) e^{-j\frac{2\pi}{N}kn} = \tilde{X}(k)$$

所以,时域上周期为 N 的周期序列,其离散傅里叶级数在频域上仍然是一个周期为 N 的周期序列。这样,对于周期序列的离散傅里叶级数表示式,在时域和频域之间存在对偶性。式(4-1-1)和式(4-1-5)一起考虑,可以把它们看作一个变换对,称为周期序列的离散傅里叶级数系数。习惯上使用下列符号表示复指数

$$W_N = e^{-j\frac{2\pi}{N}}$$

则将式(4-1-1)和式(4-1-5)重写如下:

$$\tilde{X}(k) = \mathrm{DFS}[\tilde{x}(n)] = \sum_{n=0}^{N-1} \tilde{x}(n) e^{-j\frac{2\pi}{N}kn} = \sum_{n=0}^{N-1} \tilde{x}(n) W_N^{kn} \quad (4\text{-}1\text{-}6)$$

$$\tilde{x}(n) = \mathrm{IDFS}[\tilde{X}(k)] = \frac{1}{N} \sum_{k=0}^{N-1} \tilde{X}(k) e^{-j\frac{2\pi}{N}kn} = \frac{1}{N} \sum_{k=0}^{N-1} \tilde{X}(k) W_N^{-kn}$$

$$(4\text{-}1\text{-}7)$$

式(4-1-7)表明可以将周期序列分解成 N 个谐波分量的叠加,第 k 个谐波分量的频率为 $\omega_k = \frac{2\pi}{N}k$,$k = 0,1,2,\cdots,N-1$,幅度为 $\frac{1}{N}\tilde{X}(k)$。基波分量的频率是 $\frac{2\pi}{N}$,幅度为 $\frac{1}{N}\tilde{X}(1)$。周期序列 $\tilde{x}(n)$ 可以用其离散傅里叶级数的系数 $\tilde{X}(k)$ 表示其频谱分布规律。

4.1.2　周期序列离散傅里叶级数的性质

设 $\tilde{x}_1(n)$ 和 $\tilde{x}_2(n)$ 都是周期为 N 的两个周期序列,

$\tilde{X}_1(k) = \mathrm{DFS}[\tilde{x}_1(n)]$,$\tilde{X}_2(k) = \mathrm{DFS}[\tilde{x}_2(n)]$,$\tilde{X}(k) = \mathrm{DFS}[\tilde{x}(n)]$

(1)线性性质。设 $\tilde{x}_1(n)$ 和 $\tilde{x}_2(n)$ 都是周期为 N 的两个周期序列,若

$$\tilde{X}_1(k) = \mathrm{DFS}[\tilde{x}_1(n)],\tilde{X}_2(k) = \mathrm{DFS}[\tilde{x}_2(n)]$$

则

$$\mathrm{DFS}[a\tilde{x}_1(n) + b\tilde{x}_2(n)] = a\tilde{X}_1(k) + b\tilde{X}_2(k)$$

式中,a、b 为任意常数。

(2)时域移位性质。设 $\tilde{x}(n)$ 是周期为 N 的周期序列,若

$$\tilde{X}(k) = \mathrm{DFS}[\tilde{x}(n)]$$

则其移位序列 $\tilde{x}(n+m)$ 的离散傅里叶级数为

$$\text{DFS}[\tilde{x}(n+m)] = W_N^{-km}\tilde{X}(k)$$

（3）频域移位（调制）性质。设 $\tilde{x}(n)$ 是周期为 N 的周期序列，若将其 DFS $\tilde{X}(k)$ 移位 m 后得 $\tilde{X}(k)$，则有

$$\tilde{X}(k+m) = \text{DFS}[W_N^{mn}\tilde{x}(n)]$$

该定理说明，对周期序列在时域乘以虚指数 $e^{-j\frac{2\pi}{N}n}$ 的 m 次幂，则相当于在频域搬移 m，所以又称为调制定理。

（4）对偶性质。连续时间信号的傅里叶变换在时域和频域存在对偶性。但是，非周期序列和它的离散时间傅里叶变换是两类不同的函数，时域是离散的序列，频域则是连续周期函数，因而不存在对偶性。由式（4-1-6）和式（4-1-7）可以看出，它们只差系数 $\frac{1}{N}$ 和指数 W_N 的符号。另外，周期序列和它的 DFS 系数为同类函数，均为周期序列。由（4-1-7）可得

$$N\tilde{x}(-n) = \sum_{k=0}^{N-1}\tilde{X}(k)W_N^{kn} \qquad (4\text{-}1\text{-}8)$$

将式（4-1-8）中的 n 和 k 互换，可得

$$N\tilde{x}(-k) = \sum_{n=0}^{N-1}\tilde{X}(n)W_N^{kn} \qquad (4\text{-}1\text{-}9)$$

式（4-1-9）与式（4-1-7）相似，即周期序列 $\tilde{X}(n)$ 的 DFS 系数是 $N\tilde{x}(-k)$。该对偶性概括如下：

若 $\text{DFS}[\tilde{x}(n)] = \tilde{X}(k)$，则 $\text{DFS}[\tilde{X}(n)] = N\tilde{x}(-n)$。

（5）周期卷积定理。若 $\tilde{x}_1(n)$ 和 $\tilde{x}_2(n)$ 是两个周期为 N 的周期序列，则称

$$\tilde{y}(n) = \sum_{m=0}^{N-1}\tilde{x}_1(m)\tilde{x}_2(n-m) = \sum_{m=0}^{N-1}\tilde{x}_2(m)\tilde{x}_1(n-m)$$

为周期序列 $\tilde{x}_1(n)$ 和 $\tilde{x}_2(n)$ 的周期卷积。周期卷积与线性卷积具有类似的形式，但是求和区间和卷积结果与线性卷积不同。周期卷积中的 $\tilde{x}_1(m)$ 和 $\tilde{x}_2(n-m)$ 都是变量 m 的周期序列，周期为 N，二者乘积也是周期为 N 的序列，求和运算只在一个周期内进行，所得结果序列 $\tilde{y}(n)$ 也是以 N 为周期的周期序列。而两个长度为 N 的序列的线性卷积结果的长度为 $2N-1$ 的序列。周期卷积满足交换率。

图 4-1 给出了两序列周期卷积的过程。具体如下：

①出 $\tilde{x}_1(m)$ 和 $\tilde{x}_2(m)$ 的图形，如图 4-1(a)、(b)所示。

②将 $\tilde{x}_2(m)$ 以 $m=0$ 为轴反褶，得到 $\tilde{x}_2(-m) = \tilde{x}_2(0-m)$，此时 $n=0$，如图 4-1(c)所示。

③在一个周期内将 $\tilde{x}_2(-m)$ 与 $\tilde{x}_1(m)$ 对应点相乘、求和得到 $\tilde{y}(0)$。

④将 $\tilde{x}_2(-m)$ 移位得到 $\tilde{x}_2(1-m)$，如图 4-1(d)所示。在一个周期内，将 $\tilde{x}_2(1-m)$ 与 $\tilde{x}_1(m)$ 对应点相乘、求和得到 $\tilde{y}(1)$。

⑤继续移位、相乘、求和，直到得到一个周期的 $\tilde{y}(n)$。由于序列的周期性，当序列 $\tilde{x}_2(n-m)$ 移向左边或右边时，离开两条虚线之间的计算区间一端的值又会重新出现在另一端，所以没有必要继续计算在区间 $0 \leqslant n \leqslant N-1$ 之外的值。周期卷积结果 $\tilde{y}(n)$ 如图 4-1(f)所示。

$\tilde{x}_1(n)$ 和 $\tilde{x}_2(n)$ 的周期卷积序列 $\tilde{y}(n)$ 的 DFS 为

$$\tilde{Y}(k) = \mathrm{DFS}[\tilde{y}(n)] = \tilde{X}_1(k)\tilde{X}_2(k)$$

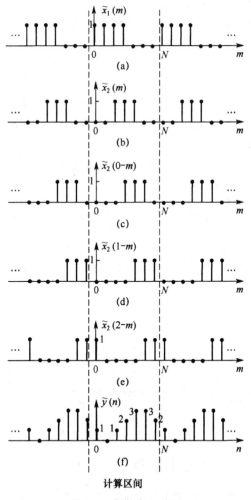

图 4-1　周期卷积过程

时域周期序列的乘积对应频域周期序列的周期卷积,即若

$$\tilde{y}(n) = \tilde{x}_1(n)\tilde{x}_2(n)$$

则

$$\tilde{Y}(k) = \mathrm{DFS}[\tilde{y}(n)] = \frac{1}{N}\sum_{m=0}^{N-1}\tilde{X}_1(m)\tilde{X}_2(k-m)$$

$$= \frac{1}{N}\sum_{m=0}^{N-1}\tilde{X}_1(k-m)\tilde{X}_2(m)$$

4.1.3 周期序列的傅里叶变换

先讨论复指数序列 $e^{j\omega_0 n}$ 的傅里叶变换。

在连续时间系统中,$x(t) = e^{j\Omega_0 t}$ 的傅里叶变换是在 $\Omega = \Omega_0$ 处的单位冲激函数,强度是 2π,即

$$X(j\Omega) = F[x(t)] = \int_{-\infty}^{\infty} e^{j\Omega_0 t} e^{j\Omega t}\,\mathrm{d}t = 2\pi\delta(\Omega - \Omega_0) \quad (4\text{-}1\text{-}10)$$

对于复指数序列 $\tilde{x}(n) = e^{j\omega_0 n}$($2\pi/\omega_0$ 为有理数),暂时假设其傅里叶变换的形式与式(4-1-10)一样,也是在 $\omega = \omega_0$ 处的单位冲激函数,强度为 2π,考虑 $e^{j\omega_0 n}$ 的周期性,即

$$e^{j\omega_0 n} = e^{j(\omega_0 + 2\pi r)n}, r\ \text{取整数}$$

则 $e^{j\omega_0 n}$ 的傅里叶变换为

$$\tilde{X}(e^{j\omega}) = \mathrm{DTFT}[e^{j\omega_0 n}] = \sum_{r=-\infty}^{\infty} 2\pi\delta(\omega - \omega_0 - 2\pi r) \quad (4\text{-}1\text{-}11)$$

式(4-1-11)表示复指数序列的傅里叶变换是在 $\omega_0 + 2\pi r$ 处的单位冲激函数,强度为 2π,如图 4-2 所示。这种假设如果成立,则要求其反变换序列(IDTFT)必须存在且唯一,等于 $e^{j\omega_0 n}$。

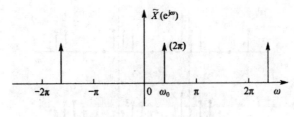

图 4-2 $e^{j\Omega_0 n}$ 的傅里叶变换

根据序列傅里叶反变换定义,得

$$\mathrm{IDTFT}\tilde{X}(e^{j\omega}) = \frac{1}{2\pi}\int_{-\pi}^{\pi}\tilde{X}(e^{j\omega})e^{j\omega n}\,\mathrm{d}\omega = \frac{1}{2\pi}\int_{-\pi}^{\pi}\sum_{-\infty}^{\infty} 2\pi\delta(\omega - \omega_0 - 2\pi r)e^{j\omega n}\,\mathrm{d}\omega$$

观察图 4-2,在$-\pi\sim\pi$区间内,仅包括一个单位冲激函数,则上述等式右边为 $e^{j\omega_0 n}$,因此得到

$$e^{j\omega n} = \frac{1}{2\pi}\int_{-\pi}^{\pi}\widetilde{X}(e^{j\omega})e^{j\omega n}\,d\omega = \mathrm{DTFT}^{-1}\big[\widetilde{X}(e^{j\omega})\big]$$

从而证明了式(4-1-11)确实是 $e^{j\omega_0 n}$ 的傅里叶变换,前面的假设是正确的。

对于一般周期序列 $\widetilde{x}(n)$,可以按式(4-1-6)展开成 DFS,第 k 次谐波为 $\dfrac{\widetilde{X}(k)}{N}e^{j\frac{2\pi}{N}kn}$,由式(4-1-11)可知,其傅里叶变换为 $\left[\dfrac{2\pi\widetilde{X}(k)}{N}\right]\sum\limits_{r=-\infty}^{\infty}\delta\Big(\omega-\dfrac{2\pi}{N}k-2\pi r\Big)$ 因此,$\widetilde{x}(n)$ 的傅里叶变换表达式为

$$\widetilde{X}(e^{j\omega}) = \mathrm{DTFT}[\widetilde{x}(n)] = \sum_{k=0}^{N-1}\frac{2\pi\widetilde{X}(k)}{N}\sum_{r=-\infty}^{\infty}\delta\Big(\omega-\frac{2\pi}{N}k-2\pi r\Big)$$

式中,$k=0,1,2,\cdots,N-1,r$ 为整数。如果让 k 在 $-\infty\sim\infty$ 变化,上式可简化为

$$\widetilde{X}(e^{j\omega}) = \frac{2\pi}{N}\sum_{k=-\infty}^{\infty}\widetilde{X}(k)\delta\Big(\omega-\frac{2\pi}{N}k\Big) \tag{4-1-12}$$

式中,$\widetilde{X}(k) = \sum\limits_{n=0}^{N-1}\widetilde{x}(n)e^{-j\frac{2\pi}{N}kn}$。

式(4-1-12)就是一般周期序列的傅里叶变换表示式。需要说明的是,上面公式中的 $\delta(\omega)$ 表示单位冲激函数,而 $\delta(n)$ 表示单位抽样序列,括号中的自变量不同不会引起混淆。

4.2　离散傅里叶变换

4.2.1　离散傅里叶变换的基本概念

4.2.1.1　DFT 的定义

一个有限长序列 $x(n) = \begin{cases} x(n), 0\leqslant n\leqslant N-1 \\ 0,\text{其他} \end{cases}$ 的 N 点离散傅里叶变换(Discrete Fourier Transform, DFT)对定义为

$$X(k) = \mathrm{DFT}[x(n)] = \begin{cases} \sum\limits_{n=0}^{N-1}x(n)W_N^{kn}, 0\leqslant k\leqslant N-1 \\ 0,\text{其他} \end{cases} \tag{4-2-1}$$

$$x(n) = \text{IDFT}[X(k)] = \begin{cases} \dfrac{1}{N}\displaystyle\sum_{k=0}^{N-1} X(k)W_N^{-kn}, 0 \leqslant n \leqslant N-1 \\ 0, \text{其他} \end{cases}$$

$$(4\text{-}2\text{-}2)$$

式(4-2-1)和式(4-2-2)均为正规非病态线性方程组,有唯一解。因此长度为 N 的有限长序列的 $x(n)$ 仍然是一个长度为 N 的频域有限长序列,$x(n)$ 与 $X(k)$ 有唯一确定的对应关系。

4.2.1.2 DFT 的点数

长度为 N 的有限长序列 $x(n)$ 可通过补零成为长度为 M 的有限长序列 $x_M(n)$,即

$$x_M(n) = \begin{cases} x(n), 0 \leqslant n \leqslant N-1 \\ 0, N \leqslant n \leqslant M-1(\text{补零}) \\ 0, \text{其他} \end{cases}$$

一般认为,对 $x(n)$ 补零并没有改变序列的本质,在实际应用中也常如此处理。但是其 DFT 的结果变化很大,此时的离散傅里叶变换应为 M 点,即

$$X_M(k) = \sum_{n=0}^{M-1} x(n)W_M^{kn} = \sum_{n=0}^{N-1} x(n)W_M^{kn}, 0 \leqslant k \leqslant M-1$$

由于 $W_N^{kn} \neq W_M^{kn}$,因而 $X_M(k)$ 一般与 $X(k)$ 不相等。因此一个有限长序列可以进行大于其序列长度的任意点数的离散傅里叶变换,具体的点数可根据实际需要选定,但由于频率点的变化,不同点数的离散傅里叶变换的结果一般是不同的。

4.2.1.3 DFT 与 DFS 之间的关系

把一个有限长序列 $x(n)$ 看成周期序列 $\tilde{x}(n)$ 的主值序列,就能利用周期序列的性质。由于周期序列 $\tilde{x}(n)$ 的离散傅里叶级数为 $\tilde{X}(k)$,因此 $\tilde{X}(k)$ 的主值序列即为有限长序列 $x(n)$ 的离散傅里叶变换 $X(k)$。即存在

$$x(n) = \tilde{x}(n)R_N(n) = \text{IDFS}[\tilde{X}(k)] \cdot R_N(n)$$

$$X(k) = \tilde{X}(k)R_N(k) = \text{DFS}[\tilde{x}(n)] \cdot R_N(k)$$

或者

$$\tilde{x}(n) = x((n))_N$$

$$\tilde{X}(k) = X((k))_N$$

DFT 与 DFS 有着固有的内在联系。可以这样来理解有限长序列 $x(n)$

的 N 点离散傅里叶变换:把 $x(n)$ 以 N 为周期进行周期延拓,得到周期序列 $\tilde{x}(n)$,求 $\tilde{x}(n)$ 的 DFS,得到 $\tilde{X}(k)$,对 $\tilde{X}(k)$ 取主值序列,即可得到 $X(k)$。这一关系也可以用图 4-3 来说明。

DFT 与 DFS 之间的关系表明,有限长序列 $x(n)$ 的 N 点离散傅里叶变换 $X(k)$ 虽然也是 N 点长的有限长序列,但 DFT 隐含有周期性。

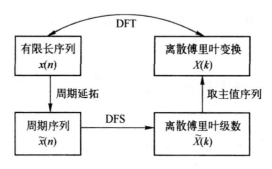

图 4-3　DFT 与 DFS 之间的关系

4.2.1.4　DFT 与 z 变换及 DTFT 之间的关系

若 $x(n)$ 是长度为 N 的有限长序列,则其 z 变换 $X(z)$ 的收敛域为整个 z 平面(可能不包含 $z=0$ 与 $z=\infty$),自然也包括单位圆。若对单位圆进行 N 等分,即在单位圆上等间隔取 N 个点,如图 4-4(a)所示。等分后的第 k 个点 $z^k=e^{j\frac{2\pi}{N}k}=W_N^{-k}$ 的 z 变换值为

$$X(z^k) = \sum_{n=0}^{N-1} x(n)z^{-n}\bigg|_{z=z_k=e^{j\frac{2\pi}{N}k}} = \sum_{n=0}^{N-1} x(n)e^{-j\frac{2\pi}{N}nk} = \sum_{n=0}^{N-1} x(n)W_N^{nk} = X(k)$$

可见,$x(n)$ 的 DFT $X(k)$ 是其 z 变换 $X(z)$ 在单位圆上的 N 个等间隔抽样值。

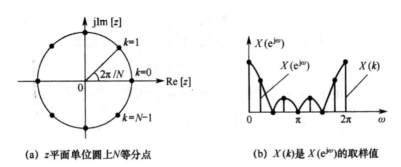

(a) z 平面单位圆上 N 等分点　　　(b) $X(k)$ 是 $X(e^{j\omega})$ 的取样值

图 4-4　DFT 与 $X(z)$ 及 DTFT 关系

单位圆上的 z 变换就是序列的 DTFT,所以 $X(k)$ 是 $x(n)$ 的傅里叶变换 $X(\text{e}^{\text{j}\omega})$ 在各频率点 $\omega_k = \dfrac{2\pi}{N}k(k=0,1,2,\cdots,N-1)$ 上的抽样值,其抽样间隔为 $\dfrac{2\pi}{N}$,如图 4-3(b)所示。所以序列的 DFT 和 DTFT 之间的关系为

$$X(k) = X(\text{e}^{\text{j}\omega})\big|_{\omega=\frac{2\pi}{N}k}$$

总之,对 z 变换 $X(z)$ 在单位圆上等间隔抽样或对 $X(\text{e}^{\text{j}\omega})$ 等间隔抽样就可得到 DFT。

4.2.2　DFT 的主要性质

设 $x_1(n)$ 与 $x_2(n)$ 均为 N 点有限长序列,并有 $\text{DFT}[x_1(n)] = X_1(k)$,$\text{DFT}[x_2(n)] = X_2(k)$,$\text{DFT}[x(n)] = X(k)$,$\text{DFT}[x(n)] = X(k)$,且 $X_1(k)$ 与 $X_2(k)$ 的点数相同。DFT 主要性质如下。

(1)线性。

$$\text{DFT}[ax_1(n) + bx_2(n)] = aX_1(k) + bX_2(k)$$

式中,a,b 为任意常数。

(2)圆周移位。

$$y(n) = x((n+m))_N R_N(n)$$

圆周移位可有两种理解方式:

其一,将 $x(n)$ 周期延拓成周期序列 $x((n))_N$ 后,集体向左移动 m 位后再取主值序列,如图 4-5(a)所示。有限长序列的圆周移位局限于 $n=0$ 到 $N-1$ 的主值区间内的循环移位,当某些样本从一端移出该区间时,需要将这些样本从另一端循环移回来。

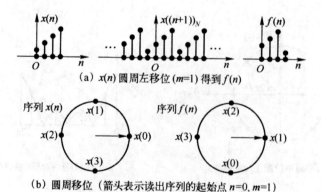

(a) $x(n)$ 圆周左移位 $(m=1)$ 得到 $f(n)$

(b)圆周移位（箭头表示读出序列的起始点 $n=0$, $m=1$）

图 4-5　有限长序列的圆周移位

其二,既然称为圆周移位,就可以与圆周联系起来,如图 4-5 所示,将一个圆周 N 等分的交点按逆时针依次排列 $x(n)$(通常把水平的右端点记为 O 点,对应 $x(0)$ 的序列值),然后 $x(n)$ 集体按顺时针方向旋转 m 位($m>0$),最后由 O 点再逆时针读出的序列就是 $y(n)$。

序列圆周左移 m 位后的序列 $y(n)$ 的 DFT 为

$$Y(k) = \mathrm{DFT}[y(n)] = W_N^{-km} X(k)$$

(3)圆周反折与共轭性质。长度为 N 的有限长序列 $x(n)$ 的圆周反折序列用符号 $x(N-n)$ 表示,其定义如下

$$x(N-n) = x((N-n))_N R_N(n) = \begin{cases} x(0), n=0 \\ x(N-n), 1 \leqslant n \leqslant N-1 \\ 0, 其他 \end{cases}$$

上式定义的 $x(n)$ 的圆周反折序列 $x(N-n)$ 仍然是长度为 N 的有限长序列,而且与 $x(n)$ 样本相同,但序列值出现的次序不一样,除了 $n=0$ 时,序列值与 $x(0)$ 相同外,其他序列值为 $x(n)$ 的头尾颠倒。仿照此定义,则 $X(k)$ 的圆周反折序列用 $X(N-k)$ 表示。

设 $x^*(n)$ 为 $x(n)$ 的共轭序列,圆周反折与共轭性质可表示为

$$\mathrm{DFT}[x^*(n)] = X^*(N-k)$$

(4)对称性质。定义有限长序列 $x(n)$ 的圆周共轭对称与反对称序列分别为 $x_{\mathrm{ep}}(n)$、$x_{\mathrm{op}}(n)$,有

$$x_{\mathrm{ep}}(n) = x_{\mathrm{ep}}^*(N-n) = \frac{1}{2}[x(n) + x^*(N-n)], 0 \leqslant n \leqslant N-1$$

$$x_{\mathrm{op}}(n) = -x_{\mathrm{op}}^*(N-n) = \frac{1}{2}[x(n) - x^*(N-n)], 0 \leqslant n \leqslant N-1$$

它们是 $x(n)$ 的共轭对称和共轭反对称序列周期延拓再取主值序列的结果。即

$$x_{\mathrm{ep}}(n) = \sum_{r=-\infty}^{\infty} x_{\mathrm{e}}(n+rN) R_N(n)$$

$$x_{\mathrm{op}}(n) = \sum_{r=-\infty}^{\infty} x_{\mathrm{o}}(n+rN) R_N(n)$$

首先将序列 $x(n)$ 进行虚实分解,即

$$x(n) = x_{\mathrm{r}}(n) + \mathrm{j}x_{\mathrm{i}}(n)$$

其中

$$x_{\mathrm{r}}(n) = [x(n) + x^*(n)]/2, x_{\mathrm{i}}(n) = [x(n) - x^*(n)]/2\mathrm{j}$$

对 $x_{\mathrm{r}}(n)$ 进行 DFT,可得

$$\mathrm{DFT}[x_r(n)] = \frac{1}{2}\mathrm{DFT}[x(n) + x^*(n)]$$

$$= \frac{1}{2}[X(k) + X^*(N-k)] = X_{ep}(k) \qquad (4\text{-}2\text{-}3)$$

对 $jx_i(n)$ 进行 DFT,可得

$$\mathrm{DFT}[jx_i(n)] = \frac{1}{2}\mathrm{DFT}[x(n) - x^*(n)]$$

$$= \frac{1}{2}[X(k) - X^*(N-k)] = X_{op}(k) \qquad (4\text{-}2\text{-}4)$$

式(4-2-3)及式(4-2-4)表明:有限长序列分解成实部与虚部,实部对应的离散傅里叶变换具有圆周共轭对称性,虚部和 j 一起对应的离散傅里叶变换具有圆周共轭反对称性。

再将有限长序列 $x(n)$ 进行圆周共轭对称与圆周共轭反对称分解,即

$$x(n) = x_{ep}(n) + x_{op}(n), 0 \leqslant n \leqslant N-1$$

对 $x_{ep}(n)$、$x_{op}(n)$ 分别进行 DFT,可得

$$\mathrm{DFT}[x_{ep}(n)] = \frac{1}{2}\mathrm{DFT}[x(n) + x^*(N-n)]$$

$$= \frac{1}{2}[X(k) + X^*(k)] = X_R(k) \qquad (4\text{-}2\text{-}5)$$

$$\mathrm{DFT}[x_{op}(n)] = \frac{1}{2}\mathrm{DFT}[x(n) - x^*(N-n)]$$

$$= \frac{1}{2}[X(k) - X^*(k)] = jX_I(k) \qquad (4\text{-}2\text{-}6)$$

式(4-2-5)及式(4-2-6)表明:有限长序列圆周共轭对称部分的离散傅里叶变换是其离散傅里叶变换的实部,圆周共轭反对称部分的离散傅里叶变换是其离散傅里叶变换的虚部。

(5)卷积性质。

若 $Y(k) = X_1(k) \cdot X_2(k)$,则

$$Y(n) = \mathrm{IDFT}[Y(k)] = \sum_{m=0}^{N-1} x_1(m)x_2((n-m))_N R_N(n) \quad (4\text{-}2\text{-}7)$$

因卷积过程中 $x_1(m)$ 限定在 $m=0$ 到 $N-1$ 区间,但是 $y(n-m)$ 是要圆周移位的,所以称为圆周卷积。为了强调两个有限长序列的圆周卷积,使用符号"$\otimes$"表示,以区别于线性卷积。于是,式(4-2-7)可写成

$$y(n) = x_1(n) \otimes x_2(n) = \sum_{m=0}^{N-1} x_1(m)x_2((n-m))_N R_N(n)$$

或者

$$y(n) = x_2(n) \otimes x_1(n) = \sum_{m=0}^{N-1} x_2(m)x_1((n-m))_N R_N(n)$$

圆周卷积的计算过程可用图 4-6 表示,也可用图 4-7 表示($N=8$)。

在图 4-7 中,箭头所指是开始点。图 4-7(a)表示要求出 $y(0)$,$x_1(n)$ 是由开始点逆时针排列,$x_2(n)$ 是顺时针排列,对应 8 点的乘加运算要全部进行。图 4-7(b)是求 $y(1)$,$x_1(n)$ 先要圆周右移 1 位,即逆时针集体移一位,再进行对应 8 个点的乘加运算。按照这样的方法,依次转动求出序列 $y(n)$ 的全部 N 个值,在此过程中,$x_1(n)$ 一直保持不变。

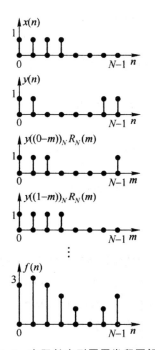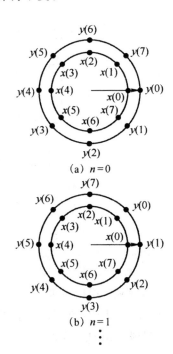

图 4-6　有限长序列圆周卷积图解 1　　**图 4-7　有限长序列圆周卷积图解 2**

(6)帕斯瓦尔定律。利用上述性质,可以证明

$$\sum_{n=0}^{N-1} x_1(n) x_2^*(n) = \frac{1}{N} \sum_{k=0}^{N-1} X_1(k) X_2^*(k)$$

当 $x_1(n) = x_2(n)$ 时,则有

$$\sum_{n=0}^{N-1} |x_1(n)|^2 = \frac{1}{N} \sum_{k=0}^{N-1} |X_1(k)|^2 \qquad (4\text{-}2\text{-}8)$$

式(4-2-8)的物理意义是,有限长序列的能量等于有限长频谱的能量。

4.2.3　有限长序列的线性卷积和圆周卷积

设 $x_1(n)$ 是长度为 M 的有限长序列,$x_2(n)$ 是长度为 N 的有限长序列,

则二者的线性卷积 $y(n) = x_1(n) * x_2(n)$ 是一个长度为 $L_1 = N + M - 1$ 的有限长序列。现将 $x_1(n)$ 及 $x_2(n)$ 均补零成为长度为 L 点的有限长序列，且 $L \geqslant \max\{M, N\}$。然后进行 L 点的圆周卷积

$$y_c(n) = x_1(n) \bigotimes x_2(n) = \sum_{m=0}^{L-1} x_1(m) x_2 ((n-m))_L R_L(n)$$

现在讨论 $y_c(n)$ 与 $y(n)$ 之间的关系，推导如下

$$
\begin{aligned}
y_c(n) &= \sum_{m=0}^{L-1} x_1(m) x_2 ((n-m))_L R_L(n) \\
&= \sum_{m=0}^{M-1} x_1(m) x_2 ((n-m))_L R_L(n) \\
&= \sum_{m=0}^{M-1} x_1(m) \sum_{r=-\infty}^{\infty} x_2(n-m+rL) R_L(n) \\
&= \sum_{m=0}^{M-1} \sum_{r=-\infty}^{\infty} x_1(m) x_2(n-m+rL) R_L(n) \\
&= \sum_{r=-\infty}^{\infty} [x_1(n) * x_2(n+rL)] R_L(n) \\
&= \sum_{r=-\infty}^{\infty} y(n+rL) R_L(n)
\end{aligned}
\tag{4-2-9}
$$

由此可见，$y_c(n)$ 是 $y(n)$ 以 L 为周期进行周期延拓后在 0 到 $L-1$ 的范围内所取的主值序列。根据周期延拓的相关结论，如果 $L \geqslant L_1$，则有 $y_c(n) = y(n)$。

式（4-2-9）表明，使圆周卷积等于线性卷积而不产生混叠失真的充要条件是，圆周卷积的点数大于或等于线性卷积的长度，即

$$L \geqslant N + M - 1$$

4.2.4 频率域采样

4.2.4.1 频域采样与频域采样定理

设任意序列 $x(n)$ 的 z 变换为

$$X(z) = \sum_{n=-\infty}^{\infty} x(n) z^{-n} \tag{4-2-10}$$

而且 $X(z)$ 的收敛域包含单位圆。以 $2\pi/N$ 为采样间隔，在单位圆上对 $X(z)$ 进行等间隔采样得到

$$\widetilde{X}_N(k) = X(z) \big|_{z = e^{j\frac{2\pi}{N}k}} = \sum_{n=-\infty}^{\infty} x(n) e^{-j\frac{2\pi}{N}kn}, 0 \leqslant k \leqslant N - 1$$

实质上，$\tilde{X}_N(k)$ 是对 $x(n)$ 的频谱函数 $X(\mathrm{e}^{\mathrm{j}\omega})$ 的等间隔采样。因为 $X(\mathrm{e}^{\mathrm{j}\omega})$ 以 2π 为周期，所以 $\tilde{X}_N(k)$ 是以 N 为周期的频域序列。根据离散傅里叶级数理论，$\tilde{X}_N(k)$ 必然是一个周期序列 $\tilde{x}_N(n)$ 的 DFS 系数。下面推导 $\tilde{x}_N(n)$ 与原序列 $x(n)$ 的关系。可知

$$\tilde{x}(n) = x((n))_N = \mathrm{IDFS}[\tilde{X}_N(k)] = \frac{1}{N}\sum_{k=0}^{N-1}\tilde{X}_N(k)\mathrm{e}^{\mathrm{j}\frac{2\pi}{N}kn}$$

将式(4-2-10)代入上式得到

$$\tilde{x}_N(n) = \frac{1}{N}\sum_{k=0}^{N-1}\Big[\sum_{m=-\infty}^{\infty}x(m)W_N^{km}\Big]W_N^{-kn}$$

$$= \sum_{m=-\infty}^{\infty}x(m)\frac{1}{N}\sum_{k=0}^{N-1}W_N^{k(m-n)} = \sum_{m=-\infty}^{\infty}x(m)\frac{1}{N}\sum_{k=0}^{N-1}\mathrm{e}^{\mathrm{j}\frac{2\pi}{N}k(n-m)}$$

因为

$$\frac{1}{N}\sum_{k=0}^{N-1}\mathrm{e}^{\mathrm{j}\frac{2\pi}{N}k(n-m)} = \begin{cases} 1, m = n + rN, r \text{ 为整数} \\ 0, \text{其他} \end{cases}$$

所以

$$\tilde{x}_N(n) = \mathrm{IDFT}[\tilde{X}_N(k)] = \sum_{r=-\infty}^{\infty}x(n+rN) \qquad (4\text{-}2\text{-}11)$$

式(4-2-11)说明频域采样 $\tilde{X}_N(k)$ 所对应的时域周期序列 $\tilde{x}_N(n)$ 是原序列 $x(n)$ 的周期延拓序列，延拓周期为 N。根据 DFT 与 DFS 之间的关系知道，分别截取 $\tilde{x}_N(n)$ 和 $\tilde{X}_N(k)$ 的主值序列

$$x_N(n) = \tilde{x}_N(n)R_N(n) = \sum_{r=-\infty}^{\infty}x(n+rN)R_N(n) \qquad (4\text{-}2\text{-}12)$$

$$X_N(k) = \tilde{X}_N(k)R_N(k)$$

$$= X(z)\big|z = \mathrm{e}^{\mathrm{j}\frac{2\pi}{N}k} = \sum_{n=-\infty}^{\infty}x(n)\mathrm{e}^{-\mathrm{j}\frac{2\pi}{N}kn}, 0 \leqslant k \leqslant N-1$$

$$(4\text{-}2\text{-}13)$$

则 $x_N(n)$ 和 $X_N(k)$ 构成一对 DFT：

$$X_N(k) = \mathrm{DFT}[x_N(n)]_N \qquad (4\text{-}2\text{-}14)$$

$$x_N(n) = \mathrm{IDFT}[X_N(k)]_N \qquad (4\text{-}2\text{-}15)$$

式(4-2-13)表明，$X_N(k)$ 是对 $X(z)$ 在单位圆上的 N 点等间隔采样，即对 $X(\mathrm{e}^{\mathrm{j}\omega})$ 在频率区间 $[0,2\pi]$ 上的 N 点等间隔采样。式(4-2-13)～式(4-2-16)说明，$X_N(k)$ 对应的时域有限长序列 $x_N(n)$ 就是原序列 $x(n)$ 以 N 为周期的周期延拓序列的主值序列。

综上所述，可以总结出频域采样定理：

如果原序列 $x(n)$ 长度为 M,对 $X(e^{j\omega})$ 在频率区间 $[0,2\pi]$ 上等间隔采样 N 点,得到 $X_N(k)$,则仅当采样点数 $N \geqslant M$ 时,才能由频域采样 $X_N(k)$ 恢复 $x_N(n)=\text{IDFT}[X_N(k)]_N$,否则将产生时域混叠失真,不能由 $X_N(k)$ 恢复原序列 $x(n)$。

该定理告诉我们,只有当时域序列 $x(n)$ 为有限长时,以适当的采样间隔对其频谱函数 $X(e^{j\omega})$ 采样,才不会丢失信息。

例如,长度为 40 的三角形序列 $x(n)$ 及其频谱函数 $X(e^{j\omega})$ 如图 4-8(b) 和图 4-8(a) 所示。对 $X(e^{j\omega})$ 在频率区间 $[0,2\pi]$ 上等间隔采样 32 点和 64 点,得到 $X_{32}(k)$ 和 $X_{64}(k)$,如图 4-8(c) 和 4-8(e) 所示。计算得到 $x_{32}(n)=\text{IDFT}[X_{32}(k)]_{32}$ 和 $x_{64}(n)=\text{IDFT}[X_{64}(k)]_{64}$,如图 4-8(d) 和 4-8(f) 所示。由于实序列的 DFT 满足共轭对称性,所以图中的频域图仅画出 $[0,\pi]$ 上的幅频特性波形。

本例中 $x(n)$ 的长度 $M=40$。从图中可以看出,当采样点数 $N=32 < M$ 时,$x_{32}(n)$ 确实等于原三角序列 $x(n)$ 以 32 为周期的周期延拓序列的主值序列。由于存在时域混叠失真,所以 $x_{32}(n) \neq x(n)$;当采样点数 $N=64 > M$ 时,无时域混叠失真,$x_{64}(n)=\text{IDFT}[X_{64}(k)]=x(n)$。

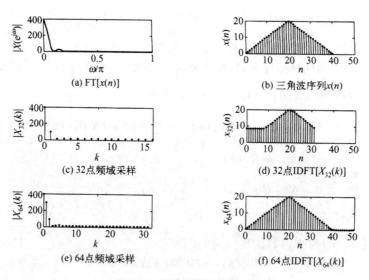

图 4-8　频域采样定理验证

4.2.4.2　频域内插公式

所谓频域内插公式,就是用频域采样 $X(k)$ 表示 $X(z)$ 和 $X(e^{j\omega})$ 的公式。频域内插公式是 FIR 数字滤波器的频率采样结构和频率采样设计法的理论依据[①]。

设序列 $x(n)$ 的长度为 M，在 Z 平面单位圆上对 $X(z)$ 的采样点数为 N，且满足频域采样定理（$N \geqslant M$）。则有

$$X(z) = \sum_{n=0}^{N-1} x(n) z^{-n} \tag{4-2-17}$$

$$X(k) = X(z)\big|_{z = e^{j\frac{2\pi}{N}k}}, 0 \leqslant k \leqslant N-1$$

$$x(n) = \text{IDFS}\left[X(k)\right]_N$$

$$= \frac{1}{N} \sum_{k=0}^{N-1} X(k) W_N^{-kn}, 0 \leqslant n \leqslant N-1 \tag{4-2-18}$$

将式（4-2-18）代入式（4-2-17）得到

$$X(z) = \sum_{n=0}^{N-1} \left[\frac{1}{N} \sum_{k=0}^{N-1} X(k) W_N^{kn}\right] z^{-n}$$

$$= \frac{1}{N} \sum_{k=0}^{N-1} X(k) \sum_{n=0}^{N-1} W_N^{-kn} z^{-n} \tag{4-2-19}$$

$$= \frac{1}{N} \sum_{k=0}^{N-1} X(k) \frac{1 - W_N^{-kN} z^{-N}}{1 - W_N^{-k} z^{-1}}$$

式中，$W_N^{-kN} = 1$。所以

$$X(z) = \frac{1 - z^{-N}}{N} \sum_{k=0}^{N-1} \frac{X(k)}{1 - W_N^{-k} z^{-1}} \tag{4-2-20}$$

令

$$\phi_k(z) = \frac{1}{N} \frac{1 - z^{-N}}{1 - W_N^{-k} z^{-1}} \tag{4-2-21}$$

则

$$X(z) = \sum_{k=0}^{N-1} X(k) \phi_k(z) \tag{4-2-22}$$

式（4-2-20）和式（4-2-22）称为用 $X(k)$ 表示 $X(z)$ 的 z 域内插公式。$\phi_k(z)$ 称为 z 域内插函数。式（4-2-20）将用于构造 FIR、DF 的频率采样结构。将 $z = e^{j\omega}$ 代入式（4-2-19）并化简，得到用 $X(k)$ 表示 $X(e^{j\omega})$ 的内插公式和内插函数 $\phi(\omega)$：

$$X(e^{j\omega}) = \sum_{k=0}^{N-1} X(k) \phi\left(\omega - \frac{2\pi}{N}\right) \tag{4-2-23}$$

$$\phi(\omega) = \frac{1}{N} \cdot \frac{\sin(\omega N/2)}{\sin(\omega/2)} e^{j\omega\left(\frac{N-1}{2}\right)} \tag{4-2-24}$$

式（4-2-23）和式（4-2-24）将用于 FIR 数字滤波器的频率采样设计法的误

---

① 高西全,丁玉美,阔永红.数字信号处理原理实现及应用[M].3 版.北京:电子工业出版社,2016.

差分析。图 4-9 所示为内插函数 $\phi_0(\omega)$ 和 $\phi_1(\omega)$ 的幅频特性和相频特性。

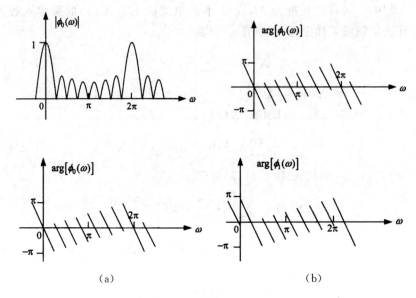

（a）   （b）

图 4-9　内插函数 $\phi_0(\omega)$ 和 $\phi_1(\omega)$ 的幅频特性和相频特性

4.3　离散傅里叶变换的应用

4.3.1　DFT 应用于信号频谱分析

4.3.1.1　DFT 应用于信号频谱分析的具体方法

（1）处理步骤。DFT 的处理对象是有限长序列，而工程实际中，大多数信号都是连续时间信号 $x_a(t)$，无法直接进行 DFT 得到其离散频谱。要利用 DFT 完成对连续时间信号的频谱分析，需要对信号进行一些处理工作，以满足 DFT 对变换对象的要求。具体步骤可以用图 4-10 表示和说明。

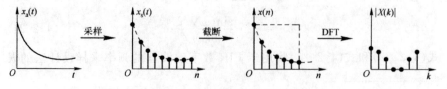

图 4-10　DFT 应用于信号频谱分析的处理步骤

　　为使连续时间信号 $x_a(t)$ 转换为离散时间信号序列,需要以一定的采样频率 f_s 对信号进行采样,以使 $x_a(t)$ 离散为序列,这里用 $x_s(t)$ 表示。为防止时域采样产生频谱混叠失真,可在采样之前用抗混叠干扰滤波器滤除信号中幅度较小的高频成分或带外分量。

　　对于持续时间很长的信号,会因为采样点数太多以至于无法存储和计算,同时 DFT 也要求序列是有限长的,因此需要对采样以后的信号进行一定点数的截断,形成有限长序列,这里用 $x(n)$ 表示。

　　经过上述两步处理,连续时间信号 $x_a(t)$ 转换为有限长序列 $x(n)$,满足 DFT 对变换对象的要求,就可以对 $x(n)$ 进行一定点数的 DFT,得到信号的离散谱,这里用 $X(k)$ 表示。DFT 的点数决定了离散谱的点数。

　　(2)离散谱到连续谱的转换。由 DFT 计算出的离散谱 $X(k)$,在实际应用中为了使其直观地反映信号的频率组成,在绘制频谱图时经常需要再绘制成连续谱。离散谱到连续谱的转换,最简单、也最常用的方法就是描绘出 $X(k)$ 的包络线。但需要注意的是,连续谱的变量(频谱图的横轴)是实际频率 f;而 $X(k)$ 的变量为 k,其只能取 $[0, N-1]$ 的整数值(N 为 DFT 的点数),也被称为离散频率。因此,需要将离散频率 k 转换为实际频率 f,也就是要计算出离散谱 $X(k)$ 中每条谱线所代表的实际频率成分。为推导出 k 与 f 之间的关系,将上述处理过程中每一步处理后信号频谱的变化用图 4-4-2 表示。为便于分析与表示,假定 $x_a(t)$ 为带限信号。

　　图 4-11(a)为连续时间信号 $x_a(t)$ 及其频谱 $|X_a(j\Omega)|$,由于信号是带限信号,用 Ω_m 表示其最高角频率。图 4-11(b)为采样之后的离散时间信号 $x_s(t)$ 及其频谱 $X(e^{j\omega})$,可知,$X(e^{j\omega})$ 应是 $|X_a(j\Omega)|$ 以 $\Omega_s = 2\pi/T$(对应数字角频率的 2π)为周期的周期延拓,这里不讨论幅度的变化。在采样的前提下,Ω 与 ω 之间的关系为 $\Omega = \omega/T$。图 4-11(c)为截断后有限长序列 $x(n)$ 及其离散频谱 $|X(k)|$,$|X(k)|$ 是 $|X(e^{j\omega})|$ 在 $[0, 2\pi]$ 区间内,以 $2\pi/N$ 为间隔的等间隔采样,因此离散频率 k 与数字角频率 ω 之间的关系为 $\omega = \dfrac{2\pi}{N}k$。

　　注意到模拟角频率 Ω 与频率 f 之间的关系为 $\Omega = 2\pi f$,结合上述分析,可得到以下一组公式

$$\Omega = \frac{\omega}{T}, \omega = \frac{2\pi}{N}k, \Omega = 2\pi f \tag{4-3-1}$$

　　利用式(4-3-1),经过简单推导,即可得到离散频率 k 转换为实际频率 f 的转换公式为

$$f = \frac{f_s}{N}k \tag{4-3-2}$$

再对比图 4-11(a)和图 4-11(b)，由于对称性，当 $k=N/2$ 时，$f=f_s/2$，为频谱图的折叠频率，因此在使用式(4-4-2)时，k 的取值范围为 $[0,N/2]$，$N/2$ 以后的 k 所对应的 f 与前一半是关于折叠频率对称的。这里的 N 为 DFT 的点数，f_s 为采样频率。

需要说明的是，截断过程所产生的频谱泄漏是会对信号频谱产生影响的，为便于问题的分析，这里先忽略这一影响。

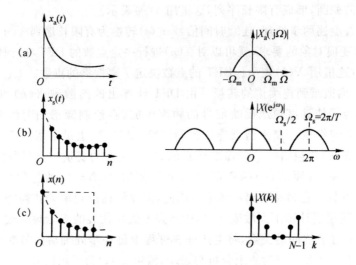

图 4-11　离散谱与连续谱之间的关系

(3)DFT 用于信号频谱分析的频率分辨力。信号频谱分析中，频率分辨力是一个比较重要的概念，它是指频谱分析中分辨两个不同频率分量的最小间隔，用 Δf 表示，在频谱图中，就是两条谱线之间的最小间隔。Δf 反映了将两个相邻的谱峰分开的能力。Δf 的值越小，频谱分析的分辨能力就越强。由式(4-4-2)及图 4-11 可看出，Δf 的计算公式如下

$$\Delta f = \frac{f_s}{N} \tag{4-3-3}$$

式中，N 是 DFT 的点数，因此这里的 Δf 仅仅指频谱图中两条谱线之间的间隔，称为"计算分辨力"。通过对信号补零，可以进行任意长度的 DFT，也就是说，在信号采样点数不变的情况下，可以通过 DFT 点数的增加，减小 Δf 的值，但由于信号采样点数不变，没有更多的信息引入，谱分析的分辨能力实际上并没有提高。因此要确定频谱分析实际能够达到的分辨力，依靠"计算分辨力"是不行的。对式(4-3-3)进行如下处理

$$\Delta f = \frac{f_s}{N} = \frac{1}{NT_s} = \frac{1}{t_p} \tag{4-3-4}$$

式中,T_s 为采样间隔,N 为信号截断的点数,则 $t_p = NT_s$ 就代表了信号实际采样的时长,此时的 t_p 称为"物理分辨力"。要减小 Δf 的值,则必须使信号采样时间增长,也就是引入更多的信息。因此频谱分析实际能够达到的分辨力是由物理分辨力确定的。

4.3.1.2　DFT 应用于信号频谱分析相关参数的确定

回顾上述所讨论的 DFT 应用于信号频谱分析的方法,有 3 个参数是在实际应用中需要确定的,分别为:采样频率 f_s、信号的截断点数及 DFT 的点数 N。这 3 个参数的确定原则如下。

(1)由时域采样定理,采样频率 f_s 应大于或等于信号最高频率的 2 倍,否则会引起频谱的混叠失真。但 f_s 越高,频谱分析的范围就越宽,在单位时间内采样的点数就越多,要存储的数据量增大,计算量随之也增加。f_s 的确定,不仅要满足采样定理,还要根据实际频谱分析范围的需求进行合理确定。

(2)由式(4-3-4)可看出,在采样频率一定的情况下,截断的点数决定了 t_p 的长度,也就决定了谱分析的"物理分辨力"。因此,截断点数需要根据频谱分析实际需要的分辨力加以确定。

(3)确定了截断的点数,则序列 $x(n)$ 的长度就确定了,根据频率采样理论,DFT 的点数 N 要大于等于序列的长度,这是 DFT 的点数 N 确定的原则之一。

4.3.1.3　DFT 应用于信号频谱分析的误差问题

(1)混叠效应。采用 DFT 对信号进行频谱分析时,要求 $x(n)$ 为有限长序列,也就是说,信号的时宽是有限的。一般时宽有限的信号,其频宽是无限的。由图 4-4-2(b)可看出,如果信号不是频带受限的,则在采样后,会发生频谱的混叠失真,不能反映原信号的全部信息,产生误差,这就是混叠效应。从这一角度看,DFT 应用于信号的频谱分析,只能是近似分析。为减小混叠效应,一方面可以在采样之前采用抗混叠干扰滤波器对信号进行处理,另一方面在条件允许的情况下,尽量选择较高的采样频率 f_s。

(2)栅栏效应。用 DFT 进行频谱分析,计算出的 $X(k)$ 是离散的,是连续谱 $X(e^{j\omega})$ 上的若干个点。这就像在频谱上放了一个栅栏,$X(k)$ 的每条谱线相当于栅栏的缝隙,谱分析只能"看到"缝隙处的频谱,而被栅栏挡住的部分是看不到的,所以称为"栅栏效应"[1]。

---

[1]　张峰,石现峰,张学智.数字信号处理原理及应用[M].北京:电子工业出版社,2012.

例 4-3-1,已知信号 $x_a(t) = 2\cos(2\pi \times 50t) + \cos(2\pi \times 53t)$,取采样频率 $f_s = 200$ Hz,截断点数为 100,DFT 点数为 100,利用 DFT 计算 $x_a(t)$ 的频谱并绘制其频谱图。

可得到 $x_a(t)$ 的频谱图如图 4-12 所示。

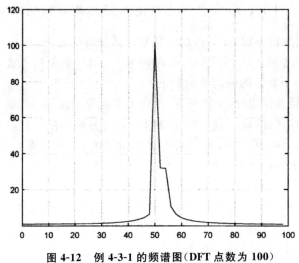

图 4-12   例 4-3-1 的频谱图(DFT 点数为 100)

由题中给出的参数可知,该谱分析所能达到的频率分辨力为 $\Delta f = f_s / N = 2$ Hz,是应该能够将信号 $x_a(t)$ 中的两个频率分量分辨开的,频谱图中应有两个谱峰。但从图 4-12 中只看到了信号中 50 Hz 分量这一个谱峰。分析原因,是由于 DFT 的计算分辨力为 $\Delta f = f_s / \mathrm{NDFT} = 2$ Hz,也即 DFT 的结果中,两条谱线之间的间隔为 2 Hz。故 50 Hz 分量这根谱线,相当于其在栅栏的"缝隙",能够"看到"。而 53 Hz 分量是被栅栏"遮挡"的,也就是说 DFT 的结果中没有这条谱线,因而谱峰不明显。这就是 DFT 进行谱分析的栅栏效应的体现,而非频率分辨力不够高。该例中的其他参数不变,将 DFT 的点数改为 200,可得到的频谱图如图 4-13 所示。

此时,从图 4-13 中是可以清楚地看到 50 Hz 分量和 53 Hz 分量两个谱峰的。由于采样点数和采样频率没有发生变化,因而频率分辨力和图 4-12 是一致的,但此时的计算分辨力为 $\Delta f = f_s / \mathrm{NDFT} = 1$ Hz,在 DFT 的结果中,两个频率分量均在栅栏的"缝隙"处,都能明显地被"看到"。要想改善栅栏效应,就要缩小两条谱线之间的间隔,让频谱的密度加大。根据式(4-3-3),可以有两种方法改善栅栏效应:一是减小采样频率 f_s,二是通过对信号补零,增加 DFT 的点数 N。

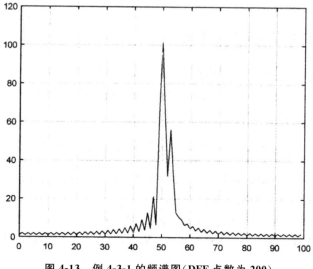

图 4-13　例 4-3-1 的频谱图（DFF 点数为 200）

（3）频谱泄漏。DFT 应用于信号频谱分析时，需要对采样数据进行加窗截断，把观测到的信号限制在一定长的时间之内。截断，相当于时域加窗，根据傅里叶变换的频域卷积定理，加窗后信号的频谱应该是原信号频谱和窗函数频谱的卷积，这造成了加窗后，信号频谱的变化，产生了失真。

例如，例 4-3-1 中，信号 $x_a(t)$ 原本的理论频谱应如图 4-14 所示，具有"线谱"特性，即在 $f=100$ Hz 和 $f=104$ Hz 处的两条谱线。

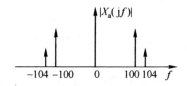

图 4-14　$x_a(t)=2\sin(2\pi\times100t)+\sin(2\pi\times104t)$ 的频谱

对比图 4-14 和加窗截取进行 DFT 后所绘制的频谱会发现，原本的"线谱"的谱线向附近展宽，相当于频谱能量向频率轴的两边扩散，这就是所谓的"频谱泄漏"。频谱泄漏使得频谱变得模糊（谱峰不够尖锐），降低了谱分析的分辨力，同时也会造成谱间干扰。减少频谱泄漏的方法有两种：一是截取更多的数据，也就是窗宽加宽，当然数据太长，势必要增加存储量和运算量；二是数据不要突然截断，也就是不要加矩形窗，而是缓慢截断，即加各种缓变的窗（例如，harming 窗、hamming 窗等）。

4.3.2　DFT 在 OFDM 中的应用

DFT 在通信技术领域也有广泛应用,目前数字通信中广泛应用的正交频分复用(Orthogonal Frequency Division Multiplexing,OFDM)传输的调制与解调实现即是典型代表。

4.3.2.1　DFT 应用于 OFDM 实现的基本原理

先由单载波传输的数学模型进行分析,在单载波传输系统的信道中传输的信号 $x(t)$ 一般可表示为如下形式

$$x(t) = X\cos\Omega t = X\cos 2\pi ft \qquad (4\text{-}3\text{-}5)$$

其中,Ω 为载波角频率;f 为载波频率;X 为载波携带的信息。由正(余)弦函数和复指数函数之间的关系,式(4-3-5)还可表示为

$$x(t) = X\mathrm{e}^{\mathrm{j}\Omega t} = X\mathrm{e}^{\mathrm{j}2\pi ft} \qquad (4\text{-}3\text{-}6)$$

在数字通信中,$x(t)$ 通常都是由数字化的方式产生的,相当于对式(4-3-6)中的 $x(t)$ 进行离散化处理,即令 $t=nT$,则其离散化表示形式为

$$x(n) = X\mathrm{e}^{\mathrm{j}\omega n} \qquad (4\text{-}3\text{-}7)$$

借助上述概念,多载波传输系统由于有多个载波(每个载波也被称为子载波)同时传输多路信息,则其信道中传输的信号 $x(t)$ 可表示为如下形式

$$x(t) = \sum_{k=0}^{N-1} X(k)\mathrm{e}^{\mathrm{j}\Omega_k t} = \sum_{k=0}^{N-1} X(k)\mathrm{e}^{\mathrm{j}2\pi f_k t} \qquad (4\text{-}3\text{-}8)$$

其中,N 为子载波的个数;k 表示第 k 个子载波($0 \leqslant k \leqslant N-1$);$X(k)$ 为第 k 个子载波携带的信息;Ω_k 为第 k 个子载波的角频率;f_k 为第 k 个子载波的频率。

同样,对式(4-3-8)中的 $x(t)$ 进行离散化处理,得到

$$x(n) = \sum_{k=0}^{N-1} X(k)\mathrm{e}^{\mathrm{j}2\pi f_k nT} \qquad (4\text{-}3\text{-}9)$$

注意到,式(4-3-9)中的 T 为离散化间隔,也即采样周期,则 $1/T$ 即为采样频率 f_s。为了使多载波调制能够由 DFT 实现,对子载波的频率进行一定的限定,要求第 k 个子载波的频率 f_k 满足

$$f_k = \frac{f_s}{N} \times k \qquad (4\text{-}3\text{-}10)$$

将式(4-3-10)代入式(4-3-9),则有

$$x(n) = \sum_{k=0}^{N-1} X(k)\mathrm{e}^{\mathrm{j}\frac{2\pi}{N}kn} = \sum_{k=0}^{N-1} X(k)W_N^{-kn} \qquad (4\text{-}3\text{-}11)$$

式(4-3-11)即为大家所熟悉的 IDFT 的变换公式,因而多载波传输可借助于 DFT 的相关原理实现。由于 DFT 是正交基变换,因而各子载波是相互正交的。同时,各子载波是依靠不同的频率进行划分的,相当于多路载波以频分的形式复用同一个信道。故而,这种多载波传输的实现被称为正交频分复用,即 OFDM。

4.3.2.2 OFDM 传输系统的基本组成

对于 OFDM 的调制过程,按上述原理的推导,就是将待传输的 1 路数据转换为 N 路子数据流(称为串/并转换),然后每路子数据流通过某种信源编码(也称为编码映射)形成各子载波传输的信息,在此基础上,将每路子载波上的待传输信息进行排列,形成待传输的信息 $X(k)$,最后对 $X(k)$ 进行 IDFT,即得到离散化的调制信号 $x(n)$,经 D/A 转换即可得到适合在信道中传输的调制信号 $x(t)$。这一过程可用方框图的形式表示,如图 4-15 所示。

图 4-15 OFDM 调制过程原理方框图

相应的,解调过程则由 DFT 实现。通过对接收到的调制信号 $x(t)$ 进行 A/D 转换,得到 $x(n)$,对 $x(n)$ 进行 DFT,计算得到各载波传输的信息 $X(k)$,从 $X(k)$ 中提取出各子载波携带的信息,通过对应的信源解码(解码映射)得到各路子数据流,通过并/串转换得到接收数据流。这一过程可用方框图的形式表示,如图 4-16 所示。

图 4-16 OFDM 解调过程原理方框图

在 OFDM 传输系统中,通常也把一个离散化间隔中的时域序列 $x(n)$ 称为一个 OFDM 符号,其对应的频域序列 $X(k)$ 称为 OFDM 符号的频域形式。OFDM 符号中的每个点含有所有子载波中的信息。

4.3.2.3 DFT 的对称性在 OFDM 载波映射中的应用

由于 DFT 为复数变换,对 $X(k)$ 进行 IDFT 所得到的 OFDM 符号 $x(n)$ 并不一定是实数序列。若 $x(n)$ 为复数序列,那么调制信号的传输与接收会比较复杂。为简化调制信号的传输,就要保证对 $X(k)$ 进行 IDFT 所得到的 OFDM 符号 $x(n)$ 为实数序列,那么就需要对载波映射形成 $X(k)$ 的过程进行一定约束,即对 OFDM 符号的频域结构进行合理设计。这一过程要利用 DFT 的对称性质。

要保证对 $X(k)$ 进行 IDFT 所得到的离散化调制信号 $x(n)$ 为实数序列,则要求 OFDM 符号的频域形式,即 $X(k)$ 是圆周共轭对称的,也即满足

$$X(k) = X^*(N-k) \tag{4-3-12}$$

对一个子载波个数为 N 的 OFDM 传输系统,如果要满足式(4-3-12)的约束,则可以有效使用(可以安排要传输的信息)的子载波个数小于等于 $N/2$。在载波映射形成 $X(k)$ 的过程中,将串/并转换后经编码映射的各路信息在 $X(k)$ 的前 $N/2$ 个点上进行映射,$X(k)$ 的后 $N/2$ 个点的值通过对前 $N/2$ 个点的值按式(4-3-12)进行圆周共轭对称得到。按照这种方式进行 OFDM 符号的频域结构设计,就可保证对 $X(k)$ 进行 IDFT 后所形成的 OFDM 符号为实数形式。按这一过程所进行载波映射的示意图如图 4-17 所示。

同时,这也表明,对于需要 m 个有效子载波的 OFDM 传输系统,所使用到的 DFT 的点数 N 必须满足 $N \geqslant 2m$。

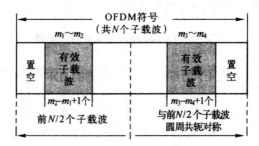

图 4-17 按 DFT 的对称性进行载波映射的示意图

4.4 快速傅里叶变换

快速傅里叶变换(Fast Fourier Transform,FFT)不是一种新的变换域分析方法,而是快速计算离散傅里叶变换(DFT)的有效算法。DFT 实现了频域离散化,在数字信号处理中起着极其重要的

4.4.1 基-2FFT 算法原理

4.4.1.1 DFT 运算量分析

一个长度为 N 的有限长序列 $x(n)$ 的 N 点离散傅里叶变换为

$$X(k) = \mathrm{DFT}\left[x(n)\right]_N = \sum_{n=0}^{N-1} x(n) W_N^{kn}, 0 \leqslant k \leqslant N-1 \quad (4\text{-}4\text{-}1)$$

一般情况下，$x(n)$ 和 W_N^{nk} 都是复数，按定义式(4-4-1)直接计算 DFT，每计算一点 $X(k)$ 的值需 N 次复数乘法运算，$(N-1)$ 次复数加法运算。计算全部 N 点 $X(k)$ 的值需要 N^2 次复数乘法运算和 $N(N-1)$ 次复数加法运算。由于 1 次复数乘法运算包括 4 次实数乘法运算和 2 次实数加法运算，1 次复数加法运算需 2 次实数加法运算，所以计算全部 $X(k)$ 的值需 $4N^2$ 次实数乘法运算和 $(4N^2-2N)$ 次实数加法运算。一般说来，乘法运算要比加法运算复杂，在计算机上乘法运算比加法运算一般要多花几十倍的时间。为简单起见，以复数乘法运算次数近似作为运算量的衡量标准。

由于 DFT 的运算量与 N^2 成正比，如能将长序列的 DFT 计算分解成短序列的 DFT 计算，可使运算量得到明显减小。快速傅里叶变换正是基于这种思想发展起来的。快速傅里叶变换利用 W_N^{kn} 的特性，逐步将 N 点的长序列分解为较短的序列，计算短序列的 DFT，然后组合成原序列的 DFT，使运算量显著减小。FFT 算法有很多种形式，但基本上可分为两类，即：时间抽取(Decimation-In-Time，DIT)算法和频率抽取(Decimation-In-Frexluencv，DIF)算法。

4.4.1.2　基-2 时间抽取 FFT 算法

设序列 $x(n)$ 的长度 N 是 2 的整数幂次方，即

$$N = 2^M$$

其中 M 为正整数。首先将序列 $x(n)$ 按 n 的奇偶分解为两组，n 为偶数的 $x(n)$ 为一组，n 为奇数的 $x(n)$ 为一组，得到两个 $N/2$ 点的子序列，即

$$\begin{cases} x_1(r) = x(2r) \\ x_2(r) = x(2r+1) \end{cases}, r = 0,1,\cdots,\frac{N}{2}-1$$

相应地将 DFT 运算也分为两组，即

$$\begin{aligned}
X(k) &= \left[\sum_{n=0}^{N-1} x(n) W_N^{kn}\right] R_N(k) \\
&= \left[\sum_{r=0}^{\frac{N}{2}-1} x(2r) W_N^{2kr} + \sum_{r=0}^{\frac{N}{2}-1} x(2r+1) W_N^{k(2r+1)}\right] R_N(k) \\
&= \left[\sum_{r=0}^{\frac{N}{2}-1} x_1(r) W_N^{2kr} + W_N^k \sum_{r=0}^{\frac{N}{2}-1} x_2(r) W_N^{2kr}\right] R_N(k) \\
&= \left[X_1\left(\left(k\right)\right)_{N/2} + W_N^k X_2\left(\left(k\right)\right)_{N/2}\right] R_N(k)
\end{aligned} \quad (4\text{-}4\text{-}2)$$

其中，$0 \leqslant k \leqslant N-1$，$X_1(k)$ 和 $X_2(k)$ 分别是 $x_1(r)$ 和 $x_2(r)$ 的 $N/2$ 点 DFT，

亦即

$$X_1(k) = \Big[\sum_{r=0}^{\frac{N}{2}-1} x_1(r) W_{N/2}^{kr} \Big] R_N(k), 0 \leqslant k \leqslant \frac{N}{2} - 1 \qquad (4\text{-}4\text{-}3)$$

$$X_2(k) = \Big[\sum_{r=0}^{\frac{N}{2}-1} x_2(r) W_{N/2}^{kr} \Big] R_N(k), 0 \leqslant k \leqslant \frac{N}{2} - 1 \qquad (4\text{-}4\text{-}4)$$

由式(4-4-2)及 DFT 隐含的周期性可知,$X_1((k))_{N/2}$,$X_2((k))_{N/2}$ 分别是以 $X_1(k)$ 和 $X_2(k)$ 为主值序列的周期序列,因此 $X_1(k)$ 和 $X_2(k)$ 应周期重复一次,即式(4-4-1)可以写成

$$X(k) = X_1(k) + W_N^k X_2(k), 0 \leqslant k \leqslant \frac{N}{2} - 1 \qquad (4\text{-}4\text{-}5)$$

$$X(k + \frac{N}{2}) = X_1(k) - W_N^k X_2(k), 0 \leqslant k \leqslant \frac{N}{2} - 1 \qquad (4\text{-}4\text{-}6)$$

式(4-4-6)中的等号右边之所以出现负号,是由于 $W_N^{k+\frac{N}{2}} = -W_N^k$。式(4-4-5)及式(4-4-6)的运算关系可用信号流图表示,见图 4-18(a),图 4-18(b)是图 4-18(a)的简化形式。图 4-18(b)中左面两支路为输入,中间以一个小圆圈表示加减运算,右上支路为相加后的输出,右下支路为相减后的输出,箭头旁边的系数表示相乘的数。因流图形如蝴蝶,故称蝶形运算。

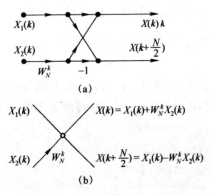

图 4-18　蝶形运算信号流图及其简化图

每个蝶形运算需一次复数乘法、两次复数加法运算。采用上述的表示方法,8 点 DFT 分解为两个 4 点 DFT 运算过程的流图如图 4-19 所示。

通过第一步分解后,计算一下乘法运算量。每一个 $N/2$ 点 DFT 需 $N^2/4$ 次复数乘法,两个 $N/2$ 点 DFT 共需 $N^2/2$ 次复数乘法,组合运算共需 $N/2$ 个蝶形运算,需 $N/2$ 次复乘法运算,因而共需 $N(N+1)/2$ 次复数乘法运算,在 N 较大时,可以认为近似等于 $N^2/2$,与直接计算相比几乎节省一半的运算量。

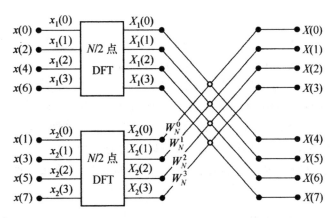

图 4-19　N 点 DFT 分解为两个 N/2 点 DFT 的信号流图（N＝8）

若 $N/2 = 2^{M-1} > 2$，可仿照上述过程继续将 $N/2$ 点序列分解为两个 $N/4$ 点的序列。如 $x_1(r)$ 可分解为

$$\begin{cases} x_{11}(l) = x_1(2l) \\ x_{12}(l) = x_1(2l+1) \end{cases}, 0 \leqslant l \leqslant \frac{N}{4} - 1 \qquad (4\text{-}4\text{-}7)$$

则有

$$\begin{cases} X_1(k) = X_{11}(k) + W_{N/2}^k X_{12}(k) \\ X_1\left(k + \frac{N}{4}\right) = X_{11}(k) - W_{N/2}^k X_{12}(k) \end{cases}, 0 \leqslant k \leqslant \frac{N}{4} - 1 \quad (4\text{-}4\text{-}8)$$

式中，$X_{11}(k) = \text{DFT}[x_{11}(l)]$，$X_{12}(k) = \text{DFT}[x_{12}(l)]$，它们均为 $N/4$ 点的 DFT。由于序列长度又减为一半，因此在式（4-4-5）及式（4-4-6）中所有用到 N 的地方，都用 $N/2$ 来替换，就得到式（4-4-8）。对应于 8 点 DFT 的前一个 $N/2$ 点 DFT 再分解为两个 $N/4$ 点 DFT 的信号流图如图 4-20 所示。

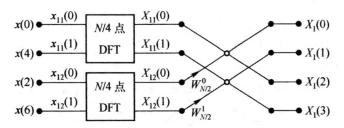

图 4-20　N/2 点 DFT 分解为两个 N/4 点 DFT 的信号流图（N＝8）

当然 $x_2(r)$ 也如式（4-4-7）分解，$x_2(k)$ 也如图 4-20 计算。按这种方法还可继续分解，直到最后为 2 点 DFT 为止。2 点 DFT 同样可用蝶形运算表示。例如，8 点 DFT 的第一个 2 点 DFT 由 $x(0)$ 和 $x(4)$ 组成，可以表

示为

$$\begin{cases} X_{11}(0) = x(0) + W_2^0 x(4) \\ X_{11}(1) = x(0) + W_2^1 x(4) = x(0) - W_2^0 x(4) \end{cases}$$

图 4-21 所示为一个 8 点的 DFT 分解为 4 个 $N/4$ 点的 DFT。图 4-22 所示为 8 点 DFT 的全部分解过程的运算流图,即 $N=8$ 的时间抽取 FFT 流图。图 4-23 所示为 $N=16$ 的时间抽取 FFT 信号流图。由于每次分解均是将序列从时域上按奇偶抽取的,所以称为时间抽取;且每次一分为二,所以称为基数为 2(基-2)的算法。基-2 时间抽取 FFT 算法也被称为库利-图基算法。

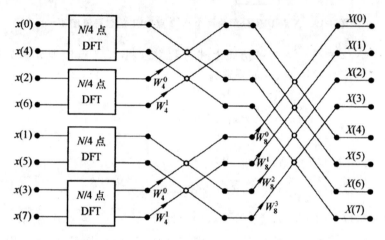

图 4-21　按时间抽取将一个 N 点 DFT 分解为 4 个 $N/4$ 点 DFT($N=8$)

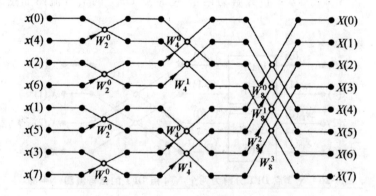

图 4-22　$N=8$ 的时间抽取 FFT 信号流图

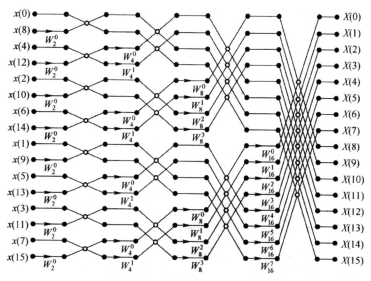

图 4-23　$N=16$ 的时间抽取 FFT 信号流图

4.4.2　基-2 频率抽取 FFT 算法

对于 $N=2^M$，另一种普遍采用的 FFT 算法是频率抽取算法（桑德–图基算法）。频率抽取算法不按 n 为偶数、奇数分解，而是把 $x(n)$ 按前后对半分解，这样可将 N 点的 DFT 写成前后两部分：

$$X(k) = \sum_{n=0}^{N-1} x(n) W_N^{kn} = \sum_{n=0}^{\frac{N}{2}-1} x(n) W_N^{kn} + \sum_{n=\frac{N}{2}}^{N-1} x(n) W_N^{kn}$$

$$= \sum_{n=0}^{\frac{N}{2}-1} x(n) W_N^{kn} + \sum_{n=0}^{\frac{N}{2}-1} x\left(n+\frac{N}{2}\right) W_N^{k\left(n+\frac{N}{2}\right)}$$

$$= \sum_{n=0}^{\frac{N}{2}-1} \left[x(n) + W_N^{kN/2} x\left(n+\frac{N}{2}\right) \right] W_N^{kn}$$

$$= \sum_{n=0}^{\frac{N}{2}-1} \left[x(n) + (-1)^k x\left(n+\frac{N}{2}\right) \right] W_N^{kn}$$

当 k 为偶数时，令 $k=2r$，有

$$X(k) = X(2r) = \sum_{n=0}^{\frac{N}{2}-1} \left[x(n) + x\left(n+\frac{N}{2}\right) \right] W_N^{2m}$$

$$= \sum_{n=0}^{\frac{N}{2}-1} x_1(n) W_{N/2}^{m} = X_1(r) \tag{4-4-9}$$

当 k 为奇数时,令 $k=2r+1$,有

$$X(k) = X(2r+1) = \sum_{n=0}^{\frac{N}{2}-1} \left[x(n) - x(n+\frac{N}{2}) \right] W_N^{n(2r+1)n}$$

$$= \sum_{n=0}^{\frac{N}{2}-1} \left\{ \left[x(n) - x(n+\frac{N}{2}) \right] W_N^n \right\} W_{N/2}^m = \sum_{n=0}^{\frac{N}{2}-1} x_2(n) W_{N/2}^m$$

$$(4\text{-}4\text{-}10)$$

式(4-4-9)和式(4-4-10)中

$$\begin{cases} x_1(n) = x(n) + x(n+\frac{N}{2}) \\ x_2(n) = \left[x(n) - x(n+\frac{N}{2}) \right] W_N^n \end{cases}, 0 \leqslant n \leqslant \frac{N}{2} - 1 \quad (4\text{-}4\text{-}11)$$

$X_1(r)$、$X_2(r)$ 分别为 $x_1(n)$ 和 $x_2(n)$ 的 $N/2$ 点 DFT,因此一个 N 点序列的 DFT 可以将序列按前后分解成两部分,然后按式(4-4-11)组成两个 $N/2$ 点的序列 $x_1(n)$ 和 $x_2(n)$,分别计算 $N/2$ 点序列的 DFT,即 $X_1(r)$、$X_2(r)$,它们分别对应于原序列 N 点 DFT 的 k 为偶数部分和 k 为奇数部分。显然,式(4-4-11)运算关系可用图 4-24 所示蝶形运算来表示,而一个 $N=8$ 的频率抽取算法第一次分解信号流图如图 4-25 所示。

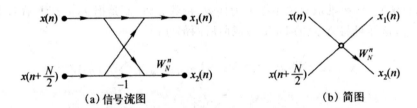

(a) 信号流图   (b) 简图

图 4-24　频率抽取算法的蝶形运算信号流图

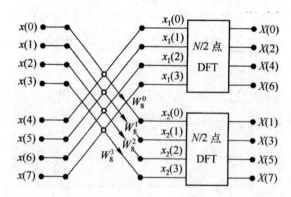

图 4-25　按频率抽取将 N 点 DFT 分解为两个 $N/2$ 点 DFT($N=8$)

　　与时间抽取算法一样,仍可按上述分解方法继续分解,直到最后剩下全部为 2 点的 DFT。2 点的 DFT 仍然可用图 4-24 的蝶形表示。进一步的分解如图 4-26 所示。图 4-27 为一个 $N=8$ 的完整的频率抽取 FFT 信号流图。

　　这种分解方法,由于每次都按输出 $X(k)$ 在频域上的顺序是属于偶数还是奇数分解为两组,故称基数为 2(基-2)的频率抽取法。对比图 4-17 与图 4-24 的信号流图,以及图 4-22 与图 4-27 的信号流图,可以看出基-2 时间抽取 FFT 算法与基-2 频率抽取 FFT 算法的信号流图互为转置关系,有对偶性。因此频率抽取的 FFT 结构有与时间抽取的 FFT 结构类似的特点和规律,完成全部 FFT 运算,二者的运算量是相同的,是完全等效的算法。频率抽取 FFT 算法结构的推导还可根据 DFT 的时频对称性进行,而时频对称性反映在信号流图上则是信号流图的转置。

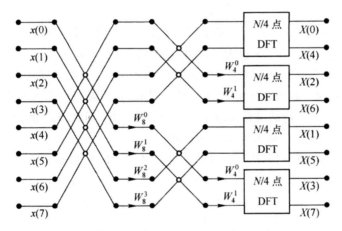

图 4-26　按频率抽取将 N 点 DFT 分解为 4 个 $N/4$ 点 DFT($N=8$)

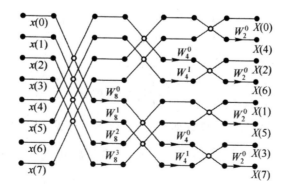

图 4-27　$N=8$ 的频率抽取 FFT 信号流图

4.4.3 FFT 应用于线性卷积的快速计算

4.4.3.1 基本算法

两个有限长序列分别为

$$x(n) = \begin{cases} x(n), 0 \leqslant n \leqslant N-1 \\ 0, \text{其他} \end{cases} ; h(n) = \begin{cases} h(n), 0 \leqslant n \leqslant M-1 \\ 0, \text{其他} \end{cases}$$

二者的线性卷积为

$$y(n) = x(n) * h(n) = \sum_{m=0}^{N-1} x(m)h((n-m)) = \sum_{m=0}^{M-1} h(m)x((n-m))$$

$y(n)$ 仍然是一个有限长序列，长度为 $N+M-1$，即

$$y(n) = \begin{cases} y(n), 0 \leqslant n \leqslant N+M-2 \\ 0, \text{其他} \end{cases}$$

如果直接计算 $y(n)$，则计算全部结果需 NM 次乘法运算和 $(N-1)(M-1)$ 次加法运算，当 N 和 M 较大时，运算量是很大的，实时处理难以实现。

联想到线性卷积和圆周卷积之间的关系，可以通过圆周卷积来实现线性卷积，而圆周卷积可以用 FFT 算法来计算，运算量则会大大减小，问题就得到解决了。为使圆周卷积结果不产生混叠现象，而和线性卷积结果一致，圆周卷积的长度 L 应满足：$L \geqslant N+M-2$。

为了采用基-2FFT 算法，则 L 还应取为 2 的整数幂次方。因此需将 $x(n)$、$h(n)$ 均补零增长到 L 点，即

$$x(n) = \begin{cases} x(n), 0 \leqslant n \leqslant N-1 \\ 0, N \leqslant n \leqslant L-1 \end{cases}$$

$$h(n) = \begin{cases} h(n), 0 \leqslant n \leqslant M-1 \\ 0, M \leqslant n \leqslant L-1 \end{cases}$$

则 $y(n)$ 可按下列步骤进行计算：

(1)计算 $H(k) = \text{FFT}[h(n)]$，L 点。

(2)计算 $X(k) = \text{FFT}[x(n)]$，L 点。

(3)计算 $Y(k) = X(k)H(k)$，L 点。

(4)计算 $y(n) = \text{IFFT}[Y(k)]$，L 点。

上述线性卷积的计算过程如图 4-28 所示。可见，这样处理的结果，大部分工作量都可以用 FFT 运算来完成，共需 $\dfrac{3}{2}L\log_2 L + L$ 次乘法运算和 $3L\log_2 L$ 三次加法运算。

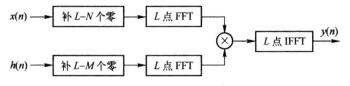

图 4-28 用 FFT 计算线性卷积框图

当 N、M 较大且 N 和 M 比较接近时,运算工作量远小于直接计算卷积的运算工作量,故有快速卷积之称。但实际情况下,往往会有一个序列的长度远长于另一个序列。例如,信号通过 FIR 数字滤波器,信号 $x(n)$ 可能是比较长的序列,而滤波器的单位取样响应序列 $h(n)$ 可能较短。此时若仍直接按上述方法进行运算,会因大量补零而失去有效性,也是不切合实际的,这也是快速卷积的基本算法在实际应用时的一个局限。遇到这种情况时,需对基本算法加以改进,即采用分段快速卷积实现。

分段快速卷积的基本思路是将 $x(n)$ 分成许多小段,每段长度与 $h(n)$ 的长度相近,然后用 FFT 算法进行分段计算。分段快速卷积的处理办法一般有两种:重叠相加法和重叠保留法,以下将对这两种改进算法进行讨论。

4.4.3.2 重叠相加法

重叠相加法在对长序列 $x(n)$ 分段时是将 $x(n)$ 分成相互邻接但互不重叠的长度为 N 的小段,如图 4-29(c)所示。若序列 $x(n)$ 的第 i 段用 $x_i(n)$ 表示,则有

$$x_i(n) = \begin{cases} x(n), iN \leqslant n \leqslant (i+1)N-1 \\ 0, 其他 \end{cases}$$

式中,i 一般从 0 开始,则序列 $x(n)$ 可表示为

$$x(n) = \sum_{i=0}^{\infty} x_i(n)$$

输出序列 $y(n)$ 则可以表示为

$$y(n) = x(n) * h(n) = \left[\sum_{i=0}^{\infty} x_i(n)\right] * h(n) = \sum_{i=0}^{\infty} y_i(n)$$

其中

$$y_i(n) = x_i(n) * h(n) \tag{4-4-12}$$

式(4-4-12)表明,将长序列 $x(n)$ 的每一段分别与短序列 $h(n)$ 进行线性卷积,然后将各段卷积结果相加就可得到输出序列 $y(n)$。每一段的线性卷积可按前面所讨论的快速卷积基本算法来计算。但要注意,每段卷积的结果序列长度大于 $x_i(n)$ 的长度 N 及 $h(n)$ 的长度 M,为 $L = N + M - 1$。因此,每相邻两段 $y_i(n)$ 序列,必有 $M-1$ 个点的部分要发生重叠,这些重叠部分应

该相加起来才能构成最后的输出序列 $y(n)$，这也是重叠相加法名称的由来。

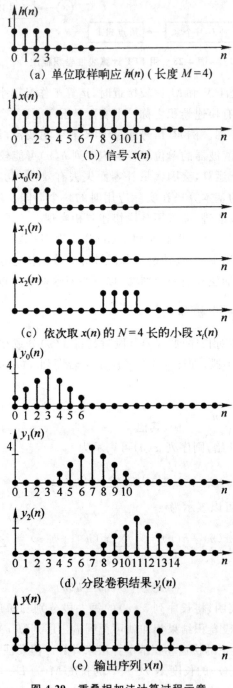

(a) 单位取样响应 $h(n)$（长度 $M=4$）

(b) 信号 $x(n)$

(c) 依次取 $x(n)$ 的 $N=4$ 长的小段 $x_i(n)$

(d) 分段卷积结果 $y_i(n)$

(e) 输出序列 $y(n)$

图 4-29 重叠相加法计算过程示意

图 4-29(d)为分段卷积的结果,图 4-29(e)为最后的输出序列。重叠相加法顾名思义是指输出的相邻小段之间的序号 n 有重叠,这与前面使用的"混叠失真"不是一回事。

4.4.3.3 重叠保留法

重叠保留法是指 $x(n)$ 分段时,相邻两段有 $M-1$ 个点的重叠(M 为短序列的长度),即每一段开始的 $M-1$ 个点的序列样本是前一段最后 $M-1$ 个点的序列样本,但是第 0 段($i=0$ 的段)要前补 $M-1$ 个 0。每段的长度直接选为圆周卷积(即快速卷积中 FFT 的点数)的长度 L,即

$$x_i(n) = \begin{cases} x(n+iN-M+1), 0 \leqslant n \leqslant L-1 \\ 0,其他 \end{cases}$$

式中,$N=L-M+1$ 是每段新增的序列点数。由于算法的特殊性,每段都可以用 0 作为序号的起点,分别与 $h(n)$ 做圆周卷积,即

$$y'_i(n) = x_i(n) \bigotimes h(n)$$

卷积结果的起始 $M-1$ 个点有混叠,不同于线性卷积 $x_i(n) * h(n)$ 的结果,但后面 N 个点($M-1 \leqslant n \leqslant L-1$)无混叠,与线性卷积结果相等。因此每段 $y'_i(n)$ 的混叠点需舍弃,即

$$y_i(n) = \begin{cases} y'_i(n), M-1 \leqslant n \leqslant L-1 \\ 0,其他 \end{cases}$$

最后,只要依次衔接 $y_i(n)$,就可得到输出序列

$$y(n) = \sum_{i=0}^{\infty} y_i(n-iN+M-1)$$

该算法计算过程如图 4-30 所示。重叠保留法与重叠相加法的运算量基本相同,但可省去重叠相加法的最后一步相加运算。顾名思义,重叠保留法是指对输入序列分段时,相邻两段有重叠的部分。

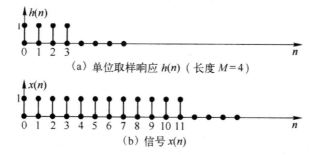

(a) 单位取样响应 $h(n)$(长度 $M=4$)

(b) 信号 $x(n)$

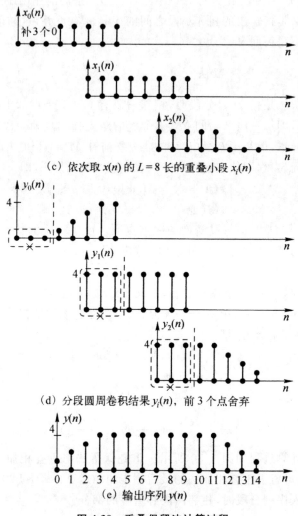

（c）依次取 $x(n)$ 的 $L=8$ 长的重叠小段 $x_i(n)$

（d）分段圆周卷积结果 $y_i(n)$，前 3 个点舍弃

（e）输出序列 $y(n)$

图 4-30　重叠保留法计算过程

第 5 章　IIR 数字滤波器的设计方法

数字滤波器是数字信号处理的一个重要技术分支,具有稳定性好、精度高、灵活性强、体积小、重量轻等优点,越来越受到人们的重视,并在工程实际中得到了广泛的应用。数字滤波器按单位抽样相应的时间可分为无限长单位抽样响应(IIR)数字滤波器和有限长单位抽样响应(FIR)数字滤波器。本章主要对 IIR 数字滤波器的设计方法进行讨论。

5.1　数字滤波器

数字滤波器和模拟滤波器的滤波器概念是相同的,它可以将输入信号的某些频率成分或某个频带进行放大、压缩,从而改变输入信号的频谱结构,因而它是一个频率选择器,同时也可以实现对信号进行检测和参数估计,例如检测噪声中是否存在信号等。模拟滤波器采用电阻、电容、电感及有源器件等构成,而数字滤波器是通过对输入信号进行数值运算的方法来实现的。数字滤波器对输入的数字序列通过特定运算转变成输出的数字序列,因此,数字滤波器本质上是一台完成特定运算的数字计算机。如果要处理的是模拟信号,可通过 A/D 和 D/A,在信号形式上进行匹配转换,同样可以使用数字滤波器对模拟信号进行滤波。

5.1.1　数字滤波器的基本原理

在实际应用中,多数情况是利用数字滤波器来处理模拟信号。处理模拟信号的数字滤波器基本结构如图 5-1 所示。

在图 5-1 中,输入端接入一个低通滤波器 $H_1(s)$,其作用是对输入信号 $x_0(t)$ 的频带进行限制,以避免频谱混叠,因此称 $H_1(s)$ 为输入抗"混叠"滤波器;在输出端也接一个低通滤波器 $H_2(s)$,以便将 D/A 变换器输出的模拟量良好地恢复成连续时间信号。

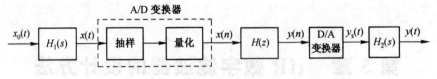

图 5-1　处理模拟信号的数字滤波器基本结构

用数字滤波器处理模拟信号 $x_0(t)$，应首先将信号经过抗混叠滤波器 $H_1(s)$ 的预处理。$H_1(s)$ 的幅频特性为

$$|H_1(j\Omega)| = \begin{cases} 0, & |\Omega| \geqslant \Omega_s/2 \\ 1, & |\Omega| < \Omega_s/2 \end{cases}$$

信号 $x_0(t)$ 经过 $H_1(s)$ 产生 $x(t)$，使 $x(t)$ 的频谱 $X(j\Omega)$ 的频带限制在 $-\Omega_s/2 < \Omega < \Omega_s/2$ 范围之内，这样就可以避免"混叠"发生。抗混叠滤波器的作用过程示意图如图 5-2 所示。

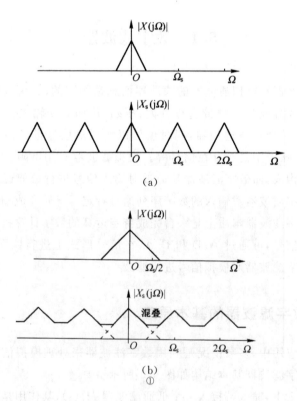

(a)

(b)
①

---

①　丛玉良.数字信号处理原理及其 MATLAB 实现[M].北京：电子工业出版社，2009.

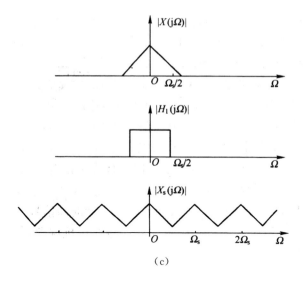

(c)

图 5-2　抗混叠滤波器的作用过程示意图

设 $X(j\Omega)$、$Y(j\Omega)$ 分别表示输入 $x(t)$、输出 $y(t)$ 的模拟信号频谱，$X_s(j\Omega)$、$Y_s(j\Omega)$ 表示模拟信号经冲激抽样后的频谱，则由傅里叶频谱公式可得 $x(n)$ 的频谱为

$$X(e^{j\omega}) = X_s(j\Omega) = \frac{1}{T}\sum_{m=-\infty}^{\infty} X(j\Omega - jm\Omega_s)$$

此时数字滤波器输出 $y(n)$ 的频谱为

$$Y(e^{j\omega}) = Y_s(j\Omega) = H(e^{j\Omega T})\frac{1}{T}\sum_{m=-\infty}^{\infty} X(j\Omega - jm\Omega_s) \qquad (5\text{-}1\text{-}1)$$

式中，$\omega = \Omega T$。

设模拟低通滤波器 $H_2(s)$ 的幅频特性为

$$|H_2(j\Omega)| = \begin{cases} 0, & |\Omega| \geqslant \Omega_s/2 \\ T, & |\Omega| < \Omega_s/2 \end{cases}$$

则输出 $y(t)$ 的频谱为

$$Y(j\Omega) = Y_s(j\Omega)H_2(j\Omega) \qquad (5\text{-}1\text{-}2)$$

将式(5-1-1)代入式(5-1-2)有

$$Y(j\Omega) = \frac{1}{T}H_2(j\Omega)H(e^{j\Omega T})\sum_{m=-\infty}^{\infty} X(j\Omega - jm\Omega_s)$$
$$= H(e^{j\Omega T})X(j\Omega), \; |\Omega| \leqslant \Omega_s/2 \qquad (5\text{-}1\text{-}3)$$

式(5-1-3)还可以写成

$$H(e^{j\Omega T}) = Y(j\Omega)/X(j\Omega) \qquad (5\text{-}1\text{-}4)$$

式(5-1-4)说明：在一定条件下，图 5-1 所示结构的数字滤波器的频率特性等效于一个模拟滤波器，所以能代替模拟滤波器对信号进行处理。

图 5-3 所示为图 5-1 中各点信号的频谱图。图 5-3（a）是输入信号 $x_0(t)$ 的频谱。图 5-3（b）是抗混叠滤波器 $H_1(s)$ 的幅度谱。图 5-3（c）是经过抗混叠滤波器 $H_1(s)$ 后带限信号 $x(t)$ 的幅频特性。图 5-3（d）是抽样信号 $x_s(t)$ 的幅度谱。图 5-3（e）是数字滤波器的幅度谱，它是周期函数。图 5-3（f）是数字滤波器输出信号 $y(n)$ 的幅度谱。图 5-3（g）是低通滤波器 $H_2(s)$ 的幅度谱。图 5-3（h）是输出 $y(t)$ 信号的幅度谱。

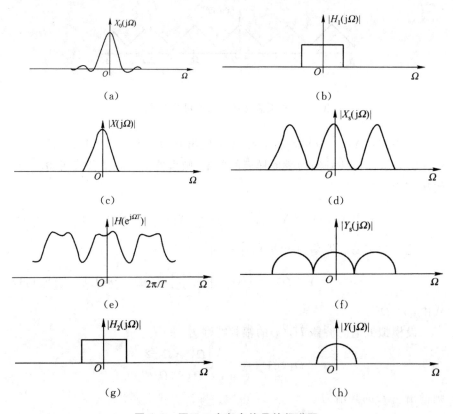

图 5-3　图 5-1 中各点信号的频谱图

图 5-1 似乎比一般模拟滤波器要复杂，但数字滤波器功能强、灵活。实际上，所谓数字滤波器实质上是一种运算过程——用来描述离散系统输入与输出关系的差分方程的计算或卷积计算。所谓数字滤波器的设计，就是根据要求选择系统 $h(n)$ 或 $H(z)$，使 $x(n)$ 通过系统时，对其波形和频谱进行加工，获得人们所需要的信号。

5.1.2　数字滤波器的特性[①]

一般情况下,数字滤波器是一个离散线性移不变系统,可用差分方程、单位冲激响应 $h(n)$、系统函数 $H(z)$ 或频率响应 $H(j\omega)$ 来描述。

设系统的差分方程为

$$\sum_{k=0}^{N} a_k y(n-k) = \sum_{i=0}^{M} b_i x(n-i)$$

则

$$H(z) = \frac{Y(z)}{X(z)} = \frac{b_0 + b_1 z^{-1} + \cdots + b_M z^{-M}}{a_0 + a_1 z^{-1} + \cdots + a_N z^{-N}}$$

频率响应为

$$H(j\omega) = \frac{Y(j\omega)}{X(j\omega)} = \frac{b_0 + b_1 e^{-j\omega} + \cdots + b_M e^{-jM\omega}}{a_0 + a_1 e^{-j\omega} + \cdots + a_N e^{-jN\omega}}$$

由以上两式可以看出,把系统函数中所有 z 换成 $e^{j\omega}$,即可得到频率响应。此外,还存在如下关系:

$$H(z) = Z[h(n)] = \sum_{n=-\infty}^{+\infty} h(n) z^{-n}$$

$$H(j\omega) = \mathrm{FT}[h(n)] = \sum_{n=-\infty}^{+\infty} h(n) e^{-j\omega N}$$

其中,滤波器的频率响应提供了滤波器的信息,一般情况下,$H(j\omega)$ 是一个复数,因此可用极坐标形式表示为

$$|H(j\omega)| = |H(j\omega)| e^{j\phi(\omega)}$$

式中,$|H(j\omega)|$ 称为幅频特性,$\phi(\omega)$ 称为相频特性,它们共同构成数字滤波器的频率响应。

5.1.3　数字滤波器的分类

数字滤波器的种类很多,总的来说可以分成经典滤波器和现代滤波器两大类,本书主要介绍经典滤波器[②]。

---

① 桂志国,陈友兴,张权,等.数字信号处理原理及应用[M].2 版.北京:国防工业出版社,2016.

② 张峰,石现峰,张学智.数字信号处理原理及应用[M].北京:电子工业出版社,2012.

（1）从滤波器特性上考虑，数字滤波器可以分成数字高通、数字低通、数字带通、数字带阻等滤波器，它们的理想幅频特性如图 5-4 所示。

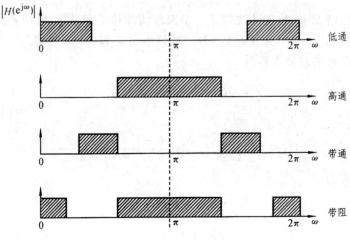

图 5-4　数字滤波器的理想幅频特性

（2）从实现方法上可以将数字滤波器分成两种：一种称为无限长冲激响应数字滤波器，简称 IIR 数字滤波器，也称递归数字滤波器；另一种称为有限长冲激响应数字滤波器，简称 FIR 数字滤波器，也称非递归数字滤波器。IIR 滤波器的单位冲激响应为无限长，网络中有反馈。FIR 滤波器的单位冲激响应是有限长的，一般网络中没有反馈①。

它是一个线性时不变离散时间系统，如果滤波器用单位脉冲响应序列 $h(n)$ 表示，其输入 $x(n)$ 与输出 $y(n)$ 之间的关系可以表示为

$$y(n) = x(n) * h(n)$$

$h(n)$ 的 z 变换称为系统函数。IIR 滤波器和 FIR 滤波器的系统函数分别是

$$H(z) = \frac{\sum_{k=0}^{N} b_k z^{-1}}{1 + \sum_{k=1}^{N} a_k z^{-1}}$$

$$H(z) = \sum_{n=0}^{N-1} h(n) z^{-n}$$

这两种类型的滤波器的设计方法不同，性能、特点也不同。

---

① 冀振元.数字信号处理学习与解题指导［M］.哈尔滨：哈尔滨工业大学出版社，2017.

图 5-4 是理想滤波器的频率特性,是无法实现的非因果系统。实际设计中以低通滤波器为例,如图 5-5 所示,频率响应有通带、过渡带及阻带三个范围。在工程上,总是采用某种逼近技术来实现滤波器的设计。有时当幅频特性的逼近得到改善时相频特性却变坏了;或是改善了相频特性,而其幅频特性又差了,滤波器的性能要求以频率响应的幅度特性的允许误差来表示。

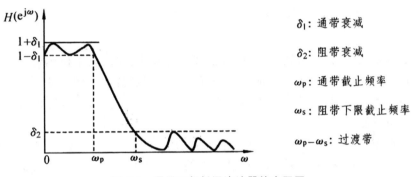

δ_1: 通带衰减

δ_2: 阻带衰减

ω_p: 通带截止频率

ω_s: 阻带下限截止频率

$\omega_p - \omega_s$: 过渡带

图 5-5　逼近理想低通滤波器的容限图

在通频带内,要求在 $\pm\delta_1$ 的误差内,系统幅频响应逼近于 1,即

$$1 - \delta_1 \leqslant |H(e^{j\omega})| \leqslant 1 + \delta_1 , |\omega| \leqslant \omega_c$$

在阻带内,要求系统幅频响应逼近于零,误差不大于 δ_2,即

$$|H(e^{j\omega})| \leqslant \delta_2 , \omega_s \leqslant |\omega| \leqslant \pi$$

为了逼近理想低通滤波器的特性,还必须有一个非零宽度的过渡带,在这个过渡带内的频率响应平滑地从通带下降到阻带。为应用方便,具体技术指标中往往使用通带允许的最大衰减 α_p 和阻带应满足的最小衰减 α_s。

$$\alpha_p = 20\lg \frac{|H(e^{j0})|}{|H(e^{j\omega_p})|} dB \tag{5-1-5}$$

$$\alpha_s = 20\lg \frac{|H(e^{j0})|}{|H(e^{j\omega_s})|} dB \tag{5-1-6}$$

将 $H(e^{j0})$ 归一化为 l,式(5-1-5)和式(5-1-6)表示为 $\alpha_p = -20\lg|H(e^{j\omega_p})| dB$ 和 $\alpha_s = -20\lg|H(e^{j\omega_s})| dB$。例如,当幅度下降到 $\sqrt{2}/2,\omega = \omega_s$,此时 $\alpha_p = 3 \ dB$,称 ω_s 为 3 dB 通带截止频率。

5.1.4　数字滤波器结构的表示方法

数字滤波器可以由离散系统差分方程、冲激响应、频率响应或者系统函数来表示,我们一般采用图形的表示来研究滤波器的运算结构和实现方法,图形的表示包括方框图和信号流图。

一个数字滤波器,其差分方程可以写为

$$y(n) = \sum_{k=1}^{N} a_k y(n-k) + \sum_{k=0}^{M} b_k x(n-k) \qquad (5\text{-}1\text{-}7)$$

对应的系统函数为

$$H(z) = \frac{Y(z)}{X(z)} = \frac{\displaystyle\sum_{k=0}^{M} b_k z^{-k}}{1 + \displaystyle\sum_{k=1}^{N} a_k z^{-k}} \qquad (5\text{-}1\text{-}8)$$

观察式(5-1-7)可知,数字信号处理中有乘法、加法和单位延迟三种基本运算,分别对应三种不同的运算单元。其框图和流图如图 5-6 所示,(a)为框图或结构图,这是一种直观的表示;(b)为信号流图表示,这种方法更加简单方便。

在图 5-6(b)的信号流图中,加法器是用一个网络节点表示,乘法器和延迟器用一条网络支路表示,延迟器中的 z^{-1} 和乘法器中的现作为支路增益标明在箭头上方,箭头表示信号的流动方向。这样,一个数字滤波器的信号流图体现为由节点和支路组成的网络。

在图 5-7 所示流图中,包含了节点和支路,输入 $x(n)$ 的节点称源节点或输入节点,输出 $y(n)$ 的节点称为吸收节点或输出节点。图中每个节点都有输入支路和输出支路,节点的值等于所有输入支路之和,用信号流图表示系统的运算情况(网络结构)是比较简明的。

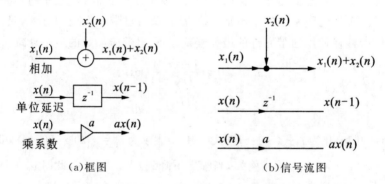

(a)框图　　　　　　　　　　　　(b)信号流图

图 5-6　数字滤波器的三种运算符号

网络结构也可以分成两类:一类称为有限长冲激响应网络,简称 FIR (Finite Impulse Response)网络;另一类称为无限长冲激响应网络,简称 IIR(Infinite Impulse Response)网络,这两类网络分别与 FIR 滤波器和 IIR 滤波器对应。

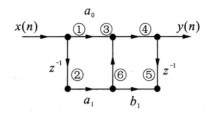

图 5-7　系统的信号流图

节点 $1:x(n)$　　　　节点 $2:x(n-1)$

节点 $3:a_0 x(n) a_1 x(n-1)+b_1 y(n-1)=y(n)$

节点 $4:④=③$　　　节点 $5:y(n-1)$

节点 $6:a_1 x(n-1)+b_1 y(n-1)$

FIR 网络中一般不存在输出对输入的反馈支路,因此差分方程用下式描述,其单位脉冲响应是有限长的。

$$y(n) = \sum_{k=0}^{M} b_k x(n-k)$$

IIR 网络结构存在输出对输入的反馈支路,也就是说,信号流图中存在反馈环路。这类网络的单位脉冲响应是无限长的。IIR 滤波器的系统函数为

$$y(n) = \sum_{k=1}^{N} a_k y(n-k) + \sum_{k=0}^{M} b_k x(n-k)$$

IIR 滤波器在结构上存在输出到输入的反馈,也就是结构上是递归型的;FIR 滤波器在结构上不存在输出到输入的反馈,即非递归型。

在描述 FIR 滤波器的差分方程中,输出只和各有关,即结构上不存在输出到输入的反馈;而在描述 IIR 滤波器的差分方程中,输出还与以前时刻的输出有关,即在结构上存在输出到输入的反馈。

5.2　IIR 数字滤波器的实现结构

5.2.1　直接型

直接型是利用单位延时单元、常数乘法器、加法器等基本运算单元,以给定形式直接实现差分方程的一种 IIR 滤波器,其可分为直接Ⅰ型和直接Ⅱ型两类。

5.2.1.1　直接Ⅰ型

一个 N 阶 IIR 滤波器的输入输出关系可以用如式(5-2-1)所示的 N 阶

差分方程来描述：

$$y(n) = \sum_{k=1}^{N} a_k y(n-k) + \sum_{k=0}^{M} b_k x(n-k) \qquad (5\text{-}2\text{-}1)$$

从这个差分方程表达式可以看出，系统的输出由两部分组成：第一部分 $\sum_{k=0}^{M} b_k x(n-k)$ 是一个对输入 $x(n)$ 的 M 节延时结构，每节延时抽头后加权相加，构成一个横向结构网络；第二部分 $\sum_{k=0}^{N} a_k y(n-k)$ 是一个对输出 $y(n)$ 的 N 节延时的横向网络结构，是由输出到输入的反馈网络。按照这种运算画出的结构如图 5-8 所示，这种结构称为直接 I 型结构，其是由上述讨论的两部分网络级联组成，第一级网络实现零点，第二级网络实现极点。

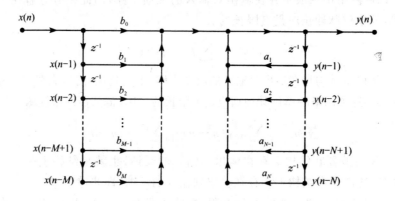

图 5-8 直接 I 型结构

从直接 II 型结构可以得出其需要的单位延时单元个数为 $N+M$、常数乘法器的个数为 $N+M+1$、加法器的个数为 $N+M+1$。

5.2.1.2 直接 II 型

由图 5-8 可以看出，直接 I 型结构的系统函数 $H(z)$ 也可以看成是两个独立的系统函数的乘积。对于一个线性移不变系统，若交换其级联子系统的次序，系统函数是不变的，也就是总的输入输出关系不改变。将此原理应用于直接 I 型结构中，交换两个级联网络顺序，则图 5-8 将变成另一种形式，如图 5-9 所示。

相当于 $H(z)=H_2(z)H_1(z)$，由于两个分支节点①和②的节点值相同，其下面的各延时支路的输出也对应相同，所以可以将两部分相对应的延时支路合并，得到另一种结构如图 5-10 所示，称之为 IIR 直接 II 型结构，这种结构实现 N 阶滤波器（一般 $N \geqslant M$）只需 N 阶延时单元，又称为典范型或规范型。

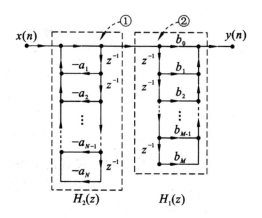

图 5-9   直接 I 型结构的变形

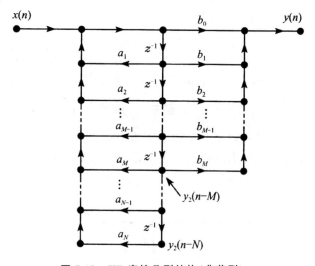

图 5-10   IIR 直接 II 型结构(典范型)

比较图 5-8 和图 5-10 可知,直接 II 型比直接 I 型结构延时单元少,用硬件实现可以节省寄存器,比直接 I 型经济;若用软件实现则可节省存储单元。但对于高阶系统,直接型结构都存在调整零、极点困难,对系数量化效应敏感度高等缺点。

5.2.2   级联型

把式(5-2-1)的系统函数分别按零、极点进行因式分解,则可将它表示成

$$H(z) = \frac{\sum_{k=0}^{M} b_k z^{-k}}{1 - \sum_{k=1}^{N} a_k z^{-k}} = A \frac{\prod_{i=1}^{M}(1 - c_i z^{-1})}{\prod_{i=1}^{N}(1 - d_i z^{-1})}$$

式中,A 为常数,c_i 和 d_i 分别表示 $H(z)$ 的零点和极点。

由于滤波器的系数应为实数,所以 c_i 和 d_i 是实根或者是共轭成对的复根,将分子、分母中的共轭复根因子合并为二阶实系数因子,得到如下形式。

$$H(z) = A \frac{\prod_{k=1}^{M_1}(1 - p_m z^{-1}) \prod_{m=1}^{M_2}(1 + \beta_{1m} z^{-1} + \beta_{2m} z^{-2})}{\prod_{k=1}^{N_1}(1 - c_k z^{-1}) \prod_{k=1}^{N_2}(1 + \alpha_{1k} z^{-1} + \alpha_{2k} z^{-2})}$$

式(5-2-1)表明:滤波器可以由若干一阶和二阶子系统级联组成,从而构成滤波器的级联型结构;将分子、分母中一阶因子(即实零、极点因子)两两合并为实系数二阶因子,得到如下形式。

$$H(z) = A \prod_{k=1}^{N_0} \frac{(1 + \beta_{1k} z^{-1} + \beta_{2k} z^{-2})}{(1 + \alpha_{1k} z^{-1} + \alpha_{2k} z^{-2})} = A \prod_{k=1}^{N_0} H_k(z)$$

其中,$H_k(z)$ 为一阶、二阶因子组成的基本节级联结构。当 $M = N$ 时,共有 $\left[\frac{N+1}{2}\right]$ 节($\left[\frac{N+1}{2}\right]$ 表示 $\frac{N+1}{2}$ 的整数)。如果有奇数个实零点,则有一个系数 β_{2k} 等于零;同样,如果有奇数个实极点,则有一个系数 α_{2k} 等于零。每一个一阶、二阶子系统 $H_k(z)$ 被称为一阶、二阶基本节,$H_k(z)$ 用典范型结构来实现的,如图 5-11 所示。

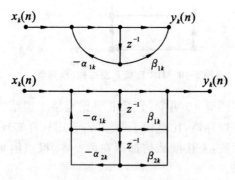

图 5-11 级联型结构的一阶、二阶基本节结构

这样,传递函数 $H(z)$ 就可以表示为由如图 5-11 所示的一些一阶基本节或二阶基本节级联而成的形式,即级联型结构,如图 5-12 所示。

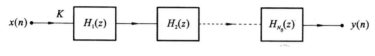

图 5-12　级联型结构图

5.2.3　并联型

将 IIR 滤波器的系统函数展成部分分式的形式,就得到并联型的 IIR 滤波器的基本结构。展成部分分式如下:

$$H(z) = \frac{\sum_{k=0}^{M} b_k z^{-k}}{1 - \sum_{k=1}^{N} a_k z^{-k}}$$

$$= \sum_{k=1}^{N_1} \frac{A_k}{1 - c_k z^{-1}} + \sum_{k=0}^{N_2} \frac{B_k(1 - g_k z^{-1})}{(1 - d_k z^{-1})(1 - d_k^* z^{-1})} + \sum_{k=0}^{M-N} G_k z^{-k}$$

$$= \sum_{k=1}^{N_1 + N_2 + M - N} H_k z \tag{5-2-2}$$

式中,$N = N_1 + 2N_2$,由于系数 a_k,b_k 是实数,故 A_k,B_k,g_k,c_k,G_k 都是实数,d_k^* 是 d_k 的共轭复数。当 $M < N$ 时,则式(5-2-2)中不包含 $\sum_{k=0}^{M-N} G_k z^{-k}$ 项;如果 $M = N$,则 $\sum_{k=0}^{M-N} G_k z^{-k}$ 项变成 G_0 一项。一般 IIR 滤波器皆满足 $M \leqslant N$ 的条件。式(5-2-2)表示系统是由 N_1 个一阶系统、N_2 个二阶系统以及 $M-N$ 个延迟加权单元并联组合而成的,其结构实现如图 5-13(a)所示。而这些一阶和二阶系统都采用典范型结构实现。

当 $M = N$ 时,$H(z)$ 可表示为

$$H(z) = G_0 + \sum_{k=1}^{N_1} \frac{A_k}{1 - c_k z^{-1}} + \sum_{k=1}^{N_2} \frac{\gamma_{0k} + \gamma_{1k} z^{-1}}{1 - \alpha_{1k} z^{-1} - \alpha_{2k} z^{-2}}$$

其并联结构的一阶基本节、二阶基本节的结果如图 5-13(b)所示。

并联型结构的优点如下。

①极点位置可移动,可单独对其进行调节。

②具有最小的系统误差。

③运算速度高,因为可同时对输入信号进行运算。

但并联型结构不能像级联型结构那样直接控制零点,因为零点只是各二阶节网络的零点,并非整个传递函数的零点,这是并联型结构的缺点。

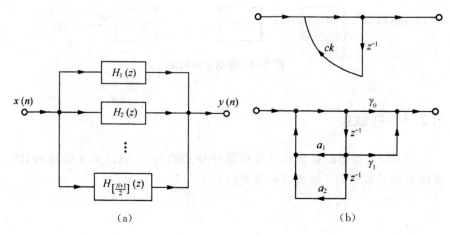

图 5-13　并联结构

5.3　模拟低通滤波器

5.3.1　幅度平方函数

为逼近图 5-14 所示的理想低通滤波器，其模拟理想低通滤波器的幅度响应特性可用幅度平方函数表示，即

$$H^2(\Omega) = |H_a(j\Omega)|^2 = H_a(s)H_a(-s)|_{s=j\Omega} \qquad (5\text{-}3\text{-}1)$$

式中，$H_a(s)$ 为所设计的模拟滤波器的系统函数，它是 s 的有理函数；$H_a(j\Omega)$ 是其稳态响应，即滤波器频率特性 $|H_a(j\Omega)|$ 为滤波器的稳态振幅特性。

由已知的 $H^2(\Omega)$ 获得 $H_a(j\Omega)$，必须对式(5-3-1)在 s 平面上加以分析。设 $H_a(s)$ 有一临界频率（极点或零点）位于 $s=s_0$，则 $H_a(-s)$ 必有相应的临界频率 $s=-s_0$。当 $H_a(s)$ 的临界频率落在 $-a\pm jb$ 位置时，则 $H_a(-s)$ 的临界频率必落在 $-a\mp jb$ 的位置。纯虚数的临界频率必然是二阶的。在 s 平面上，上述临界频率的特性呈象限对称，如图 5-15 所示。图中在 $j\Omega$ 轴上零点处所标的数表示零点的阶次是二阶[①]。

---

① 丛玉良，王宏志. 数字信号处理原理及其 MATLAB 实现[M]. 北京：电子工业出版社，2005.

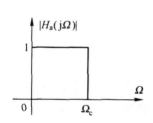

图 5-14　理想低通滤波器特性

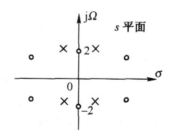

图 5-15　$H_a(s)H_a(-s)$象限对称零、极点分布

为了保证所设计的滤波器是稳定的,其极点必须落在 s 平面的左半平面,所以落在 s 平面左半平面的极点属于 $H_a(s)$,落在右半平面的极点属于 $H_a(-s)$。

综上所述,由幅度平方函数 $H^2(\Omega)$ 确定 $H_a(s)$ 的方法是:

④在 $H^2(\Omega)$ 中令 $s=j\Omega(\Omega=-js)$,得到 $H^2(-js)$。

②将 $H^2(-js)$ 的有理式进行分解,得到零点、极点。如果系统函数是最小相位函数,则 s 平面左半平面的零点、极点都属于 $H_a(s)$,而任何在虚轴上的极点和零点都是偶次的,其中一半属于 $H_a(s)$。

③根据具体情况,比较 $H^2(\Omega)$ 与 $H_a(s)$ 的幅度特性,确定出增益常数。这样,$H_a(s)$ 就完全确定了。

5.3.2　巴特沃思低通滤波器设计

巴特沃思低通滤波器的幅度平方函数为

$$\left| H_a(j\Omega) \right|^2 = H_a(s)H_a(-s)\big|_{s=j\Omega} = \frac{1}{1 + (j\Omega/j\Omega_c)^{2N}} \quad (5\text{-}3\text{-}2)$$

式中,N 为正整数,称为滤波器的阶数。N 值越大,通带和阻带的近似就越好,过渡带的特性越陡,因为函数表达式中分母带有高阶项,在通带内 $\Omega/\Omega_c<1$,则 $(\Omega/\Omega_c)^{2N}$ 趋于零,使式(5-3-2)接近于 1;在过滤带和阻带内 $\Omega/\Omega_c>1$,则 $(\Omega/\Omega_c)^{2N}\gg1$,从而使函数骤然下降。在截止频率 Ω_c 处,幅度平方响应为 $\Omega=0$ 处的 1/2,相当于幅度响应 $1/\sqrt{2}$ 或 3 dB 衰减点。其幅度平方函数特性如图 5-16 所示。

这种函数具有以下特点:通带内具有最大平坦幅度特性,在正频率范围内随频率升高而单调下降;阶次越高,特性越接近矩形;没有零点。

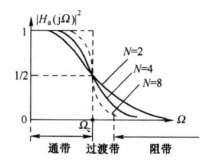

图 5-16　巴特沃思幅度平方函数特性

由于
$$H_a(s)H_a(-s) = \frac{1}{1+(s+j\Omega_c)^{2N}} \qquad (5\text{-}3\text{-}3)$$

由 $1+(s+j\Omega_c)^{2N}=0$,可得极点为

$$s_p = (-1)^{\frac{1}{2N}}(j\Omega_c) = \Omega_c e^{j\pi(\frac{1}{2}+\frac{2p-1}{2N})} \qquad (5\text{-}3\text{-}4)$$

因此,巴特沃思幅度平方函数在 s 平面上的 $2N$ 个极点等间隔地分布在半径为 Ω_c 的圆周上,这些极点的位置关于虚轴对称,并且没有极点落在虚轴上。

模拟滤波器的系统函数为

$$H_a(s) = \frac{A_0}{\prod\limits_{k=1}^{N}(s-s_k)}$$

式中,A_0 为归一化常数,一般 $A_0 = \Omega_c^N$;s_k 为 s 平面左半平面的极点。

5.3.3 切比雪夫低通滤波器设计

在通带中是等波纹的,在阻带中是单调的,称为切比雪夫 I 型;在通带内是单调的,在阻带内是等波纹的,称为切比雪夫 II 型。图 5-17 分别画出了 N 为奇数与偶数时的切比雪夫滤波器的幅度平方函数特性[①]。

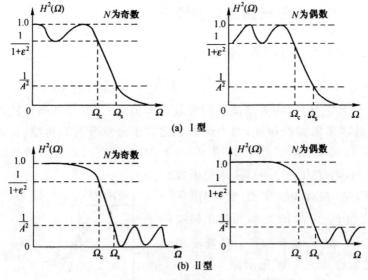

(a) I 型

(b) II 型

图 5-17 切比雪夫滤波器幅度平方函数特性

---

① 季秀霞.数字信号处理[M].北京:国防工业出版社,2013.

切比雪夫 I 型滤波器的幅度平方函数为

$$H^2(\Omega) = |H_a(j\Omega)|^2 = \frac{1}{1 + \varepsilon^2 T_N^2\left(\dfrac{\Omega}{\Omega_c}\right)} \qquad (5\text{-}3\text{-}5)$$

式中,ε 为小于 1 的正数,表示通带波动的程度,ε 值越大波动也越大;N 为正整数,表示滤波器的阶次;$\dfrac{\Omega}{\Omega_c}$ 可以看做以截止频率作为基准频率的归一化频率;$T_N(x)$ 为切比雪夫多项式:

$$T_N(x) = \begin{cases} \cos(N\arccos x) & |x| \leqslant 1 \\ \cosh(N\operatorname{arccosh} x) & |x| > 1 \end{cases} \qquad (5\text{-}3\text{-}6)$$

式(5-3-6)可展开成切比雪夫多项式,见表 5-1。

$$T_{N+1}(x) = 2x T_N(x) - T_{N-1}(x)$$

式(5-3-6)也可按下式计算

图 5-18 画出了 $N = 0, 1, 2, 3, 4, 5$ 时 $T_N(x)$ 的图形。

表 5-1　切比雪夫多项式

N	$T_N(x)$
0	1
1	x
2	$2x^2 - 1$
3	$4x^3 - 3x$
4	$8x^4 - 8x^2 + 1$
5	$16x^5 - 20x^3 + 5x$
6	$32x^6 - 48x^4 + 18x^2 - 1$

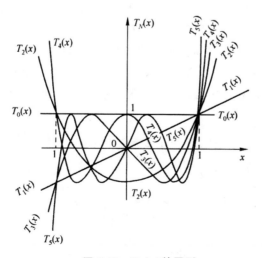

图 5-18　$T_N(x)$ 的图形

由图 5-18 可知,切比雪夫多项式的零点在 $|x| \leqslant 1$ 区间内,且当 $|x| \leqslant 1$ 时,$|T_N(x)| \leqslant 1$,因此,多项式 $T_N(x)$ 在 $|x| \leqslant 1$ 内具有等波纹幅度特性。在 $|x| > 1$ 区间内,$T_N(x)$ 为双曲余弦函数,随 x 而单调增加。所以,在 $|x| \leqslant 1$ 区间内,$1 + \varepsilon^2 T_N^2(x)$ 的值的波动范围为 $1 \sim 1 + \varepsilon^2$。

在 $|x| \leqslant 1$,即 $|\Omega/\Omega_c| \leqslant 1$ 时,也就是在 $0 \leqslant \Omega \leqslant \Omega_c$ 范围内(通带),$|H_a(j\Omega)|^2$ 在 1 的附近等波纹起伏,最大值为 1,最小值为 $\frac{1}{1+\varepsilon^2}$;$|x| > 1$,也就是 $\Omega > \Omega_c$ 时,随着 Ω/Ω_c 的增大,$|H_a(j\Omega)|^2$ 迅速单调地趋近于零。由图 5-17(a) 可知,N 为偶数时,$|H_a(j\Omega)|^2$ 在 $\Omega = 0$ 处取最小值 $\frac{1}{1+\varepsilon^2}$;$N$ 为奇数时,$|H_a(j\Omega)|^2$ 在 $\Omega = 0$ 处取最大值 1。

由式(5-2-5)的幅度平方函数看出,切比雪夫滤波器有三个参数:ε,Ω_c 和 N。Ω_c 是通带宽度,一般是预先给定的。ε 是与通带波纹 δ 有关的一个参数,通带波纹可表示为

$$\delta = 10 \lg \frac{|H_a(j\Omega)|_{max}^2}{|H_a(j\Omega)|_{min}^2} = 20 \lg \frac{|H_a(j\Omega)|_{max}}{|H_a(j\Omega)|_{min}} (\text{dB})$$

式中,$|H_a(j\Omega)| = 1$,表示通带幅度响应的最大值。

$$|H_a(j\Omega)|_{min} = \frac{1}{\sqrt{1+\varepsilon^2}}$$

表示通带幅度响应的最小值,故

$$\delta = 10 \lg(1 + \varepsilon^2)$$

因而
$$\varepsilon^2 = 10^{\frac{\delta}{10}} - 1。$$

可以看出,给定通带波纹值 δ(dB)后,就能求得 ε^2。这里应注意,通带衰减值不一定是 3 dB,也可以是其他值,如 0.1 dB 等。

滤波器阶数 N 等于通带内最大值和最小值的总数。前面已提到,N 为奇数时,$\Omega = 0$ 处为最大值;N 为偶数时,$N = 0$ 处为最小值(见图 5-17)。N 的数值可由阻带衰减来确定。设阻带起始点频率为 Ω_s,此时阻带幅度平方函数值满足

$$H(\Omega_s) = |H_a(j\Omega_s)|^2 \leqslant \frac{1}{A^2}$$

式中,A 是常数(见图 5-18)。

$$H^2(\Omega_s) = \frac{1}{1 + \varepsilon^2 T_N^2\left(\frac{\Omega_s}{\Omega_c}\right)} \leqslant \frac{1}{A^2} \tag{5-3-7}$$

由于 $\frac{\Omega_s}{\Omega_c} > 1$,所以由式(5-3-6)中第二项得

$$T_N\left(\frac{\Omega_s}{\Omega_c}\right) = \cosh\left[N\mathrm{arccosh}\left(\frac{\Omega_s}{\Omega_c}\right)\right]$$

再将式(5-3-7)代入上式,可得

$$T_N\left(\frac{\Omega_s}{\Omega_c}\right) = \cosh\left[N\ \mathrm{arccosh}\left(\frac{\Omega_s}{\Omega_c}\right)\right] \geqslant \frac{1}{\varepsilon}\ \sqrt{A^2-1}$$

由此解得

$$N = \frac{\mathrm{arccosh}\left(\dfrac{1}{\varepsilon}\ \sqrt{A^2-1}\right)}{\mathrm{arccosh}\left(\dfrac{\Omega_s}{\Omega_c}\right)}$$

如果要求阻带边界频率上衰减越大(即 A 越大),也就是过渡带内幅度特性越陡,则所需的阶数 N 越高。

或者对 Ω_s 求解,可得

$$\Omega_s = \Omega_c\cosh\left[\frac{1}{N}\mathrm{arccosh}\left(\frac{1}{\varepsilon}\ \sqrt{A^2-1}\right)\right]$$

式中,Ω_c 为切比雪夫滤波器的通带宽度,但不是 3 dB 带宽。

可以求出 3 dB 带宽为($A=\sqrt{2}$)

$$\Omega_{3\mathrm{dB}} = \Omega_c\cosh\left[\frac{1}{N}\mathrm{arccosh}\left(\frac{1}{\varepsilon}\right)\right]$$

N,Ω_c 和 ε 给定后,就可求得滤波器的 $H_a(s)$,这可查阅有关模拟滤波器的设计手册。

可以证明,切比雪夫 I 型滤波器幅度平方函数的极点[由 $1+\varepsilon^2 T_N^2\left(\frac{s}{\mathrm{j}\Omega_c}\right)=0$ 决定]为

$$s_k = \sigma_k + \mathrm{j}\Omega_k$$

式中,
$$\sigma_k = -\Omega_c a\sin\left[\frac{\pi}{2N}(2k-1)\right], 1\leqslant k\leqslant 2N \tag{5-3-8a}$$

$$\Omega_k = \Omega_c b\cos\left[\frac{\pi}{2N}(2k-1)\right], 1\leqslant k\leqslant 2N \tag{5-3-8b}$$

其中

$$a = \sinh\left[\frac{1}{N}\mathrm{arcsinh}\left(\frac{1}{\varepsilon}\right)\right]$$

$$b = \cosh\left[\frac{1}{N}\mathrm{arcsinh}\left(\frac{1}{\varepsilon}\right)\right]$$

因此,式(5-2-8a)、式(5-2-8b)两式平方之和为

$$\frac{\sigma_k^2}{(\Omega_c a)^2} + \frac{\Omega_k^2}{(\Omega_c b)^2} = 1$$

这是一个椭圆方程。由于双曲余弦总大于双曲正弦,故模拟切比雪夫滤

波器的极点位于 s 平面中长轴为 $\Omega_c b$（在虚轴上）、短轴为 $\Omega_c a$（在实轴上）的椭圆上。图 5-19 所示为 $N=4$ 时的模拟切比雪夫 I 型滤波器的极点位置。

经过简单推导，可以得到确定 a,b 的公式如下

$$a = \frac{1}{2}(\alpha^{\frac{1}{N}} - \alpha^{-\frac{1}{N}}), b = \frac{1}{2}(\alpha^{\frac{1}{N}} + \alpha^{-\frac{1}{N}})$$

式中

$$\alpha = \frac{1}{\varepsilon} + \sqrt{\frac{1}{\varepsilon^2} + 1}$$

求出幅度平方函数的极点后，$H_a(s)$ 的极点就是 s 平面左半平面的极点 s_i，从而得到切比雪夫滤波器的系统函数为

$$H_a(s) = \frac{K}{\prod\limits_{i=1}^{N}(s - s_j)}$$

式中，常数 K 可由 $H^2(s)$ 和 $H_a(s)$ 的低频或高频特性对比求得。

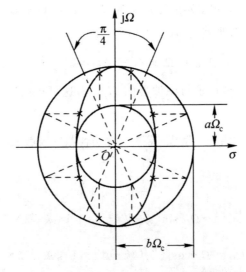

图 5-19　$N=4$ 时的模拟切比雪夫 I 型滤波器的极点位置

图 5-19 中也画出了确定切比雪夫 I 型滤波器极点在椭圆上的位置的办法：求出大圆（半径为 $b\Omega_c$）和小圆（半径为 $a\Omega_c$）上按等间隔角 π/N 均分的各个点，这些点是虚轴对称的，且一定都不落在虚轴上。N 为奇数时，有落在实轴上的极点，N 为偶数时，实轴上则没有极点。幅度平方函数的极点（在椭圆上）位置是这样确定的，其垂直坐标由落在大圆上的各等间隔点规定，其水平坐标由落在小圆上的各等间隔点规定。

5.3.4　椭圆滤波器

椭圆滤波器是由雅可比椭圆函数来决定的,它的幅度平方函数可表示为

$$H^2(\Omega) = |H_a(j\Omega)|^2 = \frac{1}{1 + \varepsilon^2 J_N^2 \left(\dfrac{\Omega}{\Omega_c}\right)}$$

式中,$J_N(x)$ 为 N 阶雅可比椭圆函数。

对椭圆滤波器幅度平方函数和零、极点分布等的分析是相当复杂的,这里仅画出椭圆滤波器幅度平方函数 $H^2(\Omega)$ 的曲线,如图 5-20 所示。

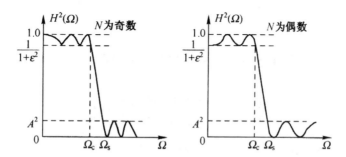

图 5-20　椭圆滤波器的幅度平方函数曲线

与巴特沃思和切比雪夫滤波器相比,对椭圆滤波器的设计,这里仅指出:Ω_c、Ω_s、ε 和 A 已知时,其阶次可由下式决定

$$N = \frac{K(k)K(\sqrt{1 - k_1{}^2})}{K(k_1)K(\sqrt{1 - k^2})}$$

式中

$$k = \frac{\Omega_c}{\Omega_s}, k_1 = \frac{\varepsilon}{\sqrt{A^2 - 1}}$$

并且 $K(x)$ 为第一类椭圆积分

$$K(x) = \int_0^{\frac{\pi}{2}} \frac{d\theta}{\sqrt{1 - x^2 \sin^2\theta}}$$

5.4　用模拟滤波器设计 IIR 数字滤波器

假设模拟低通滤波器系统函数用 $G(s)$ 表示,$s = j\Omega$,归一化频率用 λ 表示,令归一化拉氏复变量 $p = j\lambda$,其归一化低通系统函数用 $G(p)$ 表示。

所需类型(如高通)的系统函数用 $H(s)$ 表示,$s=j\Omega$,归一化频率用 η 表示,令归一化拉氏复变量 $q=j\eta$,$H(q)$ 称为其对应的归一化系统函数。

5.4.1 模拟低通到模拟低通的频率变换[①]

假定通带截止频率为 Ω_p 的低通滤波器为 $G(s)$,希望将其转换成通带截止频率为 Ω'_p 的低通滤波器 $H(s')$。完成这种转换的频率变换记为

$$s = \frac{\Omega_p s'}{\Omega'_p}$$

于是,可得到所求低通滤波器 $H(s')$,转换关系为

$$H(s') = G(s) \big|_{s=\Omega_p s'/\Omega'_p}$$

5.4.2 模拟低通到模拟高通的频率变换

由模拟低通滤波器 $G(s)$ 变换成模拟高通滤波器 $H(s)$(图 5-21),需要把模拟通带从低频区换到高频区,把阻带由高频区换到低频区,见表 5-2。

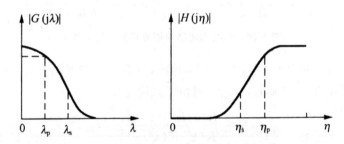

图 5-21　低通与高通滤波器的幅频特性图

表 5-2　归一化模拟低通滤波器和归一化模拟高通滤波器的频率对应关系

λ	0	λ_p	λ_s	$+\infty$
η	$+\infty$	η_p	η_s	0

图 5-21 中 λ_p、λ_s 分别称为模拟低通滤波器的归一化通带截止频率和归一化阻带截止频率,η_p 和 η_s 分别称为模拟高通滤波器的归一化通带截止频率和归一化阻带截止频率。通过 λ 和 η 的对应关系,推导出其模拟频率变换。由于 $|G(p)|$ 和 $|H(p)|$ 都是频率的偶函数,可以把 $|G(p)|$ 右

---

① 陈帅,沈晓波.数字信号处理与 DSP 实现技术[M].北京:人民邮电出版社,2015.

半边幅频特性和$|H(p)|$右半边幅频特性对应起来,低通的λ从$+\infty$经过λ_s和λ_p到 0 时,高通的η从 0 经过η_s和η_p到$+\infty$,因此λ和η的关系为

$$\lambda = \frac{1}{\eta} \tag{5-4-1}$$

式(5-4-1)即归一化模拟低通滤波器到归一化模拟高通滤波器的频率变换公式,由此式可直接实现模拟低通和模拟高通归一化边界频率之间的转换。如果已知模拟低通$G(j\lambda)$,则模拟高通$H(j\lambda)$的系统函数可用下式转换,即

$$H(j\lambda) = G(j\lambda)\big|_{\lambda=\frac{1}{\eta}}$$

由于$p=-1/q$,可得

$$H(q) = G(p)\big|_{p=-1/q} \tag{5-4-2}$$

由于无论模拟低通还是模拟高通滤波器,当它们的单位冲击响应为实函数时,幅频特性具有偶对称性,所以为了方便,一般多采用下面方式进行模拟低通滤波器$G(p)$到模拟高通滤波器$H(q)$的系统函数变换,即

$$H(q) = G(p)\big|_{p=1/q} \tag{5-4-3}$$

采用式(5-4-2)与式(5-4-3)进行高通系统函数的频率变换,变换后得到的两个模拟高通滤波器幅频特性没有差别,只是相频部分其初始相位相差π弧度,故采用式(5-4-3)进行系统变换并不影响最终模拟高通滤波器的幅频特性。

在进行高通滤波器设计时,如果给定模拟高通滤波器技术指标,则必须将高通技术指标通过频率变换转换为归一化模拟低通技术指标,并设计出归一化模拟低通滤波器;然后,再将此归一化模拟低通滤波器通过频率变换转换为归一化模拟高通滤波器;最后,去归一化得到所求模拟高通滤波器。

①通带截止频率Ω_p,阻带截止频率Ω_s,通带最大衰减α_p,阻带最小衰减α_s。

②通带截止频率$\eta_p=\Omega_p/\Omega_c$,阻带截止频率$\eta_s=\Omega_s/\Omega_c$,通带最大衰减α_p,阻带最小衰减α_s。

③按照式(5-4-1),将模拟高通滤波器的边界频率转换成模拟低通滤波器的边界频率,各项设计指标为模拟低通滤波器通带截止频率$\lambda_p=\frac{1}{\eta_p}$;模拟低通滤波器阻带截止频率$\lambda_s=\frac{1}{\eta_s}$;通带最大衰减仍为$\alpha_p$,阻带最小衰减仍为$\alpha_s$。

④设计归一化模拟低通滤波器 $G(p)$。

⑤转化为模拟高通滤波器 $H(s)$：将 $G(p)$ 按照式(5-4-3)进行频率变换，转换成归一化模拟高通滤波器 $H(s)$；再将 $q=s/\Omega_c$ 代入 $H(q)$ 去归一化，得到模拟高通滤波 $H(s)$，即

$$H(q) = G(p)\big|_{p=1/q}$$
$$H(s) = H(q)\big|_{q=s/\Omega_c}$$

转换关系或者综合为如下关系式，即

$$H(s) = G(p)\big|_{p=\Omega_c/s}$$

由于最终设计的是数字滤波器，因此在完成上面模拟滤波器设计的基础上，需要考虑将模拟高通滤波器转换为数字高通滤波器。高通数字滤波器的设计流程如图 5-22 所示，在图 5-22 中，由于设计数字高通滤波器，无法采用脉冲响应不变方法，所以映射方法只能选择双线性变换法。图中设计模拟滤波器时采用的归一化与去归一化中的参考频率与设计模拟低通滤波器时所选逼近模型有关，逼近模型（巴特沃斯或切比雪夫低通模型）不同则参考频率也不同。

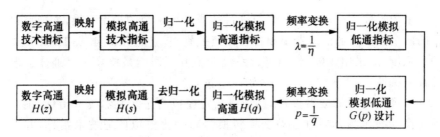

图 5-22　数字高通滤波器的设计流程

5.4.3　模拟低通到模拟带通的频率变换

归一化模拟低通与归一化模拟带通滤波器的幅频特性如图 5-23 所示。图 5-23 中 Ω_{ph}、Ω_{pl} 和 Ω_{sl}、Ω_{sh} 分别称为模拟带通滤波器的通带上、下截止频率和阻带下、上截止频率；模拟带通滤波器一般用通带中心频率 Ω_0（$\Omega_0^2 = \Omega_{ph}\Omega_{pl}$）和通带带宽 $B=\Omega_{ph}-\Omega_{pl}$ 两个参数来表征。B 通常作为归一化的参考频率，于是归一化截止频率计算如下：

$$\Omega_{pl} = \frac{\Omega_{pl}}{B},\Omega_{ph} = \frac{\Omega_{ph}}{B},\eta_{sl} = \frac{\Omega_{sl}}{B},\eta_{sh} = \frac{\Omega_{sh}}{B},\eta_0^2 = \eta_{ph}\eta_{pl} = \frac{\Omega_0^2}{B^2}$$

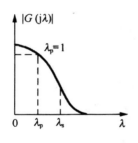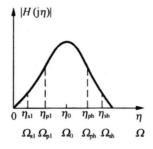

图 5-23　低通与带通滤波器的幅频特性

现在将图 5-23 中归一化低通与带通的幅频特性对应起来,如表 5-3 所示。

表 5-3　归一化模拟低通滤波器与归一化模拟带通滤波器频率对应关系

λ	$-\infty$	$-\lambda_s$	$-\lambda_p$	0	λ_p	λ_s	$+\infty$
η	0	η_{s1}	η_{p1}	η_0	η_{ph}	η_{sh}	$+\infty$

归一化模拟带通滤波器到归一化模拟低通滤波器的频率变换公式为

$$\lambda = \frac{\eta^2 - \eta_0^2}{\eta} \tag{5-4-4}$$

根据式(5-4-4)的映射关系,频率 $\lambda=0$ 映射为频率 $\eta=\pm\eta_0$;频率 $\lambda=\lambda_p$ 映射为频率 η_{ph} 和 $-\eta_{p1}$,频率 $\lambda=-\lambda_p$ 映射为频率 $-\eta_{ph}$ 和 η_{p1}。也就是说,将归一化模拟低通滤波器 $G(p)$ 的通带 $[-\lambda_p,\lambda_p]$ 映射为归一化模拟带通滤波器的通带 $[\eta_{ph}$ 和 $-\eta_{p1}]$ 和 $[\eta_{p1}$ 和 $-\eta_{ph}]$。同样道理,频率 $\lambda=\lambda_s$ 映射为频率 η_{sh} 和 $-\eta_{s1}$,频率 $\lambda=-\lambda_s$ 映射为频率 $-\eta_{sh}$ 和 η_{s1}。如果将 λ_p、η_{ph} 和 $\eta_0^2=\eta_{ph}\eta_{p1}$ 代入式(5-4-4)中,则有

$$\lambda_p = \frac{\eta_{ph}^2 - \eta_0^2}{\eta_{ph}} = \eta_{ph} - \eta_{p1} = 1$$

通过式(5-4-4)可以在给定模拟带通滤波器技术指标的情况下,通过频率变换将指标映射到模拟低通滤波器上,将设计带通问题转换为设计低通滤波器问题,通过前面介绍的方法设计归一化模拟低通滤波器,最后将设计出的低通滤波器再映射为带通滤波器,这样就可以借助于模拟低通滤波器的设计实现模拟带通滤波器的设计了。为了完成模拟低通到模拟带通的频率映射,需要推导由归一化低通到归一化带通滤波器的频率变换公式,下面进行公式推导。

对归一化低通滤波器而言,有

$$p = j\lambda$$

将式(5-4-4)代入上式,得到

$$p = \mathrm{j}\frac{\eta^2 - \eta_0^2}{\eta}$$

将 $q = \mathrm{j}\eta$ 代入上式,得到

$$p = \frac{q^2 + \eta_0^2}{q}$$

用 B 实现去归一化,即 $q = s/B$,$\eta_0^2 = \Omega_0^2/B^2$,将 q 和 η_0^2 代入上式,得到

$$p = \frac{s^2 + \Omega_0^2}{Bs}$$

因此

$$H(s) = G(p)\Big|_{p = \frac{s^2 + \Omega_0^2}{Bs}} \tag{5-4-5}$$

式(5-4-5)就是由归一化模拟低通直接转换成模拟带通的计算公式。从式中看出,由于 p 是复频率 s 的二次函数,若低通滤波器 $G(p)$ 为 N 阶,那么设计出的带通滤波器 $H(s)$ 便为 $2N$ 阶。

①确定模拟带通滤波器的带通上截止频率 Ω_{ph}、带通下截止频率 Ω_{pl}、阻带上截止频率 Ω_{sh}、阻带下截止频率 Ω_{sl}、通带中心频率 $\Omega_0^2 = \Omega_{pl}\Omega_{ph}$、通带宽度 $B = \Omega_{ph} - \Omega_{pl}$、通带最大衰减 α_p 及阻带最小衰减 α_s 等指标。

②确定归一化模拟带通滤波器的 $\eta_{pl} = \dfrac{\Omega_{pl}}{B}$,$\eta_{ph} = \dfrac{\Omega_{ph}}{B}$,$\eta_{sl} = \dfrac{\Omega_{sl}}{B}$,$\eta_{sh} = \dfrac{\Omega_{sh}}{B}$,$\eta_0^2 = \eta_{ph}\eta_{pl} = \dfrac{\Omega_0^2}{B^2}$ 等指标。

通带最大衰减 α_p,阻带最小衰减 α_s。

③确定归一化模拟低通滤波器的技术指标,即

$$\lambda_p = 1, \quad \lambda_{s1} = \frac{\eta_{sh}^2 - \eta_0^2}{\eta_{sh}}, \quad -\lambda_{s2} = \frac{\eta_{s1}^2 - \eta_0^2}{\eta_{s1}}$$

按上式计算的 λ_{s1} 与 $-\lambda_{s2}$ 的绝对值可能不相等,因此,一般取绝对值小的作为 λ_s,即 $\lambda_s = \min\{|\lambda_{s1}|, |\lambda_{s2}|\}$,这样保证阻带满足技术指标要求。通带最大衰减仍为 α_p,阻带最小衰减亦为 α_s。

④设计归一化模拟低通滤波器 $G(p)$。

⑤由式(5-4-5)直接将 $G(p)$ 转换成带通 $H(s)$。

由于最终设计的是数字滤波器,因此在完成上面模拟滤波器设计的基础上,还需要考虑将模拟带通滤波器转换为数字带通滤波器。数字带通滤波器的设计流程如图 5-24 所示,其中,需要确定技术指标的映射关系及由模拟带通滤波器到数字带通滤波器的映射关系,由于设计的是数字带通滤波器,其映射方法可以采用脉冲响应不变法,也可以采用双线性变换法。

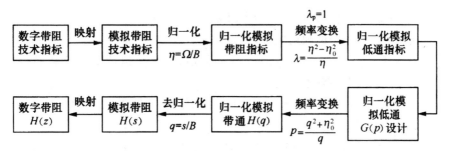

图 5-24　数字带通滤波器设计流程

5.4.4　模拟低通到模拟带阻的频率变换

归一化模拟低通与归一化模拟带阻滤波器的幅频特性如图 5-25 所示。图 5-25 中，Ω_{p1} 和 Ω_{ph} 分别是通带下截止频率和通带上截止频率，Ω_{s1} 和 Ω_{sh} 分别为阻带的下截止频率和上截止频率，Ω_0 为阻带中心频率，$\Omega_0^2 = \Omega_{ph}\Omega_{p1} = \Omega_{sh}\Omega_{s1}$，阻带带宽 $B = \Omega_{ph} - \Omega_{p1}$，为归一化参考频率。归一化边界频率计算如下

$$\eta_{p1} = \frac{\Omega_{p1}}{B}, \eta_{ph} = \frac{\Omega_{ph}}{B}, \eta_{s1} = \frac{\Omega_{s1}}{B}, \eta_{sh} = \frac{\Omega_{sh}}{B}, \eta_0^2 = \eta_{ph}\eta_{p1} = \frac{\Omega_0^2}{B^2}$$

现在将图 5-4-5 中归一化模拟低通与模拟带阻的幅频特性对应起来，如表 5-4-3 所示。

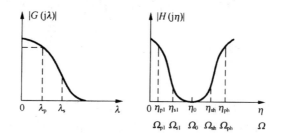

图 5-25　低通与带阻滤波器的幅频特性

表 5-4　　归一化模拟低通滤波器与归一化模拟带阻滤波器频率对应关系

λ	$-\infty$	$-\lambda_s$	$-\lambda_p$	0	λ_p	λ_s	$+\infty$
η	0	η_{p1}	η_{s1}	$+\infty$	η_{sh}	η_{ph}	η_0

归一化模拟带阻滤波器到归一化模拟低通滤波器的频率变换公式为

$$\lambda = \frac{\eta}{\eta^2 - \eta_0^2} \tag{5-4-6}$$

由于 $\eta_{ph}-\eta_{pl}=1$，代入式(5-4-6)可得 $\lambda_p=1$。

根据式(5-4-6)的映射关系，当频率 λ 从 $-\infty \rightarrow -\lambda_s \rightarrow -\lambda_p \rightarrow 0_-$ 时：

①η 从 $-\eta_0 \rightarrow -\eta_{sh} \rightarrow -\eta_{ph} \rightarrow -\infty$，形成归一化模拟带阻滤波器 $H(j\eta)$ 在 $(-\infty,-\eta_0]$ 上的频率响应。

②η 从 $\eta_0 \rightarrow \eta_{s1} \rightarrow \eta_{p1} \rightarrow 0_-$，形成归一化模拟带阻滤波器 $H(j\eta)$ 在 $[0_+,\eta_0]$ 上的频率响应。

当频率 λ 从 $0_+ \rightarrow \lambda_p \rightarrow \lambda_s \rightarrow +\infty$ 时：①η 从 $0_- \rightarrow -\eta_{p1} \rightarrow -\eta_{s1} \rightarrow -\eta_0$，形成归一化模拟带阻滤波器 $H(j\eta)$ 在 $[-\eta_0,0_-]$ 上的频率响应；②从 η 从 $+\infty \rightarrow \eta_{ph} \rightarrow -\eta_{sh} \rightarrow -\eta_0$，形成归一化模拟带阻滤波器 $H(j\eta)$ 在 $[\eta_0,+\infty)$ 上的频率响应。

为了完成模拟低通到模拟带阻的频率映射，需要推导由归一化模拟低通到归一化模拟带阻滤波器的频率变换公式，下面进行公式推导。

归一化低通滤波器有

$$p=j\lambda$$

将式(5-4-6)代入上式，得到

$$p=j\frac{\eta}{\eta^2-\eta_0^2}$$

将 $q=j\eta$ 代入上式，得到

$$p=\frac{-q}{q^2+\eta_0^2} \tag{5-4-7}$$

由于无论低通还是带阻滤波器，它们幅频特性都具有偶对称性，所以为了方便，一般多采用下面方式进行归一化模拟低通 $G(p)$ 到归一化模拟带阻 $H(q)$ 的系统函数的变换，即

$$p=\frac{q}{q^2+\eta_0^2} \tag{5-4-8}$$

采用式(5-4-6)与式(5-4-7)进行归一化模拟低通滤波器 $G(p)$ 到模拟带阻滤波器 $H(s)$ 的频率变换，采用两式进行频率变换后得到的模拟带阻滤波器幅频特性没有差别，只是相频部分其初始相位相差 π 弧度，故采用式(5-4-7)进行系统变换并不影响最终滤波器的幅频特性。为了去归一化处理，将 $q=s/B$，$\eta_0^2=\Omega_0^2/B^2$ 代入式(5-4-8)，得到

$$\eta_0^2=\frac{sB}{s^2+\Omega_0^2}=\frac{s(\Omega_{ph}-\Omega_{p1})}{s^2+\Omega_{ph}\Omega_{p1}} \tag{5-4-9}$$

式(5-4-9)就是直接由归一化模拟低通滤波器转换成模拟带阻滤波器的频率变换公式，即

$$H(s)=G(p)\Big|_{p=\frac{sB}{s^2+\Omega_0^2}} \tag{5-4-10}$$

设计带阻滤波器的步骤如下：

①确定模拟带阻滤波器的通带下截止频率 Ω_{ph}，通带上截止频率 Ω_{pl}，阻带下截止频率 Ω_{sl}，阻带上截止频率 Ω_{sh}，阻带中心频率 $\Omega_0^2 = \Omega_{\text{ph}}\Omega_{\text{pl}}$，阻带宽度 $B = \Omega_{\text{ph}} - \Omega_{\text{pl}}$ 等技术指标。它们相应的归一化截止频率为

$$\eta_{\text{ph}} = \Omega_{\text{ph}}/B, \eta_{\text{pl}} = \Omega_{\text{pl}}/B, \eta_{\text{sl}} = \Omega_{\text{sl}}/B, \eta_{\text{sh}} = \Omega_{\text{sh}}/B,$$
$$\eta_0^2 = \eta_{\text{ph}}\eta_{\text{pl}} = \Omega_0^2/B^2 \tag{5-4-11}$$

及通带最大衰减 η 和阻带最小衰减 α_s。

②确定归一化模拟低通滤波器技术指标，即

$$\lambda_{\text{p}} = 1, \lambda_{\text{sl}} = \frac{\eta_{\text{sl}}}{\eta_{\text{sl}}^2 - \eta_0^2}, -\lambda_{\text{s2}} = \frac{\eta_{\text{sh}}}{\eta_{\text{sl}}^2 - \eta_0^2} \tag{5-4-12}$$

按式(5-4-12)计算得到的 λ_{sl} 与 $-\lambda_{\text{s2}}$ 的绝对值可能不相等，一般取绝对最小的作为 λ_s，即 $\lambda_s = \min\{|\lambda_{\text{sl}}|, |\lambda_{\text{s2}}|\}$ 这样保证 λ_s 阻带满足技术指标要求。通带最大衰减为 α_{p}，阻带最小衰减为 α_s。

③设计归一化模拟低通滤波器 $G(p)$。

④按照式(5-4-11)可得

$$H(s) = G(p)\big|_{p = \frac{sB}{s^2 + \Omega_0^2}}$$

直接将归一化模拟低通滤波器 $G(p)$ 转换成模拟带阻滤波器 $H(s)$。

数字带阻滤波器的设计流程如图 5-26 所示。数字带阻滤波器的设计在数字域到模拟域频率的映射，以及最后从模拟带阻滤波器到数字带阻滤波器的映射，由于含有高通部分，故其映射方法采用双线性变换法比较合适，而不宜采用脉冲响应不变法。

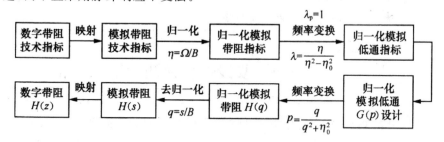

图 5-26　数字带阻滤波器设计流程

5.4.5　模拟域频率变换的 MATLAB 实现[①]

MATLAB 信号处理工具箱提供了从归一化模拟低通滤波器到模拟低

---

① 卢光跃,黄庆东,包志强.数字信号处理及应用[M].北京：人民邮电出版社,2012.

通、高通、带通和带阻滤波器的变换函数。这些函数包括 lp2lp、lp2hp、lp2bp 和 lp2bs,它们分别对应于模拟域的低通到低通、低通到高通、低通到带通和低通到带阻四种频率变换。调用格式分别如下。

$$[numT, denT] = lp2lp(num, den, Omega)$$

其中,num 和 numT 分别表示转换前后两系统函数的分子系数,den 和 denT 分别表示转换前后两系统函数的分母系数,它们在以下函数中具有相同的含义。

lp2lp 函数可将截止频率为 1 rad/s 的模拟低通滤波器原型变换成截止频率为 Omega 的低通滤波器,即实现了归一化模拟低通滤波器到模拟低通滤波器的变换。

$$[numT, denT] = lp2hp(hum, den, Omega)$$

lp2hp 函数可将截止频率为 1 rad/s 的模拟低通滤波器原型变换成截止频率为 Omega 的模拟高通滤波器,即实现了归一化模拟低通原型到模拟高通滤波器的变换。

$$[numT, denT] = lp2bp(num, den, Omega, B)$$

lp2bp 函数可将截止频率为 1 rad/s 的模拟低通滤波器原型变换成具有指定带宽 B、中心频率为 Omega 的模拟带通滤波器,即实现了归一化模拟低通原型到模拟带通滤波器的变换。

$$[numT, denT] = lp2bs(num, den, Omega, B)$$

lp2bs 函数可将截止频率为 1 rad/s 的模拟低通滤波器原型变换成具有指定带宽 B、中心频率为 Omega 的模拟带阻滤波器,即实现了归一化模拟低通原型到模拟带阻滤波器的变换。

5.5 双线性变换法

前述冲激响应不变法,由于从 S 平面到 Z 平面的变换式 $z = e^{s_i T}$ 的多值对应,导致数字滤波器的频率响应出现混叠现象。为了克服多值对应,本节讨论双线性变换法,它是通过两次映射来实现的。

双线性变换法是从模拟滤波器到数字滤波器的一种变换方法,在工程实践中应用较为广泛,具有直接且简单的计算公式,无频谱混叠失真等优点。

5.5.1 映射过程

第一次映射:通过下式的正切映射将 s 平面内虚轴 $j\Omega(-\infty \leqslant \Omega \leqslant \infty)$

压缩到 s_1 平面内虚轴 $\mathrm{j}\Omega_1$ 的一段 $\left(-\dfrac{\pi}{T}\leqslant\Omega_1\leqslant\dfrac{\pi}{T}\right)$。

$$\mathrm{j}\frac{T}{2}\Omega=\mathrm{jtan}\left(\frac{T}{2}\Omega_1\right)=\mathrm{j}\frac{\frac{1}{2\mathrm{j}}(\mathrm{e}^{\mathrm{j}\frac{T}{2}\Omega_1}-\mathrm{e}^{-\mathrm{j}\frac{T}{2}\Omega_1})}{\frac{1}{2\mathrm{j}}(\mathrm{e}^{\mathrm{j}\frac{T}{2}\Omega_1}+\mathrm{e}^{-\mathrm{j}\frac{T}{2}\Omega_1})}=\frac{1-\mathrm{e}^{\mathrm{j}T\Omega_1}}{1+\mathrm{e}^{-\mathrm{j}T\Omega_1}}$$

将该关系扩展到整个 s 平面,即 $\mathrm{j}\Omega\rightarrow s$,$\mathrm{j}\Omega_1\rightarrow s_1$,则有映射关系

$$s=\frac{2}{T}\frac{(1-\mathrm{e}^{-s_1T})}{(1+\mathrm{e}^{-s_1T})}$$

利用上述映射关系,则可以将整个 s 平面压缩到 s_1 平面 $-\dfrac{\pi}{T}\leqslant Q\leqslant\dfrac{\pi}{T}$ 的带状区域。

第二次映射:利用 $z=\mathrm{e}^{s_1T}$,将 s_1 平面中的带状区域映射到整个 z 平面,最终带状区左半部分映射到单位圆内,右半部分映射到单位圆外,是一对一的映射。s 平面与 z 平面的单值映射关系为

$$s=\frac{2}{T}\frac{1-z^{-1}}{1+z^{-1}}$$

上式表示两个线性函数之比,也称为线性分式变换。上述映射关系式也可写为

$$z=\frac{\frac{2}{T}+s}{\frac{2}{T}-s} \tag{5-5-1}$$

可见上式也是线性分式变换,即 s 平面和 z 平面的变换是双向的,所以称为双线性变换。

令 $z=r\mathrm{e}^{\mathrm{j}\omega}$,$s=\sigma+\mathrm{j}\Omega$,将其代入(5-5-1),则有

$$r\mathrm{e}^{\mathrm{j}\omega}=\frac{\frac{2}{T}+\sigma+\mathrm{j}\Omega}{\frac{2}{T}-\sigma-\mathrm{j}\Omega}$$

即

$$|z|=\frac{\sqrt{\left(\frac{2}{T}+\sigma\right)^2+\Omega^2}}{\sqrt{\left(\frac{2}{T}-\sigma\right)^2-\Omega^2}} \tag{5-5-2}$$

通过式(5-5-2)可见:当 $\sigma<0$ 时,$|z|<1$,即 s 左半平面映射到 z 平面的单位圆内;当 $\sigma>0$ 时,$|z|>1$,即 s 右半平面映射到 z 平面的单位圆外;当 $\sigma=0$ 时,$|z|=1$,即 s 平面虚轴映射到 z 平面的单位圆上。所以,若 $H_a(s)$ 因果稳定,则 $H(z)$ 也一定是因果稳定的,如图 5-27 所示。

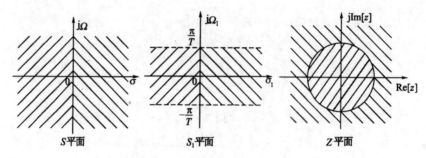

图 5-27　双线性变换的映射关系（S 和 Z 小写）

5.5.2　频率响应之间的关系

同样，我们在得到模拟滤波器和数字滤波器系统函数之间的关系后，讨论它们的频率响应之间的关系。

令 $z = re^{j\omega}$，$s = j\Omega$，并代入式（5-5-1），可得

$$e^{j\omega} = \frac{\dfrac{2}{T} + j\Omega}{\dfrac{2}{T} - j\Omega}$$

即

$$\Omega = \frac{2}{T}\frac{j(1 - e^{j\omega})}{(1 + e^{j\omega})} = \frac{2}{T}\frac{\sin\dfrac{\omega}{2}}{\cos\dfrac{\omega}{2}} = \frac{2}{T}\tan\frac{\omega}{2}$$

关系曲线如图 5-28 所示。

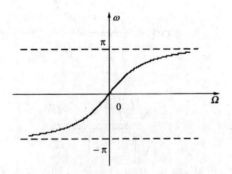

图 5-28　双线性变换的频率关系

从图 5-28 可见，模拟滤波器与数字滤波器频率之间有如下关系。

(1)ω 与 Ω 为非线性关系,但在原点($\omega=0$)附近有一段近似线性关系,T 值越小,即采样频率 f_s 越大,线性范围越大。

(2)模拟频率 $\Omega(-\infty\leqslant\Omega\leqslant\infty)$ 被压缩至数字频率 $\omega(-\pi\leqslant\omega\leqslant\pi)$,所以没有频谱的混叠。

(3)频率响应之间可以直接代换,即 $H(\mathrm{e}^{\mathrm{j}\omega})=H_a(\mathrm{j}\Omega)\big|_{\Omega=\frac{2}{T}\tan\frac{\omega}{2}}$。

5.5.3　由 $H_a(s)$ 求 $H(z)$

由于 s 和 z 之间存在简单的代数关系,所以在设计好模拟滤波器的系统函数 $H_a(s)$ 之后,就可直接用变量代换来得到数字滤波器的系统函数 $H(z)$,即

$$H(z)=H_a(s)\big|_{s=\frac{2(1-z^{-1})}{T(1+z^{-1})}}$$

5.5.4　预畸变[①]

从上述分析过程看到,利用双线性变换方法映射时,s 平面到 z 平面的映射为单值映射,所以由 $H_a(s)$ 求 $H(z)$ 可以直接代换,且不存在频谱混叠失真现象。但由于模拟频率和数字频率之间存在非线性关系,导致频率响应形状有变化,相位特性有失真。

频率点的畸变可以通过预畸变来加以校正,即根据数字滤波器的性能指标 $\{\omega_k\}$ 对模拟滤波器的性能指标 $\{\Omega_k\}$ 进行预畸变:

$$\Omega=\frac{2}{T}\tan\frac{\omega}{2}$$

再由 $\{\Omega_k\}$ 设计 $H_a(s)$ 即可。

5.6　脉冲响应不变法

脉冲响应不变法就是使数字滤波器的单位冲激响应 $h(n)$ 等于模拟滤波器的单位脉冲响应 $h_a(t)$ 的采样值,即

$$h(n)=h_a(t)\big|_{t=nT}$$

如果已知模拟滤波器的系统函数为 $H_a(s)$,其单位脉冲响应为

$$h_a(t)=L^{-1}\big[H_a(s)\big]$$

---

① 季秀霞.数字信号处理[M].北京:国防工业出版社,2013.

数字滤波器的系统函数 $H(z)$ 和模拟滤波器的系统函数 $H_a(s)$ 之间的关系为

$$H(z) = Z[h(n)] = Z[h_a(t)|_{t=nT}] = Z\{L^{-1}[H_a(s)]|_{t=nT}\}$$

5.6.1 映射过程[①]

下面分析脉冲响应不变法的映射过程。

假如已设计出满足性能指标的模拟滤波器 $H_a(s)$，其单位冲激响应为 $h_a(t)$，记 $\hat{H}_a(t)$ 为 $h_a(t)$ 的采样，即

$$\hat{H}_a(t) = h_a(t) \sum_{n=-\infty}^{\infty} \delta(t-nT)$$

根据拉普拉斯变换（定义、性质），可得

$$\hat{H}_a(s) = \frac{1}{T} \sum_{n=-\infty}^{\infty} H_a\left(s + j\frac{2\pi}{T}n\right) \tag{5-6-1}$$

因为

$$\hat{H}_a(s) = \int_{-\infty}^{\infty} \hat{H}_a(t) e^{-st} dt = \int_{-\infty}^{\infty} h_a(t) \sum_{n=-\infty}^{\infty} \delta(t-nT) e^{-st} dt$$

$$= \sum_{n=-\infty}^{\infty} \int_{-\infty}^{\infty} h_a(t) \delta(t-nT) e^{-st} dt = \sum_{n=-\infty}^{\infty} h_a(nT) e^{-nst} = \sum_{n=-\infty}^{\infty} h(n) e^{-nst}$$

且

$$H(z) = \sum_{n=-\infty}^{\infty} h(n) z^{-n} \tag{5-6-2}$$

比较式(5-6-1)和式(5-6-2)，可得

$$\hat{H}_a(s) = H(z)|_{z=e^{sT}}$$

即 s 平面与 z 平面之间的映射变换为 $z = e^{sT}$。记 $z = re^{j\omega}$，$s = \sigma + j\Omega$，则有

$$z = re^{j\omega} = e^{sT} = e^{(\sigma+j\Omega)}, r = e^{\sigma T}, \omega = \Omega T, |z| = e^{\sigma T}$$

因此，当 $\sigma < 0$ 时，左半面上的点映射到 z 平面时，必有 $|z| < 1$，所以这些点一定映射到 z 平面的单位圆内。当 $\sigma = 0$，相当于 $s = j\Omega$(s 平面上的虚轴)，将对应于 z 平面的单位圆，且 $j\Omega$ 轴上每一段长为 $2\pi/T$ 的线段都反复地映射为单位圆的一周。当 $\sigma > 0$ 时，s 右半面上的点映射到 z 平面时，必有 $|z| > 1$，所以这些点一定映射到 z 平面的单位圆外，如图 5-29 所示。

当模拟滤波器系统函数 $H_a(s)$，经 $z = e^{sT}$ 关系映射成数字滤波器系统函数 $H(z)$ 时，s 平面中的每一条 $2\pi/T$ 的水平带状区域，都重叠地映射到同一个 z 平面上，即 s 平面中的每一个带状区域的左半部分映射到 z 平面的

① 杨育霞，许珉，廖晓辉.信号分析与处理[M].北京：中国电力出版社，2007.

单位圆内,右半部分都映射到单位圆外,虚轴上每一段长为 $2\pi/T$ 的线段都映射为单位圆一周。因为能保证将 s 平面的左半平面映射到 z 平面的单位圆内,所以可以保证系统的稳定性和因果性。又因为可以将 s 平面的虚轴映射为 z 平面的单位圆,所以可以保持频率响应的形状不变。

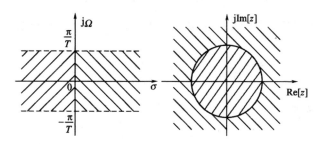

图 5-29　拉氏变换的 s 平面与 z 平面的映射关系

5.6.2　频率响应关系

由于 $z=\mathrm{e}^{sT}$ 所确定的映射关系是多对一的映射,因此冲激响应不变法所得到的数字滤波器的频率响应,不是简单地重现模拟滤波器的频率响应。下面讨论模拟滤波器 $h_a(t)$ 的频率响应和数字滤波器 $h(n)$ 的频率响应之间的关系,即考察 $h_a(t)$ 的傅里叶变换 $H_a(\mathrm{j}\Omega)$ 和 $h(n)$ 的傅里叶变换 $H(\mathrm{e}^{\mathrm{j}\omega})$ 之间的关系。

由于 $h(n)=h_a(t)\big|_{t=nT}$,则有 $H(\mathrm{e}^{\mathrm{j}\omega})=\dfrac{1}{T}\displaystyle\sum_{r=-\infty}^{\infty}H_a\left(\mathrm{j}\dfrac{\omega}{T}+\mathrm{j}\dfrac{2\pi}{T}r\right)$,即

$H(\mathrm{e}^{\mathrm{j}\omega})$ 是 $H_a(\mathrm{j}\Omega)$ 的周期延拓,延拓周期为 $\Omega_{\mathrm{s}}=\dfrac{2\pi}{T}$,如图 5-30 所示。

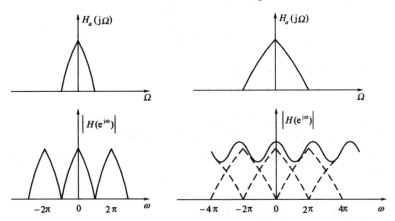

图 5-30　冲激响应不变法幅频特性的周期延拓

根据前面章节有关信号时域采样的讨论知道。

(1)$H(e^{j\omega})$是$H_a(j\Omega)$的周期延拓,而$H_a(j\Omega)$是物理可实现的,必然存在混叠。

(2)当$H_a(j\Omega)$在$\Omega=\dfrac{\Omega_s}{2}$等时衰减足够大时,有$H(e^{j\omega})=\dfrac{1}{T}H_a(j\dfrac{\omega}{T})$。

(3)由于混叠失真,所以冲激响应不变法只适用于设计低通和带通滤波器。

(4)频率之间为线性关系$\omega=\Omega T$,故频率响应形状基本不变。

5.6.3　修正

利用冲激响应不变法设计IIR数字滤波器时,为了减小频谱的混叠失真,通常需要$H_a(j\Omega)$在$\Omega=\dfrac{\Omega_s}{2}$处的衰减足够大,一般采取的措施是取较高的采样频率$f_s$。由于$H(e^{j\omega})=\dfrac{1}{T}H_a\left(j\dfrac{\omega}{T}\right)$,所以当$f_s=\dfrac{1}{T}$很大时,导致所设计的数字滤波器的频谱增益过大,因此通常做如下:修正$h(n)=Th_a(t)\big|_{t=nT}$,则所设计的数字滤波器的频率响应为$H(e^{j\omega})\approx H_a\left(j\dfrac{\omega}{T}\right)$,满足设计的要求。

5.6.4　由$H(s)$求$H(z)$

通过上述分析,推出从$H_a(s)$求解$H(z)$的过程如下:

(1)先求出模拟滤波器的冲激响应:$h_a(t)=L^{-1}[H_a(s)]$。

(2)对模拟滤波器的冲激响应采样:$\hat{H}_a(t)=h_a(t)\displaystyle\sum_{n=-\infty}^{\infty}\delta(t-nT)$。

(3)对采样得到的冲激响应修正,作为数字滤波器的冲激响应:$h_a(t)=T\hat{H}_a(t)$。

(4)求数字滤波器的系统函数。

需要说明的是:对于巴特沃什、切比雪夫、椭圆滤波器这些常用模拟原型滤波器,N阶模拟滤波器系统函数$H_a(s)$的全部极点均为一阶极点,则有

$$H_a(s)=\sum_{i=1}^{N}\frac{A_i}{s-s_i} \tag{5-6-3}$$

式中,A_i为系数;s_i为一阶极点。

模拟滤波器的冲激响应为

$$h_a(t) = L^{-1}[H_a(s)] = \sum_{i=1}^{N} A_i e^{s_i t} u(t)$$

对模拟滤波器的冲激响应进行采样并修正，得到数字滤波器的冲激响应为

$$h(n) = Th_a(t)\big|_{t=nT} = \sum_{i=1}^{N} TA_i e^{s_i t} u(n)$$

数字滤波器的系统函数为

$$H(z) = Z[h(n)] = \sum_{n=0}^{\infty} \sum_{i=1}^{N} TA_i e^{s_i nT} z^{-n}$$

$$= \sum_{i=1}^{N} \sum_{n=1}^{\infty} TA_i (e^{s_i T} z^{-1})^n = \sum_{i=1}^{N} \frac{TA_i}{1-e^{s_i T} z^{-1}} \qquad (5-6-4)$$

比较式(5-6-3)和式(5-6-4)，可以看出，模拟滤波器系统函数 $H_a(s)$ 与对应数字滤波器的系统函数 $H(z)$ 之间满足关系

$$\frac{A_i}{s - s_i} \to \frac{TA_i}{1-e^{s_i T} z^{-1}}$$

即模拟滤波器 $H_a(s)$ 在 $s = s_i$ 处的极点变换成数字滤波器 $H(z)$ 在 $z = e^{s_i T}$ 处的极点，并且 $H_a(s)$ 部分展开式中的各项系数与 $H(z)$ 部分展开式中的各项系数相同。

第6章　FIR 数字滤波器的设计方法

IIR 数字滤波器主要是针对幅频特性的逼近，相频特性会存在不同程度的非线性，即相位是非线性的。而无失真传输与处理的条件是，在信号的有效频谱范围内系统幅频响应为常数，相频响应为频率的线性函数（具有线性相位）。如果要采用 IIR 数字滤波器实现无失真传输，那么必须用全通网络进行复杂的相位校正。

而相对于 IIR 滤波器，有限长抽样响应（FIR）滤波器的最大优点就是可以实现线性相位滤波。此外，其还具有以下优点。

(1)FIR 滤波器的单位抽样响应是有限长的，因而滤波器一定是稳定的。

(2)总可以用一个因果系统来实现 FIR 滤波器。

(3)可以用 FFT 算法来实现，从而大大提高运算效率。

因此，FIR 滤波器在信号处理领域有着广泛的应用，尤其是在要求线性相位滤波的应用场合。当然，同样的幅频特性，IIR 滤波器所需阶数比 FIR 滤波器的要少得多。

由于 FIR 滤波器与 IIR 滤波器自身的特点不同，其设计方法也不太一样，IIR 滤波器面向极点系统的设计方法不适用于仅包含零点的 FIR 系统。目前，FIR 滤波器的设计方法一般是基于逼近理想滤波器特性的方法，主要有窗函数法、频率抽样法、等波纹逼近法。

6.1　FIR 数字滤波器的实现结构

FIR 数字滤波器的单位脉冲响应是有限长序列。FIR 数字滤波器在一定条件下可以实现理想的线性相位特性。

如果 FIR 滤波器的单位脉冲响应 $h(n)$ 长度为 N，其系统函数为

$$H(z) = \sum_{n=1}^{N} h(n) z^{-n} \qquad (6\text{-}1\text{-}1)$$

式中，$H(z)$ 为 z^{-1} 的 $N-1$ 阶多项式，它在 z 平面上有 $N-1$ 个零点并在原点 $z=0$ 处有 $N-1$ 重极点。故一般来说，$H(z)$ 永远为稳定系统。所以 FIR 滤波器有如下特点。

①单位脉冲响应 $h(n)$ 的非零值个数有限。

②系统函数 $H(z)$ 收敛域为 $|z|>0$，一般在设计过程中不必考虑系统的稳定性问题。

③在一定条件下，可设计具有线性相位特性的系统。

④由于 $h(n)$ 为有限长，故可用 FFT 方法进行系统实现，运算效率高。

⑤一般采用非递归结构，没有输出到输入的反馈，但频率抽样结构含有反馈回路。

FIR 数字滤波器的基本结构有以下几种形式。

6.1.1　直接型(横截型、卷积型)

式(6-1-1)的系统的差分方程也可以用线性卷积表示 FIR 数字滤波器输入与输出的关系，即

$$y(n) = \sum_{m=0}^{N-1} h(m) x(n-m) \qquad (6\text{-}1\text{-}2)$$

根据式(6-1-1)或式(6-1-2)可直接画出图 6-1 所示的 FIR 滤波器的直接型结构。由于该结构利用输入信号和滤波器单位冲激响应的线性卷积来描述输出信号，所以 FIR 滤波器的直接型结构又称为卷积型结构，有时也称为横截型结构或横向滤波器结构。

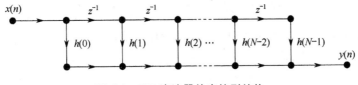

图 6-1　FIR 滤波器的直接型结构

将转置定理应用于图 6-1，得到如图 6-2 所示的转置直接型结构。

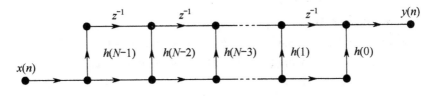

图 6-2　图 6-1 的转置直接型结构

6.1.2 级联型

将系统函数分解成二阶实数系数的乘积形式,即

$$H(z) = \sum_{n=0}^{N-1} h(n) z^{-n} = \prod_{k=1}^{[N/2]} (\beta_{0k} + \beta_{1k} z^{-1} + \beta_{2k} z^{-2}) \qquad (6\text{-}1\text{-}3)$$

式中,$[N/2]$表示 $N/2$ 的整数部分。若为偶数,则为奇数,故系数 β_{2k} 中有一个为零,这是因为,这时有奇数个根,其中复数根成共轭对,必为偶数,必然有奇数个实根。图 6-3 画出了 N 为奇数时 FIR 的级联结构。级联结构中的每一个基本节控制一对零点,所用的系数乘法次数比直接型多,运算时间较直接型长。

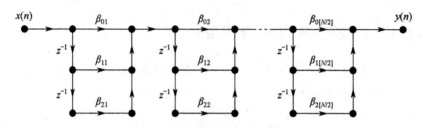

图 6-3　FIR 滤波器的级联型结构

在 MATLAB 中,仍可用函数 tf2sos 和 sos2tf 实现直接型系数与级联型系数之间的相互转换,但要将其中的矢量 A 设置为1。

例 6-1-1　FIR 滤波器直接型到级联型的转换,系统函数为

$$H(z) = 2 + \frac{13}{12} z^{-1} + \frac{5}{4} z^{-2} + \frac{2}{3} z^{-3}$$

解:求解例 6-1 的 MATLAB 实现程序如下。

```
%FIR 直接型到级联型转换
b=[2,13/12,5/4,2/3];
a=1;
fprintf('级联型结构系数');
[sos,g]=tf2sos(b,a)
```

级联型结构系数:

sos=	1.0000	0.5360	0	1.0000	0	0
	1.0000	0.0057	0.6219	1.0000	0	0

g=2

由级联型结构系数写出 $H(z)$ 表达式为

$$H(z) = 2(1 + 0.536z^{-1})(1 + 0.0057z^{-1} + 0.6219z^{-2})$$

级联型结构图如图 6-4 所示。

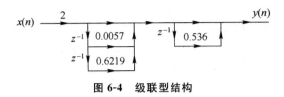

图 6-4　级联型结构

6.1.3　快速卷积型

根据循环卷积和线性卷积的关系可知,只要将两个有限长序列补上一定的零值点,就可以用循环卷积来代替两个序列的线性卷积。由于时域的循环卷积等效到频域则为离散傅里叶变换的乘积,如果

$$x(n) = \begin{cases} x(n), 0 \leqslant n \leqslant N_1 - 1 \\ 0, N_1 \leqslant n \leqslant L - 1 \end{cases}$$

$$h(n) = \begin{cases} h(n), 0 \leqslant n \leqslant N_2 - 1 \\ 0, N_2 \leqslant n \leqslant L - 1 \end{cases}$$

将输入 $x(n)$ 补上 $L - N_1$ 个零值点,将有限长单位冲激响应 $h(n)$ 补上 $L - N_2$ 个零值点,只要满足 $L \geqslant N_1 + N_2 - 1$,则上点的循环卷积就能代表线性卷积。利用循环定理,采用 FFT 实现有限长序列 $x(n)$ 和 $h(n)$ 的线性卷积,则可得到 FIR 滤波器的快速卷积结构,如图 6-5 所示,当 N_1、N_2 很长时,它比直接计算线性卷积要快得多。

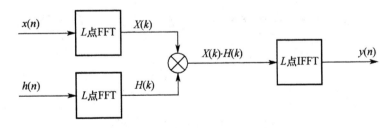

图 6-5　FIR 滤波器的快速卷积结构

6.1.4　频率抽样型

6.1.4.1　理论依据

由频域抽样定理可知,对有限长序列 $h(n)$ 的 z 变换 $H(z)$ 在单位圆上

做 N 点等间隔抽样，N 个频率抽样值的离散傅里叶反变换所对应的时域信号 $h_N(n)$ 是原序列 $h(n)$ 以抽样点数 N 为周期进行周期延拓的结果，当 N 大于原序列 $h(n)$ 的长度 M 时，$h_N(n)=h(n)$，不会发生信号失真，此时 $H(z)$ 可以用频域抽样序列 $H(k)$ 内插得到，内插公式如下：

$$H(z) = (1 - z^{-N}) \frac{1}{N} \sum_{n=0}^{N-1} \frac{H(k)}{1 - W_N^{-k} z^{-1}} \qquad (6\text{-}1\text{-}4)$$

式中

$$H(k) = H(z)\big|_{z=e^{\frac{2\pi}{N}k}}, k = 0, 1, \cdots, N-1 \qquad (6\text{-}1\text{-}5)$$

式(6-1-4)的 $H(z)$ 可以写为

$$H(z) = \frac{1}{N} H_c(z) \sum_{n=0}^{N-1} H'_k(z) \qquad (6\text{-}1\text{-}6)$$

式中

$$H_c(z) = 1 - z^{-N} \qquad (6\text{-}1\text{-}7)$$

$$H'_k(z) = \frac{H(k)}{1 - W_N^{-k} z^{-1}} \qquad (6\text{-}1\text{-}8)$$

6.1.4.2 结构形式及特点

式(6-1-6)所描述的 $H(z)$ 的第一部分 $H_c(z)$ 是一个由 N 阶延时单元组成的梳状滤波器。它在单位圆上有 N 个等间隔的零点

$$z_i = e^{j\frac{2\pi}{N}i} = W_N^{-i}, i = 0, 1, \cdots, N-1 \qquad (6\text{-}1\text{-}9)$$

它的频响是梳齿状的，如图 6-6 所示，所以我们称作梳状滤波器。

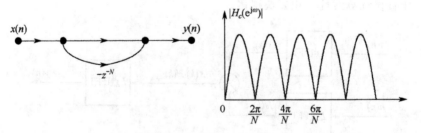

图 6-6　梳状滤波器的结构图及频响

$H(z)$ 的第二部分是由 N 个一阶网络 $H'_k(z)$ 组成的并联结构，每个一阶网络在单位圆上有一个极点

$$z_k = W_N^{-k} = e^{j\frac{2\pi}{N}k}$$

因此，$H(z)$ 的第二部分是一个有 N 个极点的谐振网络。这些极点正好与第一部分梳状滤波器的 N 个零点相抵消，从而使 $H(z)$ 在这些频率上的响应等于 $H(k)$。把这两部分级联起来就可以构成 FIR 滤波器的频率抽样型

结构,如图 6-7 所示。

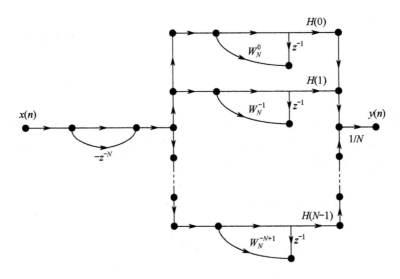

图 6-7　FIR 滤波器的频率抽样型结构

6.1.4.3　频率抽样修正结构

单位圆上的所有零、极点向内收缩到半径为 r 的圆上,这里的 r 稍小于 1,这时的系统 $H(z)$ 可表示为

$$H(z) = (1 - r^N z^{-N}) \frac{1}{N} \sum_{k=0}^{N-1} \frac{H_r(k)}{1 - r W_N^{-k} z^{-1}} \qquad (6-1-10)$$

式中,$H_r(k)$ 是在半径为 r 的圆上对 $H(z)$ 的 N 点进行等间隔抽样之值。由于 $r \approx l$,所以可近似取 $H_r(k) = H(k)$。因此

$$H(z) \approx (1 - r^N z^{-N}) \frac{1}{N} \sum_{k=0}^{N-1} \frac{H(k)}{1 - r W_N^{-k} z^{-1}} \qquad (6-1-11)$$

根据 DFT 的共轭对称性,如果 $h(n)$ 是实数序列,则其离散傅里叶变换 $H(k)$ 关于 $N/2$ 点共轭对称,即

$$H(k) = H^*(N-k), \begin{cases} k = 1, 2, \cdots, \dfrac{N-1}{2}, N \text{ 为奇数} \\ k = 1, 2, \cdots, \dfrac{N}{2} - 1, N \text{ 为偶数} \end{cases} \qquad (6-1-12)$$

又因为 $(W_N^{-k})^* = W_N^{-(N-k)}$,为了得到实数系数,将 $H_k(z)$ 和 $H_{N-k}(z)$ 合并为一个二阶网络,记为

$$H_k(z) \approx \frac{H(k)}{1 - r W_N^{-k} z^{-1}} + \frac{H(N-k)}{1 - r W_N^{-(N-k)} z^{-1}}$$

$$= \frac{H(k)}{1-rW_N^{-k}z^{-1}} + \frac{H^*(k)}{1-r(W_N^{-k})^*z^{-1}}$$

$$= \frac{a_{0k}+a_{1k}z^{-1}}{1-2r\cos(\frac{2\pi}{N}k)z^{-1}+r^2z^2}, \begin{cases} k=1,2,\cdots,\dfrac{N-1}{2}, N \text{ 为奇数} \\ k=1,2,\cdots,\dfrac{N}{2}-1, N \text{ 为偶数} \end{cases}$$

$$(6\text{-}1\text{-}13)$$

式中，$a_{0k}=2\mathrm{Re}[H(k)]$，$a_{1k}=-2\mathrm{Re}[rH(k)W_N^k]$。

该网络是一个谐振频率为 $\omega_k=2\pi k/N$ 有限 Q 值（品质因素）的谐振器，其结构如图 6-8 所示。

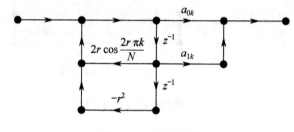

图 6-8　二阶谐振器

除共轭复根外，$H(z)$ 还有实根。当 N 为偶数时，有一对实根 $z=\pm r$，除二阶网络外，尚有两个对应的一阶网络，即

$$H_0(z)=\frac{H(0)}{1-rz^{-1}}, H_{N/2}(z)=\frac{H(N/2)}{1+rz^{-1}}$$

这时的 $H(z)$ 可表示为

$$H(z)=(1-r^Nz^{-N})\frac{1}{N}\Big[H_0(z)+H_{N/2}(z)+\sum_{k=1}^{N/2-1}H(k)\Big]$$

$$(6\text{-}1\text{-}14)$$

其结构如图 6-9 所示。图中 $H_k(z), z=1,2,3,\cdots,\dfrac{N-1}{2}$ 的结构如图 6-8 所示。

当 N 为奇数时，只有一个实根 $z=r$，对应一个一阶网络 $H_0(z)$，这时的 $H(z)$ 为

$$H(z)=(1-r^Nz^{-N})\frac{1}{N}\Big[H_0(z)+\sum_{k=1}^{(N-1)/2}H_k(z)\Big] \qquad (6\text{-}1\text{-}15)$$

显然，N 等于奇数时的频率抽样修正结构由一个一阶网络结构和 $(N-1)/2$ 个二阶网络结构组成。

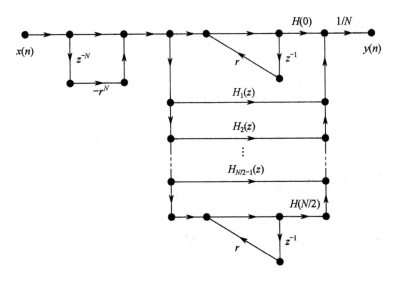

图 6-9　频率抽样修正结构

例 6-1-2　已知 FIR 滤波器的单位抽样响应函数 $h(n) = \{1, 1/9, 2/9, 3/9, 2/9, 1/9\}$，求系统函数 $H(z)$ 的频率抽样型结构。

解：该滤波器为五阶系统，通过调用自编函数 tf2fs 完成结构各系数的计算。

h＝[1,2,3,2,1/9；　　　%系统函数分子多项式系数

[C,B,A]＝tf2fs(h)　　　%调用直接型 FIR 系统的系数直接转换为频率抽样型结构的系数

%直接型 FIR 系统的系数直接转换为频率抽样型结构的系数

function　[C,B,A]＝tf2fs(h)

%c＝各并联部分增益的行向量

%B＝按行排列的分子系数矩阵

%A＝按行排列的分母系数矩阵

%h(n)＝直接型 FIR 系统的系数，不包括 h(0)

N＝length(h)；H＝fft(h)；　　　%计算 h(n) 的频率响应

magH＝abs(H)；phaH＝angle(H)'；　%求频率响应的幅度和相位

if(N＝＝－2＊floor(N/2))　　　%N 为偶数时

L＝N/2-1；A1＝[1,-1,0；1,1,0]；　%设置两极点 -1 和 1

c1＝[real(H(1)),real(H(L＋2))]；　%对应的结构系数

Else%N 为奇数时

L＝(N-1)/2；A1＝[1,-1,0]；　　　%设置单实极点 1

```
C1＝[real(H(1))];                        ％对应的结构系数
end
k＝[1:L]';
B＝zeros(L,2);A＝ones(L,3);
A(1:L,2)＝－2％cos(2 * pi * k/N);A＝[A;A1];    ％计算分母系数
B(1:L,1)＝cos(phaH(2:L+1));       ％计算分子系数
B(1:L,2)＝－cos(phaH(2:L+1)－(2 * pi * k/N));
c＝[2 * magH(2:L+1),C1]';           ％计算增益
```

MATLAB 运行结果如下：

C＝

    0.5818

    0.0849

    1.0000

B＝

    －0.8090   0.8090

      0.3090   －0.3090

A＝

    1.0000   －0.6180   1.0000

    1.0000   1.6180   1.0000

    1.0000   －1.0000   0

因为 1.0000，所以只有一个一阶环节，系统的频率抽样型结构为

$$H(z)=\frac{1-z^{-5}}{5}\left(0.5818\frac{-0.809+0.809z^{-1}}{1-1.618z^{-1}+z^{-2}}\right.$$

$$\left.+0.0848\frac{0.309-0.309z^{-1}}{1+1.618z^{-1}+z^{-2}}+\frac{1}{1-z^{-1}}\right)$$

系统结构图如图 6-10 所示。

一般来说，当抽样点数 N 较大时，频率抽样结构比较复杂，所需的乘法器和延时器比较多。但在以下两种情况下，使用频率抽样结构比较经济。

(1)对于窄带滤波器，其多数抽样值 $H(k)$ 为零，谐振器柜中只剩下几个所需要的谐振器。这时采用频率抽样结构比直接型结构所用的乘法器少，当然存储器还是要比直接型用得多一些。

(2)在需要同时使用很多并列滤波器的情况下，这些并列的滤波器可以采用频率抽样结构，并且可以大家共用梳状滤波器的谐振柜，只要将各谐振器的输出适当加权组合就能组成各个并列的滤波器。

总之，在抽样点数 N 较大时，采用图 6-10 所示的频率抽样型结构比较

经济。

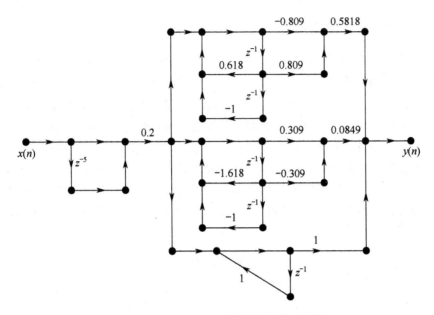

图 6-10　例 6-1-2 系统的频率抽样型结构

6.1.5　梳状滤波器

在 6.1.4 节中用到了梳状滤波器,现将其表达式重新表示如下:

$$H(z) = 1 - z^{-N} \tag{6-1-16}$$

式(6-1-16)表示的系统在单位圆上有 N 个均匀分布的零点 $e^{j\frac{2\pi k}{N}}$($k=0$,$1,\cdots,N-1$),在原点处有 N 阶极点,系统的幅度频率响应函数在图 6-6 中显示。

梳状滤波器还有其特殊的用途,就是去除周期性噪声,或是增强周期性的信号分量。根据图 6-6 可知,式(6-1-16)表示系统的幅度频率响应函数在每个峰值和过零点之间都是过渡带,因此,如果用该系统函数进行陷波,即去除周期性的噪声,那么在去除工频干扰的同时也会使信号失真;如果采用该系统函数进行增强周期分量,那么在周期分量周围的信号也得到较大的增强。这里将针对梳状滤波器的不同用途,引入两种系统转移函数:

$$H_1(z) = b\frac{1-z^{-N}}{1-Rz^{-N}},b=\frac{1+R}{2},0\leqslant R<1 \tag{6-1-17}$$

$$H_2(z) = b\frac{1+z^{-N}}{1-Rz^{-N}},b=\frac{1-R}{2},0\leqslant R<1 \tag{6-1-18}$$

下面分别对式(6-1-17)和式(6-1-18)表示的系统函数进行分析。

6.1.5.1 陷波应用

式(6-1-17)表示的系统函数 $H_1(z)$，其零点的位置与式(6-1-16)表示的系统一样，都是均匀地分布在单位圆上，极点均匀地分布在以 $R^{\frac{1}{N}}$ 为半径的圆上，为 $R^{\frac{1}{N}} e^{j\frac{2\pi k}{N}}$ $(k=0,1,\cdots,N-1)$，图 6-11 示出了其零、极点分布和幅频特性。

由图 6-11 可以看出，由于 $H_1(z)$ 引入了和零点同一方向的极点，因此，幅度响应函数在每两个零点之间都比较平坦，用这样的系统陷波可以有效地防止信号的失真。因此，$H_1(z)$ 表示的系统其实就是一种陷波器，陷波的效果与 R 有关，当 R 越接近 1 时，幅度响应函数的每两个零点之间越平坦，信号的失真越小；当 $R=0$ 时，信号失真最大，此时的系统函数就变成式(6-1-16)表示的系统。

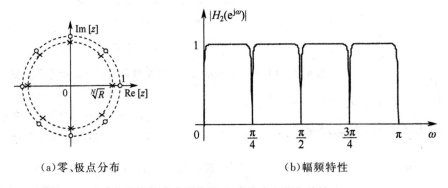

(a)零、极点分布　　　　　　　　(b)幅频特性

图 6-11　陷波作用梳状滤波器的零、极点分布和幅频特性($N=8,R=0.9$)

6.1.5.2 周期分量增强应用

式(6-1-18)表示的系统函数 $H_2(z)$，其零点也是均匀地分布在单位圆上，但与 $H_1(z)$ 的零点在相位上相差 $\sqrt[N]{R}$，$H_2(z)$ 的极点与 $H_1(z)$ 的极点分布相同，图 6-12 所示为其零、极点分布和幅频特性。

由图 6-12 可以看出，$H_2(z)$ 的幅频特性在频率为 $\frac{2\pi k}{N}$ 处呈现很尖的峰值，而在其他频率范围内基本为零，因此，能很好地增强信号中的周期分量。当 R 越接近 1 时，$H_2(z)$ 的增强作用越明显。

式(6-1-17)和式(6-1-18)表示的系统函数还满足互补关系，即

$$H_1(z) + H_2(z) = 1 \tag{6-1-19}$$

$$|H_1(e^{j\omega})|^2 + |H_2(e^{j\omega})|^2 = 1 \tag{6-1-20}$$

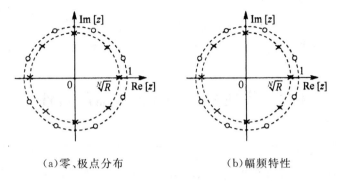

（a）零、极点分布　　　　　　　（b）幅频特性

图 6-12　增强周期分量作用的梳状滤波器的零、
极点分布和幅频特性($N=8,R=0.9$)

6.1.5.3　一般形式梳状滤波器

将 $H_1(z)$ 或 $H_2(z)$ 稍作修改，还可得到不同形式的梳状滤波器。例如

$$H_3(z) = \frac{1-rz^{-N}}{1-Rz^{-N}}, 0 \leqslant r < 1; 0 \leqslant R < 1 \qquad (6\text{-}1\text{-}21)$$

图 6-13 显示了其幅频特性，当 $R>r$ 时，极点胜过零点，系统的幅频特性在极点频率处形成尖锐的峰，能起到很好的增强作用；当 $R<r$ 时，零点胜过极点，系统的幅频特性在极点频率处形成尖锐的楔，能起到很好的陷波作用。

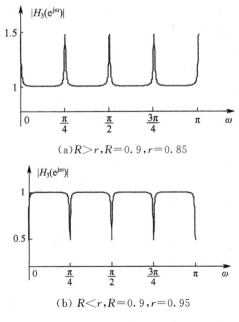

（a）$R>r,R=0.9,r=0.85$

（b）$R<r,R=0.9,r=0.95$

图 6-13　一般形式梳状滤波器的幅频特性

梳状滤波器由于其转移函数简单、灵活而得到广泛的应用,典型的是用来去除工频及其各次谐波的干扰。在彩色电视及高清数字电视中,梳状滤波器可用来从复合的视频信号中分离出黑白信号和彩色信号。

6.2 线性相位 FIR 滤波器的特性

需要特别指出的是,FIR 数字滤波器可以实现线性相位滤波,但并不是所有的 FIR 数字滤波器都具有线性相位特性,只有满足特定条件的 FIR 数字滤波器才具有线性相位。本节将介绍线性相位的定义、FIR 滤波器具有线性相位的条件及相应幅度特性和零点分布情况,以便依据不同的实际需求选择合适的 FIR 滤波器类型,并在设计时遵循相应的约束条件。

6.2.1 线性相位的定义

对于长度为 N 的单位抽样响应 $h(n)$,其频率响应为

$$H(\mathrm{e}^{\mathrm{j}\omega}) = \sum_{n=0}^{N-1} h(n)\mathrm{e}^{-\mathrm{j}\omega n} \qquad (6\text{-}2\text{-}1)$$

当 $h(n)$ 为实数序列时,

$$H(\mathrm{e}^{\mathrm{j}\omega}) = |H(\mathrm{e}^{\mathrm{j}\omega})|\mathrm{e}^{\mathrm{j}\phi(\omega)} = \pm|H(\mathrm{e}^{\mathrm{j}\omega})|\mathrm{e}^{\mathrm{j}\theta(\omega)} = H_r(\omega)\mathrm{e}^{\mathrm{j}\theta(\omega)} \quad (6\text{-}2\text{-}2)$$

对式(6-2-2)做以下说明:

(1) $|H(\mathrm{e}^{\mathrm{j}\omega})|$,$\phi(\omega)$ 分别是系统的幅度频率响应函数和相位频率响应函数,需要注意的是:$|H(\mathrm{e}^{\mathrm{j}\omega})|$ 始终为正值,而 $\phi(\omega)$ 处于主值 $-\pi\sim\pi$ 之间,且其波形是不连续的、跳变的。

(2) 与 $|H(\mathrm{e}^{\mathrm{j}\omega})|$ 相比,幅度特性函数 $H_r(\omega)$(ω 的实函数)的值可正可负,不要求必须为正值,即 $H_r(\omega) = \pm|H(\mathrm{e}^{\mathrm{j}\omega})|$;$\theta(\omega)$ 为相位特性函数,当 $H_r(\omega)$ 取正值时,$\theta(\omega) = \phi(\omega)$,当 $H_r(\omega)$ 取负值时,与正值 $|H(\mathrm{e}^{\mathrm{j}\omega})|$ 相比,其前面多一负号,为了使等式(6-2-2)成立,则应在 $\theta(\omega)$ 中考虑这一负号的影响,即

$$|H(\mathrm{e}^{\mathrm{j}\omega})|\mathrm{e}^{\mathrm{j}\phi(\omega)} = -|H(\mathrm{e}^{\mathrm{j}\omega})|\mathrm{e}^{\mathrm{j}\theta(\omega)} = |H(\mathrm{e}^{\mathrm{j}\omega})|\mathrm{e}^{\pm\mathrm{j}\pi}\mathrm{e}^{\mathrm{j}\theta(\omega)} = |H(\mathrm{e}^{\mathrm{j}\omega})|\mathrm{e}^{\mathrm{j}[\theta(\omega)\pm\pi]}$$

因此,$\phi(\omega) = \theta(\omega)\pm\pi$ 或 $\theta(\omega) = \phi(\omega)\pm\pi$。

(3) 与 $\phi(\omega)$ 相比,$\theta(\omega)$ 的波形是连续的直线形式,以便更直观地体现线性相位的特点。

基于上述介绍,下面给出相关概念。

线性相位 $H(\mathrm{e}^{\mathrm{j}\omega})$ 具有线性相位是指 $\theta(\omega)$ 与 ω 呈线性关系,即

$$\theta(\omega) = -\alpha\omega \qquad\qquad (6\text{-}2\text{-}3)$$

或

$$\theta(\omega) = \beta - \alpha\omega \qquad\qquad (6\text{-}2\text{-}4)$$

式(6-2-3)和式(6-2-4)分别称为第一类线性相位(严格线性相位)和第二类线性相位(广义线性相位),式中,α、β 均为常数。

群延时　系统的群延时定义为

$$\tau = -\frac{\mathrm{d}\theta(\omega)}{\mathrm{d}\omega} \qquad\qquad (6\text{-}2\text{-}5)$$

显然,以上两种类型的线性相位系统具有相同的群延时 α,因此线性相位滤波器又称为恒定群延时滤波器。图 6-14 是线性相位 FIR 滤波的频率响应函数。由图 6-14 可见,$|H(\mathrm{e}^{\mathrm{j}\omega})|$ 始终为正值,而 $H_r(\omega)$ 则有正有负;$\phi(\omega)$ 是跳变的,而 $\theta(\omega)$ 则是连续的直线,$\theta(\omega)$ 可由 $\phi(\omega)$ 从左至右的各连续段分别减去 0、π、2π、3π 得到。

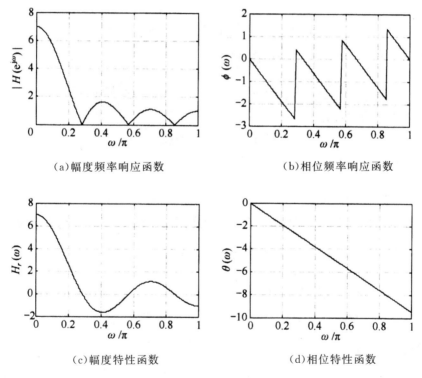

(a)幅度频率响应函数　　　　　　　(b)相位频率响应函数

(c)幅度特性函数　　　　　　　　(d)相位特性函数

图 6-14　线性相位 FIR 滤波的频率响应函数

6.2.2 线性相位的条件

6.2.2.1 第一类线性相位的条件

满足第一类线性相位的充分且必要条件是：$N-1$ 阶滤波器的单位抽样响应函数 $h(n)$ 是实数序列，且关于 $n=\dfrac{N-1}{2}$ 偶对称，即

$$h(n) = h(N-1-n) \tag{6-2-6}$$

证明：

充分性：滤波器的系统函数为

$$H(z) = \sum_{n=0}^{N-1} h(n) z^{-n} \tag{6-2-7}$$

将式(6-2-6)代入式(6-2-7)得

$$H(z) = \sum_{n=0}^{N-1} h(N-1-n) z^{-n}$$

令 $m=N-n-1$ 进行变量代换，得

$$H(z) = \sum_{m=0}^{N-1} h(m) z^{-(N-m-1)} = z^{-(N-1)} \sum_{m=0}^{N-1} h(m) z^{m}$$

结合式(6-2-7)，有

$$H(z) = z^{-(N-1)} H(z^{-1}) \tag{6-2-8}$$

于是有

$$H(z) = \frac{1}{2} \left[H(z) + z^{-(N-1)} H(z^{-1}) \right] = \frac{1}{2} \sum_{n=0}^{N-1} h(n) \left[z^{-n} + z^{-(N-1)} z^{n} \right]$$

由于线性相位考虑的是系统频率响应函数，因此将 $z=\mathrm{e}^{\mathrm{j}\omega}$ 代入上式，得

$$H(\mathrm{e}^{\mathrm{j}\omega}) = \frac{1}{2} \sum_{n=0}^{N-1} h(n) \left[\mathrm{e}^{-\mathrm{j}\omega n} + \mathrm{e}^{-\mathrm{j}\omega(N-1)} \mathrm{e}^{\mathrm{j}\omega n} \right]$$

将上式右端提出系数 $\mathrm{e}^{-\mathrm{j}\omega(\frac{N-1}{2})}$，则有

$$H(\mathrm{e}^{\mathrm{j}\omega}) = \mathrm{e}^{-\mathrm{j}\omega(\frac{N-1}{2})} \sum_{n=0}^{N-1} h(n) \frac{1}{2} \left[\mathrm{e}^{-\mathrm{j}\omega(n+\frac{N-1}{2})} + \mathrm{e}^{\mathrm{j}\omega(n-\frac{N-1}{2})} \right]$$

根据欧拉公式，可得

$$H(\mathrm{e}^{\mathrm{j}\omega}) = \mathrm{e}^{-\mathrm{j}(\frac{N-1}{2})\omega} \sum_{n=0}^{N-1} h(n) \cos\left[\left(n - \frac{N-1}{2}\right)\omega \right] \tag{6-2-9}$$

与式(6-2-2)相对照，得

$$H_r(\omega) = \sum_{n=0}^{N-1} h(n) \cos\left[\left(n - \frac{N-1}{2}\right)\omega \right] \tag{6-2-10}$$

$$\theta(\omega) = -\frac{1}{2}(N-1)\omega \qquad\qquad (6\text{-}2\text{-}11)$$

式(6-2-11)与式(6-2-3)有相同的形式,则该滤波器具有第一类线性相位特性,且

$$\alpha = \frac{N-1}{2} \qquad\qquad (6\text{-}2\text{-}12)$$

充分性得证。

必要性:若滤波器满足第一类线性相位特性,将 $\theta(\omega) = -\alpha\omega$ 代入式 (6-2-2)中,可得

$$H(e^{j\omega}) = H_r(\omega)e^{-j\alpha\omega} = \sum_{n=0}^{N-1} h(n)e^{-j\omega n}$$

运用欧拉公式将上式展开,并由实部、虚部分别相等,得

$$H_r(\omega)\cos\alpha\omega = \sum_{n=0}^{N-1} h(n)\cos\omega n$$

$$H_r(\omega)\sin\alpha\omega = \sum_{n=0}^{N-1} h(n)\sin\omega n$$

将上述两式两端相除,得

$$\frac{\sin\alpha\omega}{\cos\alpha\omega} = \frac{\displaystyle\sum_{n=0}^{N-1} h(n)\sin\omega n}{\displaystyle\sum_{n=0}^{N-1} h(n)\cos\omega n}$$

即

$$\sin\alpha\omega \sum_{n=0}^{N-1} h(n)\cos\omega n = \cos\alpha\omega \sum_{n=0}^{N-1} h(n)\sin\omega n$$

移项并用三角函数公式化简得

$$\sum_{n=0}^{N-1} h(n)\sin[(n-\alpha)\omega] = 0$$

由于 $\sin[(n-\alpha)\omega]$ 是关于 $n=\alpha$ 奇对称的,所以要使上式恒成立,那么 $\alpha = \frac{N-1}{2}$,且 $h(n)$ 关于 $n=\alpha$ 偶对称,即 $h(n)=h(N-1-n)$。必要性得证。

第一类线性相位 FIR 数字滤波器的单位抽样响应函数和相位特性函数如图 6-15 所示。

6.2.2.2　第二类线性相位的条件

满足第二类线性相位的充分且必要条件是:$N-1$ 阶滤波器的单位抽样响应函数 $h(n)$ 是实数序列,且关于 $\alpha=\frac{N-1}{2}$ 奇对称,即

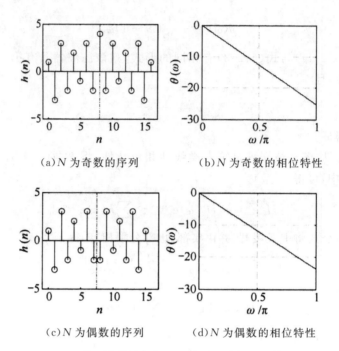

（a）N 为奇数的序列 　　（b）N 为奇数的相位特性

（c）N 为偶数的序列 　　（d）N 为偶数的相位特性

图 6-15　第一类线性相位 FIR 滤波器的相位特性函数

$$h(n) = - h(N-1-n) \tag{6-2-13}$$

该证明过程与第一类线性相位证明过程类似，此时有

$$H(z) = - z^{-(N-1)} H(z^{-1}) \tag{6-2-14}$$

$$H_r(\omega) = \sum_{n=0}^{N-1} h(n) \sin\left[\left(n - \frac{N-1}{2}\right)\omega\right] \tag{6-2-15}$$

$$\theta(\omega) = - \frac{1}{2}(N-1)\omega - \frac{\pi}{2} \tag{6-2-16}$$

$$\begin{cases} \alpha = \dfrac{N-1}{2} \\ \beta = - \dfrac{\pi}{2} \end{cases} \tag{6-2-17}$$

第二类线性相位 FIR 数字滤波器的单位抽样响应函数和相位特性函数如图 6-16 所示。

6.2.3　线性相位 FIR 滤波器的幅度特性

依据 $h(n)$ 是奇对称的还是偶对称的，以及其长度 N 取奇数还是取偶数，下面分四种情况对线性相位 FIR 滤波器幅度特性函数 $H_r(\omega)$ 的特性进行讨论。

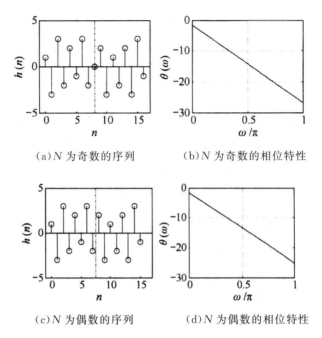

（a）N 为奇数的序列　　　　（b）N 为奇数的相位特性

（c）N 为偶数的序列　　　　（d）N 为偶数的相位特性

图 6-16　第二类线性相位 FIR 滤波器的相位特性函数

6.2.3.1　$h(n)$ 为偶对称，N 取奇数

由式(6-2-10)可知，此时

$$H_r(\omega) = \sum_{n=0}^{N-1} h(n) \cos\left[\left(n - \frac{N-1}{2}\right)\omega\right]$$

式中，$h(n)$ 和 $\cos\left[\left(n - \frac{N-1}{2}\right)\omega\right]$ 都是关于 $n = \frac{N-1}{2}$ 偶对称的，所以 $H_r(\omega)$ 表达式中求和的各项 $h(n)\cos\left[\left(n - \frac{N-1}{2}\right)\omega\right]$ 也是关于 $n = \frac{N-1}{2}$ 偶对称的。因此，可以将 $n=0$ 项与 $n=N-1$ 项、$n=1$ 项与 $n=N-2$ 项等两两合并，共有 $\frac{N-1}{2}$ 项，由于 N 为奇数，合并后余下中间一项 $h\left(\frac{N-1}{2}\right)$，故幅度特性函数 $H_r(\omega)$ 可化简为

$$H_r(\omega) = h\left(\frac{N-1}{2}\right) + \sum_{n=0}^{\frac{N-3}{2}} 2h(n)\cos\left[\left(n - \frac{N-1}{2}\right)\omega\right]$$

令 $n = \frac{N-1}{2} - m$，得

$$H_r(\omega) = h\left(\frac{N-1}{2}\right) + \sum_{m=1}^{\frac{N-1}{2}} 2h\left(\frac{N-1}{2} - m\right)\cos\omega m$$

上式可表示为

$$H_r(\omega) = \sum_{n=0}^{\frac{N}{2}-1} a(n)\cos\omega n \qquad (6\text{-}2\text{-}18)$$

式中,$a(0) = h\left(\frac{N-1}{2}\right)$,$a(n) = 2h\left(\frac{N-1}{2} - n\right)$,$n = 1, 2, \cdots, \frac{N-1}{2}$。

由于 $\cos\omega n$ 关于 $\omega = 0, \pi$ 偶对称,因此式(6-2-18)所表示的幅度特性函数 $H_r(\omega)$ 也关于 $\omega = 0, \pi$ 偶对称,如图 6-17 所示。所以这种情况适合各种滤波器(低通、高通、带通、带阻滤波器)的设计。

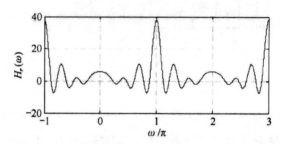

图 6-17　$h(n)$ 为偶对称时,N 取奇数的幅度特性函数

6.2.3.2　$h(n)$ 为偶对称,N 取偶数

此情况同样属于第一种线性相位,和前一种情况推导过程类似,$H_r(\omega)$ 表达式中求和的各项 $h(n)\cos\left[\left(n - \frac{N-1}{2}\right)\omega\right]$ 也是关于 $n = \frac{N-1}{2}$ 对称的。但由于 N 为偶数,在对 $H_r(\omega)$ 表达式中各项进行两两合并后,不存在中间项 $h\left(\frac{N-1}{2}\right)$,所有项均可两两合并,合并结果共有 $\frac{N}{2}$ 项,即

$$H_r(\omega) = \sum_{n=0}^{\frac{N}{2}-1} 2h(n)\cos\left[\left(n - \frac{N-1}{2}\right)\omega\right]$$

令 $n = \frac{N}{2} - m$ 进行变量代换,得

$$H_r(\omega) = \sum_{m=1}^{\frac{N}{2}} 2h\left(\frac{N}{2} - m\right)\cos\left[\left(m - \frac{1}{2}\right)\omega\right]$$

上式可表示为

$$H_r(\omega) = \sum_{n=1}^{\frac{N}{2}} b(n)\cos\left[\left(n-\frac{1}{2}\right)\omega\right] \qquad (6\text{-}2\text{-}19)$$

式中,$b(n)=2h\left(\dfrac{N}{2}-n\right),n=1,2,3,\cdots,\dfrac{N}{2}$。

式(6-2-19)中,$\cos\left[\left(n-\dfrac{N-1}{2}\right)\omega\right]$ 关于 $\omega=\pi$ 奇对称,关于 $\omega=0$ 偶对称,所以 $H_r(\omega)$ 也关于 $\omega=\pi$ 奇对称,关于 $\omega=0$ 偶对称,如图 6-18 所示,此时有

$$H_r(\omega)\big|_{\omega=\pi} = \big|H(e^{j\omega})\big|_{\omega=\pi} = H(z)\big|_{z=-1} = 0 \qquad (6\text{-}2\text{-}20)$$

式(6-2-20)和图 6-18 说明,$z=-1$ 是 $H(z)$ 的一个零点,滤波器在最高频率($\omega=\pi$)处的增益为 0,所以这种情况不适合设计高频段通过的滤波器,如高通、带阻滤波器。

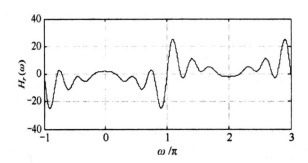

图 6-18　$h(n)$ 为偶对称时,N 取偶数的幅度特性函数

6.2.3.3　$h(n)$ 为奇对称,N 取奇数

由式(6-2-15)可知

$$H_r(\omega) = \sum_{n=0}^{N-1} h(n)\sin\left[\left(\frac{N-1}{2}-n\right)\omega\right]$$

式中,$h(n)$ 和 $\sin\left[\left(\dfrac{N-1}{2}-n\right)\omega\right]$ 都是关于 $n=\dfrac{N-1}{2}$ 奇对称的,所以 $H_r(\omega)$ 表达式中求和的各项 $h(n)\sin\left[\left(\dfrac{N-1}{2}-n\right)\omega\right]$ 是关于 $n=\dfrac{N-1}{2}$ 偶对称的。与 $h(n)$ 为偶对称,N 取奇数的合并方法类似,可得幅度特性函数 $H_r(\omega)$ 为

$$H_r(\omega) = h\left(\frac{N-1}{2}\right) + \sum_{n=0}^{\frac{N-3}{2}} 2h(n)\sin\left[\left(\frac{N-1}{2}-n\right)\omega\right]$$

又因为 $h(n)$ 为奇函数,所以中间项 $h\left(\dfrac{N-1}{2}\right)=0$,因此上式可化简为

$$H_r(\omega) = \sum_{n=0}^{\frac{N-3}{2}} 2h(n)\sin\left[\left(\frac{N-1}{2}-n\right)\omega\right]$$

令 $n=\dfrac{N-1}{2}-m$ 进行变量代换,得

$$H_r(\omega) = \sum_{m=1}^{\frac{N-1}{2}} 2h\left(\frac{N-1}{2}-m\right)\sin\omega m$$

上式同样可表示为

$$H_r(\omega) = \sum_{n=1}^{\frac{N-1}{2}} c(n)\sin\omega n \tag{6-2-21}$$

式中,$c(n)=2h\left(\dfrac{N-1}{2}-n\right)$,$n=1,2,3,\cdots,\dfrac{N-1}{2}$。

由于 $\sin\omega n$ 关于 $\omega=0,\pi$ 奇对称,所以 $H_r(\omega)$ 也关于 $\omega=0,\pi$ 奇对称,如图 6-19 所示,此时有

$$H_r(\omega)\big|\omega=\pi = \big|H(e^{j\omega})\big| = \big|H(z)\big|_{z=\pm1} = 0 \tag{6-2-22}$$

式(6-2-22)和图 6-19 说明,$z=\pm1$ 都是 $H(z)$ 的零点,滤波器在 $\omega=0,\pi$ 处的增益都为 0,所以这种情况不适合设计低通、高通和带阻滤波器。

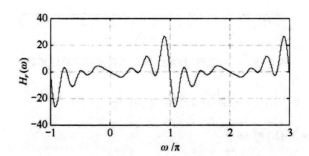

图 6-19 $h(n)$ 为奇对称,N 取奇数的幅度特性函数

6.2.3.4 $h(n)$ 为奇对称,N 取偶数

与 $h(n)$ 为奇对称,N 取奇数的情况类似,$h(n)\sin\left[\left(\dfrac{N-1}{2}-n\right)\omega\right]$ 关于 $n=\dfrac{N-1}{2}$ 偶对称,由于 N 为偶数,所以有

$$H_r(\omega) = \sum_{n=0}^{\frac{N}{2}-1} 2h(n)\sin\left[\left(\frac{N-1}{2}-n\right)\omega\right]$$

令 $n=\dfrac{N}{2}-m$ 进行变量代换,得

$$H_r(\omega) = \sum_{m=1}^{\frac{N}{2}} 2h\left(\frac{N}{2} - m\right) \sin\left[\left(m - \frac{1}{2}\right)\omega\right]$$

上式同样也可表示为

$$H_r(\omega) = \sum_{n=1}^{\frac{N}{2}} d(n) \sin\left[\left(n - \frac{1}{2}\right)\omega\right] \qquad (6\text{-}2\text{-}23)$$

式中, $d(n) = 2h\left(\dfrac{N}{2} - n\right)$, $n = 1, 2, 3, \cdots, \dfrac{N}{2}$。

由于 $\sin\left[\left(n - \dfrac{1}{2}\right)\omega\right]$ 关于 $\omega = 0$ 奇对称, 关于 $\omega = \pi$ 偶对称, 所以 $H_r(\omega)$ 也呈现同样的对称性, 如图 6-20 所示。类似式(6-2-22), 有

$$H_r(\omega)\big|_{\omega=0} = |H(\mathrm{e}^{\mathrm{j}\omega})|\big|_{\omega=0} = |H(z)|\big|_{z=1} = 0 \qquad (6\text{-}2\text{-}24)$$

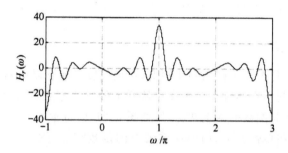

图 6-20　$h(n)$ 为奇对称, N 取偶数的幅度特性函数

在这种情况下, $z = 1$ 是 $H(z)$ 的一个零点, 滤波器在 $\omega = 0$ 处的增益为 0, 所以不适合设计低通和带阻滤波器。

将线性相位 FIR 滤波器的单位抽样响应 $h(n)$、相位特性函数 $\theta(\omega)$ 及幅度特性函数 $H_r(\omega)$ 归纳于表 6-1。

表 6-1　线性相位 FIR 滤波器的特性

线性类型	情况	$h(n)$	N	$\theta(\omega)$	$H_r(\omega)$ $\omega=0$	$H_r(\omega)$ $\omega=\pi$	对应图
第一类	I	偶对称	奇数	$-\dfrac{N-1}{2}$	偶对称	偶对称	图 6-15(a)、(b), 图 6-17
	II	偶对称	偶数	$-\dfrac{N-1}{2}$	偶对称	奇对称	图 6-15(c)、(d), 图 6-18
第二类	III	奇对称	奇数	$-\dfrac{N-1}{2} - \dfrac{\pi}{2}$	奇对称	奇对称	图 6-16(a)、(b), 图 6-19
	IV	奇对称	偶数	$-\dfrac{N-1}{2} - \dfrac{\pi}{2}$	奇对称	偶对称	图 6-16(c)、(d), 图 6-20

6.2.4 线性相位 FIR 滤波器的零点分布

根据式(6-2-8)和式(6-2-14)可以得出线性相位 FIR 滤波器的系统函数满足下列关系

$$H(z) = \pm z^{-(N-1)}H(z^{-1}) \tag{6-2-25}$$

如果 $z = z_i$ 是 $H(z)$ 的零点，即 $H(z)\big|_{z=z_i} = 0$，同样也可以写成 $H(z^{-1})\big|_{z=z_i^{-1}} = 0$，代入式(6-2-25)可以得到 $H(z)\big|_{z=z_i^{-1}} = 0$，说明 $z = \dfrac{1}{z_i}$ 也是 $H(z)$ 的零点，即 $H(z)$ 的零点呈倒数对形式出现。另外，由于 $h(n)$ 是实数序列，$H(z)$ 的零点又以共轭对的形式出现，因此，线性相位 FIR 滤波器的零点呈共轭倒易出现，也就是说若 $z = z_i$ 是 $H(z)$ 的零点，则 $z = \dfrac{1}{z_i}$，z_i^*，$\dfrac{1}{z_i^*}$ 也必然是其零点。

依据零点是否在单位圆和实轴上，零点位置可能有以下四种情况：

(1) z_i 为既不在实轴上又不在单位圆上的复数零点，则滤波器 $H(z)$ 的零点必然是互为倒数的两组共轭对，如图 6-21(a)所示。

(2) z_i 为在单位圆上，但不在实轴上的复数零点，则 $H(z)$ 零点的共轭与其倒数相同，即 $z_i^* = \dfrac{1}{z_i}$。此时，四个零点合为两个零点，如图 6-21(b)所示。

(3) z_i 为在实轴上，但不在单位圆上的零点。此时，$H(z)$ 零点与其共轭零点相同，即 $z_i = z_i^*$，四个零点合为两个零点，如图 6-21(c)所示。

(4) z_i 为既在实轴上又在单位圆上的实数零点。此时，$H(z)$ 的四个零点合为一点。这只有 $z = -1$ 和 $z = 1$ 两种可能，如图 6-21(d)所示。

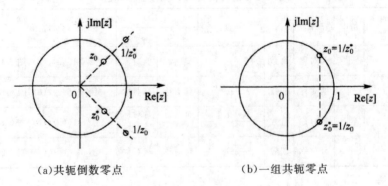

(a)共轭倒数零点　　　　　　　　(b)一组共轭零点

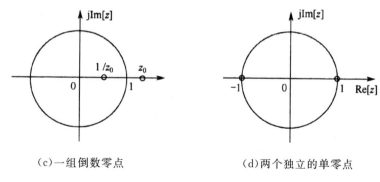

（c）一组倒数零点　　　　　　　（d）两个独立的单零点

图 6-21　线性相位 FIR 滤波器的零点分布

图 6-21(d)中的零点分布情况与上一节分析的四种情况也存在对应关系：当 $h(n)$ 为偶对称、N 取偶数时，则 $H(z)$ 有单一零点 $z=-1$；当 $h(n)$ 为奇对称、N 取奇数时，则 $H(z)$ 有 $z=\pm1$ 两个零点；当 $h(n)$ 为奇对称、N 取偶数时，则 $H(z)$ 有单一零点 $z=1$。图 6-22 分别列出了上述三种情况，图 6-22(a) 中 $h(n)=[0.5,0.5]$，图 6-22(b)中 $h(n)=[0.5,-0.5]$，图 6-22(c)中 $h(n)=[0.5,0,-0.5]$。

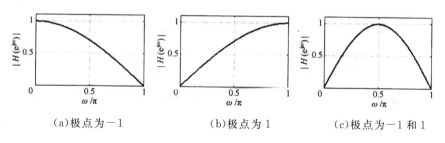

（a）极点为−1　　　　　（b）极点为 1　　　　　（c）极点为−1 和 1

图 6-22　极点为−1 或 1 时滤波器的幅度频率响应

在实际设计滤波器时，应充分考虑 $h(n)$、$|H(e^{j\omega})|$ 和 $H(z)$ 的约束条件。

6.3　窗函数设计法

窗函数设计法是一种常用的 FIR 线性相位数字滤波器设计方法，其基本思想是用 FIR 数字滤波器逼近所期望的理想滤波器特性。设理想滤波器的频率响应函数为 $H_d(e^{j\omega})$，对应的单位抽样响应为 $h_d(n)$。由于 $h_d(n)$ 为理想滤波器，所以是无限长非因果序列，因此需要选择合适的窗函数

$w(n)$对其进行截取和加权处理,从而得到 FIR 数字滤波器的单位抽样响应函数 $h(n)$。

6.3.1　设计方法

窗函数设计法需要先给定一个期望的理想滤波器的频率响应,下面以低通滤波器的设计过程进行介绍。

若一个理想低通滤波器的频率响应为

$$H_d(\mathrm{e}^{\mathrm{j}\omega}) = \begin{cases} \mathrm{e}^{-\mathrm{j}\omega a}, & |\omega| \leqslant \omega_c \\ 0, & \omega_c < |\omega| \leqslant \pi \end{cases} \tag{6-3-1}$$

其幅频特性曲线如图 6-23(a)所示,所对应的单位抽样响应为

$$
\begin{aligned}
h_d(n) &= \frac{1}{2\pi} \int_{-\omega_c}^{\omega_c} H_d(\mathrm{e}^{\mathrm{j}\omega}) \mathrm{e}^{\mathrm{j}\omega n} \mathrm{d}\omega \\
&= \frac{1}{2\pi} \int_{-\omega_c}^{\omega_c} \mathrm{e}^{-\mathrm{j}\omega a} \mathrm{e}^{\mathrm{j}\omega n} \mathrm{d}\omega \\
&= \frac{\omega_c}{\pi} \frac{\sin[\omega_c(n-\alpha)]}{\omega_c(n-\alpha)}
\end{aligned}
\tag{6-3-2}
$$

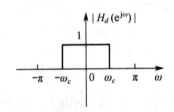
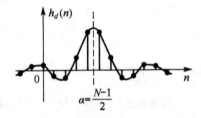

（a）幅度频率响应　　　　　　（b）单位抽样响应

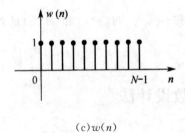
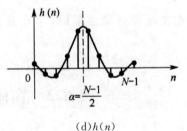

（c）$w(n)$　　　　　　（d）$h(n)$

图 6-23　理想低通滤波器的响应及其加窗处理

如图 6-23(b)所示,显然,$h_d(n)$是一个无限长、非因果序列,且关于$n = \alpha$偶对称。但由于 FIR 滤波器的单位抽样响应是有限长的,所以需要寻求

一个有限长序列 $h(n)$ 来逼近 $h_d(n)$，最简便的方法就是运用矩形窗函数 $R_N(n)$ 对 $h_d(n)$ 进行截断处理（加窗处理），所用窗函数表达式如下

$$w(n) = R_N(n) = \begin{cases} 1, 0 \leqslant n \leqslant N-1 \\ 0, 其他 \end{cases}$$

通过窗函数 $w(n)$ 与 $h_d(n)$ 的乘积来实现截断处理，所得的有限长序列 $h(n)$ 为

$$h(n) = h_d(n)w(n) = \begin{cases} h_d(n), 0 \leqslant n \leqslant N-1 \\ 0, 其他 \end{cases} \tag{6-3-3}$$

按照线性相位的条件，$h(n)$ 要满足对 $n = \dfrac{N-1}{2}$ 的偶对称，所以要求 $\alpha = \dfrac{N-1}{2}$。$w(n)$ 及 $h(n)$ 如图 6-23(c)、(d)所示。

将式(6-3-2)代入式(6-3-3)，并利用 $\alpha = \dfrac{N-1}{2}$，可得

$$h(n) = \begin{cases} \dfrac{\omega_c}{\pi} \dfrac{\sin\left[\omega_c\left(n - \dfrac{N-1}{2}\right)\right]}{\omega_c\left(n - \dfrac{N-1}{2}\right)}, 0 \leqslant n \leqslant N-1 \\ 0, 其他 \end{cases} \tag{6-3-4}$$

式(6-3-4)就是采用矩形窗设计得到的 FIR 滤波器的单位抽样响应。

由 $H_d(\mathrm{e}^{\mathrm{j}\omega}) = \displaystyle\sum_{n=-\infty}^{\infty} h_d(n)\mathrm{e}^{-\mathrm{j}\omega n}$ 看出，$h_d(n)$ 可以看作周期频率响应 $H_d(\mathrm{e}^{\mathrm{j}\omega})$ 的傅里叶级数的系数，所以窗函数法又称为傅里叶级数法。显然，选取傅里叶级数的项数越多，引起的误差就越小，但项数增多即 $h(n)$ 的长度增加，也使成本和体积增加，因此从性价比的角度出发，在满足技术要求的条件下，应尽量减小 $h(n)$ 的长度。

6.3.2 加窗处理对频谱性能的影响

窗函数法是采用窗函数对理想滤波器的单位抽样响应进行截断，信号的截断处理势必会造成频谱泄露，对于一个系统而言，表现为频率响应特性的拖尾。下面同样以矩形窗为例，分析加窗处理对频谱特性的影响。

在时域中 $h(n) = h_d(n)w(n) = h_d(n)R_N(n)$，依据傅里叶变换的性质（时域的乘积对应频域的卷积），可得到加窗处理后 FIR 滤波器的频率响应函数 $H(\mathrm{e}^{\mathrm{j}\omega})$ 为

$$H(\mathrm{e}^{\mathrm{j}\omega}) = \frac{1}{2\pi}\left[H_d(\mathrm{e}^{\mathrm{j}\omega})R_N(\mathrm{e}^{\mathrm{j}\omega})\right] = \frac{1}{2\pi}\int_{-\pi}^{\pi} H_d(\mathrm{e}^{\mathrm{j}\theta})R_N(\mathrm{e}^{\mathrm{j}(\omega-\theta)})\mathrm{d}\theta$$

$$\tag{6-3-5}$$

式中，$H_d(\mathrm{e}^{\mathrm{j}\omega})$、$R_N(\mathrm{e}^{\mathrm{j}\omega})$ 分别是理想滤波器的单位抽样响应 $h_d(n)$、矩形面 $R_N(n)$ 的傅里叶变换。可见，窗函数的频率特性 $R_N(\mathrm{e}^{\mathrm{j}\omega})$ 确实决定了 $H(\mathrm{e}^{\mathrm{j}\omega})$ 对 $H_d(\mathrm{e}^{\mathrm{j}\omega})$ 的逼近程度。

将 $H_d(\mathrm{e}^{\mathrm{j}\omega})$ 写成幅度特性函数和相位特性函数的形式为

$$H_d(\mathrm{e}^{\mathrm{j}\omega}) = H_{dr}(\omega)\mathrm{e}^{-\mathrm{j}\omega a} = H_{dr}(\omega)\mathrm{e}^{-\mathrm{j}\omega\left(\frac{N-1}{2}\right)} \qquad (6\text{-}3\text{-}6)$$

其中，幅度特性函数 $H_{dr}(\omega)$ 为

$$H_{dr}(\omega) = \begin{cases} 1, & |\omega| \leqslant \omega_c \\ 0, & \omega_c < |\omega| \leqslant \pi \end{cases}$$

对于矩形窗函数 $R_N(n)$，其傅里叶变换 $R_N(\mathrm{e}^{\mathrm{j}\omega})$ 为

$$R_N(\mathrm{e}^{\mathrm{j}\omega}) = \sum_{n=-\infty}^{\infty} R_N(n)\mathrm{e}^{-\mathrm{j}\omega n} = \sum_{n=0}^{N-1}\mathrm{e}^{-\mathrm{j}\omega n}$$

$$= \mathrm{e}^{-\mathrm{j}\omega\left(\frac{N-1}{2}\right)}\frac{\sin\frac{\omega N}{2}}{\sin\frac{\omega}{2}} = R_{Nr}(\omega)\mathrm{e}^{-\mathrm{j}\omega\left(\frac{N-1}{2}\right)} \qquad (6\text{-}3\text{-}7)$$

其中，幅度特性函数为

$$R_{Nr}(\omega) = \frac{\sin\frac{\omega N}{2}}{\sin\frac{\omega}{2}}$$

$R_{Nr}(\omega)$ 的波形如图 6-24 所示，是一种逐渐衰减函数，原点右侧的第一个零点在 $\omega = \dfrac{2\pi}{N}$ 等处，原点左侧的第一个零点在 $\omega = -\dfrac{2\pi}{N}$ 等处，两零点之间的区间称为 $R_{Nr}(\omega)$ 的主瓣，主瓣宽度为 $\dfrac{4\pi}{N}$；在主瓣两侧则有无数多个幅度逐渐衰减的旁瓣，区间 $\left[\dfrac{2\pi}{N}, \dfrac{4\pi}{N}\right]$ 为第一旁瓣，所有旁瓣宽度均为 $\dfrac{2\pi}{N}$。

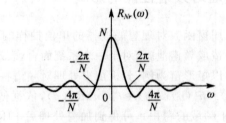

图 6-24　矩形窗的幅度特性函数

将式(6-3-6)、式(6-3-7)代入式(6-3-5)中，得

$$H(e^{j\omega}) = \frac{1}{2\pi}\int_{-\pi}^{\pi} H_{dr}(\theta) e^{-j\theta\left(\frac{N-1}{2}\right)} R_{Nr}(\omega-\theta) e^{-j(\omega-\theta)\left(\frac{N-1}{2}\right)} d\theta$$

$$= e^{-j\omega\left(\frac{N-1}{2}\right)} \frac{1}{2\pi}\int_{-\pi}^{\pi} H_{dr}(\theta) R_{Nr}(\omega-\theta) d\theta$$

$$= H_r(\omega) e^{-j\omega\left(\frac{N-1}{2}\right)}$$

$$(6\text{-}3\text{-}8)$$

由式(6-3-8)可见,$H(e^{j\omega})$同样具有线性相位,其幅度特性函数 $H_r(\omega)$ 为

$$H_r(\omega) = \frac{1}{2\pi}\int_{-\pi}^{\pi} H_{dr}(\theta) R_{Nr}(\omega-\theta) d\theta = \frac{1}{2\pi}\int_{-\omega_c}^{\omega_c} R_{Nr}(\omega-\theta) d\theta$$

$$(6\text{-}3\text{-}9)$$

式(6-3-9)的卷积过程可用图 6-25 的几个特殊频率点来说明,应特别注意幅度特性函数 $H_r(\omega)$ 的波动情况。

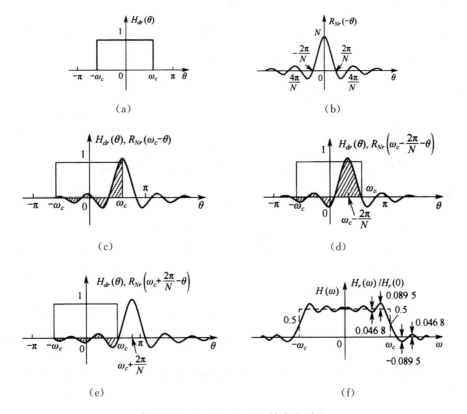

图 6-25　$R_{Nr}(\omega)$、$H_{dr}(\omega)$ 的卷积过程

(1)当 $\omega=0$ 时,$R_{Nr}(\omega-\theta)$ 波形如图 6-25(b)所示,此时有

$$H_r(0) = \frac{1}{2\pi}\int_{-\omega_c}^{\omega_c} R_{Nr}(-\theta) d\theta = \frac{1}{2\pi}\int_{-\omega_c}^{\omega_c} R_{Nr}(\theta) d\theta$$

在通常情况下 $\omega_c \geqslant \dfrac{2\pi}{N}$，在积分区间 $[-\omega_c,\omega_c]$ 之外，$R_{Nr}(\omega)$ 的旁瓣幅度已经很小了，所以 $H_r(0)$ 可近似看作 θ 从 $-\pi$ 到 π 的 $R_{Nr}(\theta)$ 的全部积分面积。

（2）当 $\omega=\omega_c$ 时，$R_{Nr}(\omega-\theta)$ 的波形如图 6-25（c）所示，$R_{Nr}(\omega-\theta)$ 有一半主瓣在积分区间 $[-\omega_c,\omega_c]$ 之内，积分面积为 $H_r(0)$ 的一半，即

$$H_r(\omega_c)=\frac{1}{2\pi}\int_{-\omega_c}^{\omega_c}R_{Nr}(\omega_c-\theta)\mathrm{d}\theta\approx 0.5H_r(0)$$

（3）当 $\omega=\omega_c-\dfrac{2\pi}{N}$ 时，$R_{Nr}(\omega-\theta)$ 的波形如图 6-25（d）所示，$R_{Nr}(\omega-\theta)$ 的主瓣完全在积分区间 $[-\omega_c,\omega_c]$ 之内，积分面积最大，为

$$H_r\left(\omega_c-\frac{2\pi}{N}\right)=\frac{1}{2\pi}\int_{-\omega_c}^{\omega_c}R_{Nr}\left(\omega_c-\frac{2\pi}{N}-\theta\right)\mathrm{d}\theta\approx 1.0895H_r(0)$$

此时，幅度特性函数 $H_r(\omega)$ 出现正肩峰。

（4）当 $\omega=\omega_c+\dfrac{2\pi}{N}$ 时，$R_{Nr}(\omega-\theta)$ 的波形如图 6-25（e）所示，$R_{Nr}(\omega-\theta)$ 的主瓣完全移出积分区间 $[-\omega_c,\omega_c]$，积分面积最小为

$$H_r\left(\omega_c+\frac{2\pi}{N}\right)=\frac{1}{2\pi}\int_{-\omega_c}^{\omega_c}R_{Nr}\left(\omega_c+\frac{2\pi}{N}-\theta\right)\mathrm{d}\theta\approx -0.0895H_r(0)$$

此时，幅度特性函数 $H_r(\omega)$ 出现负肩峰。其实，（3）和（4）的结果相加即为 $H_r(0)$。

（5）当 $\omega>\omega_c+\dfrac{2\pi}{N}$ 时，$R_{Nr}(\omega-\theta)$ 的左侧旁瓣扫过积分区间 $[-\omega_c,\omega_c]$，因此，$H_r(\omega)$ 围绕零值上下波动；当 $\omega<\omega_c-\dfrac{2\pi}{N}$ 时，$R_{Nr}(\omega-\theta)$ 的左、右侧旁瓣扫过积分区间 $[-\omega_c,\omega_c]$，因此，$H_r(\omega)$ 围绕 $H_r(0)$ 上下波动。

卷积结果 $H_r(\omega)$，即加窗处理后所得到的 FIR 滤波器的幅度特性如图 6-25（f）所示。从图 6-25（f）可以看出，$H_r(\omega)$ 与 $H_{dr}(\omega)$ 存在一定的误差，具体主要表现在以下两个方面：

（1）在 $\omega=\omega_c$ 附近使理想频率特性的不连续边沿加宽，形成一个过渡区间，其宽度等于 $R_{Nr}(\omega)$ 的主瓣宽度 $\dfrac{4\pi}{N}$。注意：这里的过渡区间是指两个肩峰之间的区间，并不是滤波器的过渡带，滤波器的过渡带比主瓣宽度 $\dfrac{4\pi}{N}$ 要小一些。

（2）在截止频率 ω_c 的两侧 $\omega=\omega_c\pm\dfrac{2\pi}{N}$ 处（过渡区间两侧），$H_r(\omega)$ 出现正肩峰和负肩峰。肩峰的两侧形成起伏振荡，其振荡幅度取决于旁瓣的相对幅度，而振荡的快慢，则取决于 $R_{Nr}(\omega)$ 波动的快慢。需要注意的是，由于

$R_{Nr}(\omega - \theta)$ 的对称性，$H_r(\omega)$ 在 ω_c 附近也是近似对称的，因而 ω_c 两侧的正肩峰幅度与负肩峰幅度是相同的。

若增加截取长度 N，则窗函数主瓣附近的幅度响应为

$$R_{Nr}(\omega) = \frac{\sin\left(\dfrac{\omega N}{2}\right)}{\sin\dfrac{\omega}{2}} \approx \frac{\sin\left(\dfrac{\omega N}{2}\right)}{\dfrac{\omega}{2}} = N\frac{\sin x}{x}$$

式中，$x = \dfrac{\omega N}{2}$。可见 N 只能改变窗谱（窗的幅度特性函数）的主瓣和旁瓣宽度、主瓣和旁瓣幅度，但不能改变主瓣与旁瓣的相对比例。这个相对比例是由 $\dfrac{\sin x}{x}$ 决定的，也就是说，是由矩形窗函数的形状决定的。图 6-26 给出了 $N = 11, 21, 51$ 时三种矩形窗函数的幅度特性。

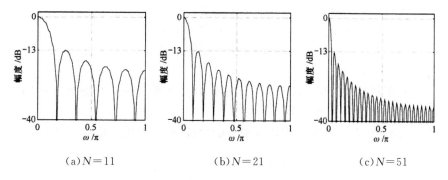

(a) $N = 11$　　　　　(b) $N = 21$　　　　　(c) $N = 51$

图 6-26　N 不同时矩形面的幅度特性

分析图 6-26，主瓣宽度确实与 N 成反比，但 N 并不影响最大旁瓣与主瓣的相对值，在这三种情况下，该值总是约为 13 dB。因而，当截取长度 N 增大时，只会使主瓣宽度 $\dfrac{4\pi}{N}$ 减小，从而使所设计的滤波器过渡带宽减小、起伏振荡变快，而不会改变其肩峰的相对值。在矩形窗情况下，最大肩峰值总是为 8.95%，这种现象称为吉布斯(Gibbs)效应。由于吉布斯效应的存在，影响了 $H_r(\omega)$ 通带的平坦和阻带的衰减，对滤波器的性能影响很大。经矩形窗处理后的滤波器阻带最小衰减只有 21 dB 左右，这在一定程度上限制了矩形窗在实际工程中的应用。

6.3.3　典型窗函数

由上述分析过程可以看出，$H_r(\omega)$ 与 $H_{dr}(\omega)$ 的差异主要是矩形窗 $R_N(n)$

的截断引起的。为了获得较好的通带最大衰减和阻带最小衰减的频率特性,只能改变窗函数的形状,从式(6-3-9)的卷积形式看出,只有当窗谱逼近冲激函数时,相当于窗的宽度为无限长,$H_r(\omega)$才会很好地逼近$H_{dr}(\omega)$,但实际上这是不可能实现的。

在采用窗函数进行截断时,一般希望窗函数满足两项要求:

(1)主瓣尽可能窄,以获得较陡的过渡带。

(2)最大旁瓣相对于主瓣尽可能小,即能量尽量集中在主瓣中。

这样,就可以降低肩峰、减小振荡、提高阻带衰减。但上述两项要求是矛盾的,不可能同时达到最佳,常用的窗函数是这两个因素的适当折中。

为了定量地分析比较各种窗函数的性能,我们定义以下几个窗函数参数:

(1)最大旁瓣峰值δ_n,它是指窗函数的幅频响应函数取对数$20\lg|W(e^{j\omega})/W(0)|$后的值,单位为分贝(dB)。

(2)主瓣宽度ω_{main},它是指窗函数频谱的主瓣宽度。

(3)过渡带宽$\Delta\omega$,它是指FIR滤波器的过渡带宽,即通带截止频率与阻带截止频率之差。

(4)阻带最小衰减δ_{st},它是指用窗函数设计得到的FIR滤波器的阻带最小衰减,单位为分贝(dB)。

下面介绍几种典型的常用窗函数的时域、频域表达式及相关波形。

6.3.3.1 矩形窗(Boxcar)

矩形窗的表达式如下

$$w(n) = R_N(n) = \begin{cases} 1, 0 \leqslant n \leqslant N-1 \\ 0, 其他 \end{cases}$$

其他其傅里叶变换为

$$W(e^{j\omega}) = R_N(e^{j\omega}) = e^{-j\omega\left(\frac{N-1}{2}\right)} \frac{\sin\left(\frac{\omega N}{2}\right)}{\frac{\omega}{2}} = R_{Nr}(\omega) e^{-j\omega\left(\frac{N-1}{2}\right)}$$

对应的窗谱为

$$W_r(\omega) = R_{Nr}(\omega) = \frac{\sin\left(\frac{\omega N}{2}\right)}{\frac{\omega}{2}}$$

图6-27给出了$N=21$时矩形窗的时域波形、幅度频谱及理想低通滤波器$\left(\omega_c = \frac{\pi}{2}\right)$经矩形窗处理后所得滤波器的单位抽样响应、幅频响应。根

据矩形窗的窗谱可以计算出 $\delta_n = -13 \text{ dB}, \omega_{\text{main}} = \dfrac{4\pi}{N}$，根据滤波器的特性，可以得出所设计滤波器的 $\Delta\omega = \dfrac{1.8\pi}{N}, \delta_{\text{st}} = 21 \text{ dB}$。

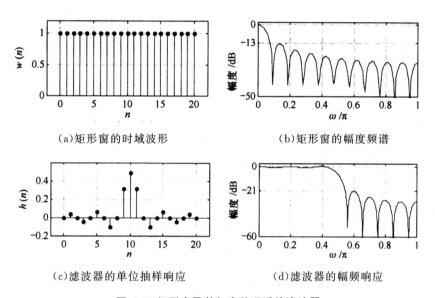

(a)矩形窗的时域波形　　　　　　　　(b)矩形窗的幅度频谱

(c)滤波器的单位抽样响应　　　　　(d)滤波器的幅频响应

图 6-27 矩形窗及其加窗处理后的滤波器

6.3.3.2　巴特利特西(Bartlett)

巴特利特窗又称三角窗。由于矩形窗从 0 到 1 和从 1 到 0 的突变(时域值)，造成了吉布斯效应。Bartlett 提出了一种逐渐变化的三角窗，它是两个矩形窗的卷积，时域定义式为

$$w(n) = \begin{cases} \dfrac{2n}{N-1}, & 0 \leqslant n \leqslant \dfrac{N-1}{2} \\[2mm] 2 - \dfrac{2n}{N-1}, & \dfrac{N-1}{2} < n \leqslant N-1 \end{cases} \qquad (6\text{-}3\text{-}10)$$

其傅里叶变换为

$$W(e^{j\omega}) = \frac{2}{N-1} \left\{ \frac{\sin\left(\dfrac{(N-1)\omega}{4}\right)}{\sin\left(\dfrac{\omega}{2}\right)} \right\}^2 e^{-j\left(\frac{N-1}{2}\right)\omega} \qquad (6\text{-}3\text{-}11)$$

对应的窗谱为

$$W_r(\omega) = \frac{2}{N-1} \left\{ \frac{\sin\left(\dfrac{(N-1)\omega}{4}\right)}{\sin\left(\dfrac{\omega}{2}\right)} \right\}^2 \qquad (6\text{-}3\text{-}12)$$

图 6-28 为 $N=21$ 时，三角窗及其加窗处理后的滤波器。三角窗的 $\delta_n = -25$ dB，$\omega_{main} = \dfrac{8\pi}{N}$，理想低通滤波器采用三角窗处理所得滤波器的 $\Delta\omega = \dfrac{4.2\pi}{N}$，$\delta_{st} = 25$ dB。与矩形窗相比，其最大旁瓣峰值 δ_n 降低了很多，所得滤波器阻带的最小衰减 δ_{st} 性能也有所改善，但这都是以主瓣宽度 ω_{main}、过渡带宽 $\Delta\omega$ 加宽为代价的。

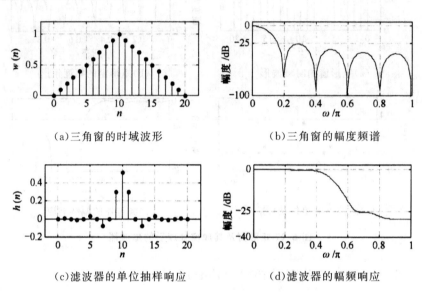

(a)三角窗的时域波形　　　　　　(b)三角窗的幅度频谱

(c)滤波器的单位抽样响应　　　　(d)滤波器的幅频响应

图 6-28　三角窗及其加窗处理后的滤波器

6.3.3.3　汉宁窗（Hanning）

汉宁窗又称升余弦窗，其时域定义式为

$$w(n) = 0.5\left[1 - \cos\left(\frac{2\pi n}{N-1}\right)\right]R_N(n) \tag{6-3-13}$$

依据欧拉公式和傅里叶变换的调制性质，可得

$$\text{DTFT}\left[\cos\left(\frac{2\pi n}{N-1}\right)R_N(n)\right] = R_N\left[e^{j\left(\omega - \frac{2\pi}{N-1}\right)} + R_N e^{j\left(\omega + \frac{2\pi}{N-1}\right)}\right]$$

所以有

$$W(e^{j\omega}) = \left\{0.5R_{Nr}(\omega) + 0.25\left[R_{Nr}\left(\omega - \frac{2\pi}{N-1}\right)\right.\right.$$

$$\left.\left. + R_{Nr}\left(\omega + \frac{2\pi}{N-1}\right)\right]\right\}e^{-j\left(\frac{N-1}{2}\right)\omega} \tag{6-3-14}$$

$$= W_r(\omega)e^{-j\left(\frac{N-1}{2}\right)\omega}$$

窗谱为

$$W_r(\omega) = 0.5R_{Nr}(\omega) + 0.25\left[R_{Nr}\left(\omega - \frac{2\pi}{N-1}\right) + R_{Nr}\left(\omega + \frac{2\pi}{N-1}\right)\right]$$

$$(6\text{-}3\text{-}15)$$

式(6-3-15)说明,幅度特性函数由三部分求和得到,三个分量相加时,旁瓣相互抵消,从而使能量更集中在 $W_r(\omega)$ 的主瓣,造成旁瓣减小、主瓣加宽。此时,$\delta_n = -31$ dB,$\omega_{\text{main}} = \frac{8\pi}{N}$,$\Delta\omega = \frac{6.2\pi}{N}$,$\delta_{\text{st}} = 44$ dB。当 $N = 21$ 时,汉宁窗及其加窗处理后的滤波器如图 6-29 所示。

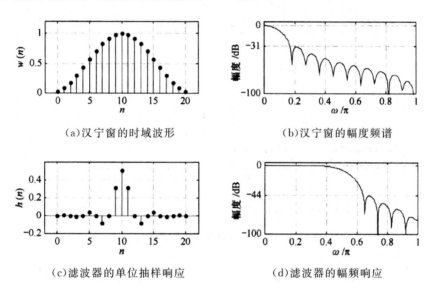

(a)汉宁窗的时域波形　　　　　　(b)汉宁窗的幅度频谱

(c)滤波器的单位抽样响应　　　　(d)滤波器的幅频响应

图 6-29　汉宁窗及其加窗处理后的滤波器

6.3.3.4　汉明窗(Hamming)

对升余弦窗定义式中的系数 0.5 略作改变,就得到了汉明窗,又称改进的升余弦窗。这种窗函数可以得到旁瓣更小的改进效果,其时域的定义式、傅里叶变换和窗谱分别为

$$w(n) = \left[0.54 - 0.46\cos\left(\frac{2\pi n}{N-1}\right)\right]R_N(n) \qquad (6\text{-}3\text{-}16)$$

$$W(e^{j\omega}) = \left\{0.54R_{Nr}(\omega) + 0.23\left[R_{Nr}\left(\omega - \frac{2\pi}{N-1}\right) + R_{Nr}\left(\omega + \frac{2\pi}{N-1}\right)\right]\right\}e^{-j(\frac{N-1}{2})\omega}$$

$$= W_r(\omega)e^{-j(\frac{N-1}{2})\omega}$$

$$(6\text{-}3\text{-}17)$$

$$W_r(\omega) = 0.54 R_{Nr}(\omega) + 0.23\left[R_{Nr}\left(\omega - \frac{2\pi}{N-1}\right) + R_{Nr}\left(\omega + \frac{2\pi}{N-1}\right)\right]$$

$$(6\text{-}3\text{-}18)$$

此时,$\delta_n = -41$ dB,$\omega_{main} = \frac{8\pi}{N}$,$\Delta\omega = \frac{6.6\pi}{N}$,$\delta_{st} = 53$ dB。图 6-30 是长度为 $N=21$ 的汉明窗及其加窗处理后的滤波器。

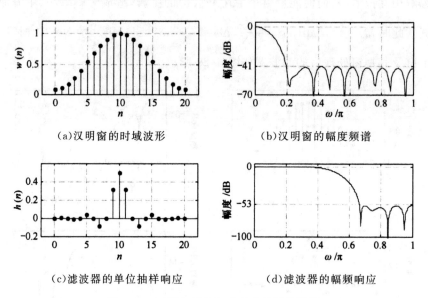

(a)汉明窗的时域波形 (b)汉明窗的幅度频谱

(c)滤波器的单位抽样响应 (d)滤波器的幅频响应

图 6-30 汉明窗及其加窗处理后的滤波器

可见,长度相同时,三角窗、汉宁窗和汉明窗的主瓣宽度均为 $\frac{8\pi}{N}$,汉明窗的旁瓣最低,主瓣内的能量可达 99.63%,所设计滤波器的阻带衰减最大,为 53 dB。

6.3.3.5 布莱克曼窗(Blackman)

由于布莱克曼窗是在升余弦窗的定义式中再加上一个二次谐波的余弦分量得到的,故又称二阶升余弦窗。它可达到进一步抑制旁瓣的效果,其时域定义式为

$$w(n) = \left[0.42 - 0.5\cos\left(\frac{2\pi n}{N-1}\right) + 0.08\cos\left(\frac{4\pi n}{N-1}\right)\right]R_N(n)$$

$$(6\text{-}3\text{-}19)$$

傅里叶变换为

$$W(e^{j\omega}) = \left\{0.42 R_{Nr}(\omega) + 0.25\left[R_{Nr}\left(\omega - \frac{2\pi}{N-1}\right) + R_{Nr}\left(\omega + \frac{2\pi}{N-1}\right)\right]\right.$$

$$+ 0.04 \left[R_{Nr} \left(\omega - \frac{4\pi}{N-1} \right) + R_{Nr} \left(\omega + \frac{4\pi}{N-1} \right) \right] \right\} e^{-j \left(\frac{N-1}{2} \right) \omega}$$

$$= W_r(\omega) e^{-j \left(\frac{N-1}{2} \right) \omega}$$

$$(6\text{-}3\text{-}20)$$

其窗谱为

$$W(e^{j\omega}) = 0.42 R_{Nr}(\omega) + 0.25 \left\{ \left[R_{Nr} \left(\omega - \frac{2\pi}{N-1} \right) + R_{Nr} \left(\omega + \frac{2\pi}{N-1} \right) \right] \right.$$

$$+ 0.04 \left[R_{Nr} \left(\omega - \frac{4\pi}{N-1} \right) + R_{Nr} \left(\omega + \frac{4\pi}{N-1} \right) \right] \right\}$$

$$(6\text{-}3\text{-}21)$$

此时，$\delta_n = -57$ dB，$\omega_{\text{main}} = \dfrac{12\pi}{N}$，$\Delta\omega = \dfrac{11\pi}{N}$，$\delta_{\text{st}} = 74$ dB。图 6-31 是长度

为 $N = 21$ 的布莱克曼窗及其加窗处理后的滤波器。

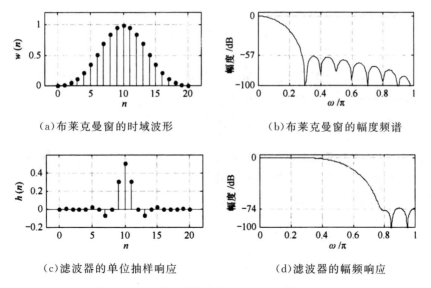

(a)布莱克曼窗的时域波形　　　　　　(b)布莱克曼窗的幅度频谱

(c)滤波器的单位抽样响应　　　　　　(d)滤波器的幅频响应

图 6-31　布莱克曼窗及其加窗处理后的滤波器

可以看出，布莱克曼窗在主瓣加宽（为矩形窗的 3 倍）的同时，最大旁瓣
得到了有效抑制。表 6-2 列出了上述五种窗函数的特性。

表 6-2　五种窗函数的特性

窗函数	窗函数频谱性能		加窗后的 FIR 滤波器性能	
	最大旁瓣峰值 δ_n	主瓣宽度 ω_{main}	过渡带宽 $\Delta\omega$	阻带最小衰减 δ_{st}
矩形窗	-13 dB	$\dfrac{4\pi}{N}$	$\dfrac{1.8\pi}{N}$	21 dB

（续表）

窗函数	窗函数频谱性能		加窗后的 FIR 滤波器性能	
	最大旁瓣峰值 δ_n	主瓣宽度 ω_{main}	过渡带宽 $\Delta\omega$	阻带最小衰减 δ_{st}
三角窗	-25 dB	$\dfrac{8\pi}{N}$	$\dfrac{4.2\pi}{N}$	25 dB
汉宁窗	-31 dB	$\dfrac{8\pi}{N}$	$\dfrac{6.2\pi}{N}$	44 dB
汉明窗	-41 dB	$\dfrac{8\pi}{N}$	$\dfrac{6.6\pi}{N}$	53 dB
布莱克曼窗	-57 dB	$\dfrac{12\pi}{N}$	$\dfrac{11\pi}{N}$	74 dB

6.3.3.6　凯塞窗（Kalser）

凯塞窗是一组由零阶贝塞尔函数构成的、参数可调的窗函数，其时域定义式为

$$w(n) = \frac{I_0\left(\beta\sqrt{1 - \left(1 - \dfrac{2n}{N-1}\right)^2}\right)}{I_0(\beta)} R_N(n) \qquad (6\text{-}3\text{-}22)$$

式中，$I_0(x)$ 是第一类修正零阶贝塞尔函数，β 是一个可调整的参数。在设计凯塞窗时，对 $I_0(x)$ 函数可采用无穷级数来表达，即

$$I_0(x) = \sum_{k=0}^{\infty}\left[\frac{1}{k!}\left(\frac{x}{2}\right)^k\right]^2 \qquad (6\text{-}3\text{-}23)$$

式（6-3-23）的无穷级数可用有限项级数近似，项数多少由要求的精度来确定，一般取 15～25 项。这样就可以很容易地用计算机求解。第一类零阶贝塞尔函数曲线如图 6-32 所示。

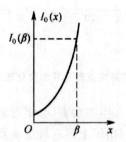

图 6-32　第一类零阶贝塞尔函数曲线

与前述的窗函数不同，凯塞窗函数有两个参数：长度参数 N 和形状参数 β。改变 N 和 β 的值就可以调整窗的形状和长度，从而达到窗的主瓣宽度和旁瓣幅度之间的某种折中。图 6-33(a) 给出了 $N=21$，$\beta=0,3,8$ 时凯

塞窗的时域信号;图 6-33(b)给出了 $N=21,\beta=0,3,8$ 时凯塞窗的幅频特性;图 6-33(c)给出了 $\beta=8,N=11,21,41$ 时的幅频特性。

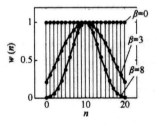 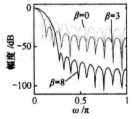 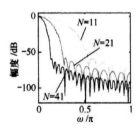

(a)不同 β 时的时域窗　　(b)不同 β 时的幅频特性　　(c)不同 β 时的幅频特性

图 6-33　凯塞窗的特性曲线

由图 6-33 可以看出,通过选择不同的 β、N 值可以达到所需要的折中:若保持 N 不变时,β 越大,窗的两端越尖,则其幅度频谱的旁瓣就越低,但主瓣也越宽;若保持 β 不变,而增大 N 可使主瓣越窄,且不影响旁瓣峰值。随着 β 值的改变,凯塞窗相当于前述典型的固定窗函数,如 $\beta=0$ 时相当于矩形窗,$\beta=5.44$ 时接近于布莱克曼窗,$\beta=8.5$ 时接近于汉明窗。β 一般在 $4\leqslant\beta\leqslant9$ 范围内取值,不同的 β 值,对应的低通滤波器性能指标如表 6-3 所示。

表 6-3　不同 β 值对应的低通滤波器性能指标

β	过渡带宽 $\Delta\omega$	阻带最小衰减 δ_{st}	β	过渡带宽 $\Delta\omega$	阻带最小衰减 δ_{st}
2.120	$3.00\pi/N$	30 dB	6.764	$8.64\pi/N$	70 dB
3.384	$4.46\pi/N$	40 dB	7.865	$10.0\pi/N$	80 dB
4.538	$5.86\pi/N$	50 dB	8.960	$11.47\pi/N$	90 dB
5.658	$7.24\pi/N$	60 dB	10.056	$12.8\pi/N$	100 dB

由于涉及贝塞尔函数的复杂性,凯塞窗函数的设计方程不容易导出。在实际设计过程中,可以根据凯塞已经导出的经验设计公式,给定低通滤波器的通带截止频率 ω_p、阻带截止频率 ω_{st} 及阻带最小衰减 δ_{st},依据式(6-3-24)求解参数 N 和 β,有

$$N=\frac{\delta_{st}-7.95}{2.285(\omega_{st}-\omega_p)}+1 \qquad (6\text{-}3\text{-}24)$$

$$\beta=\begin{cases}0.110\,2(\delta_{st}-8.7), & \delta_{st}>50 \\ 0.584\,2\,(\delta_{st}-21)^{0.4}+0.078\,86(\delta_{st}-21), & 21\leqslant\delta_{st}\leqslant50 \\ 0, & \delta_{st}<21\end{cases}$$

$$(6\text{-}3\text{-}25)$$

6.4 频率采样设计法

窗函数法是在时域内对 $h_d(n)$ 进行加窗处理得到 $h(n)$，以 $h(n)$ 来逼近 $h_d(n)$，这样得到的频率响应 $H(e^{j\omega})$ 就逼近理想的频率响应 $H_d(e^{j\omega})$；而频率抽样设计法则是在频域内，以有限个频率响应抽样，去近似所希望的理想频率响应 $H_d(e^{j\omega})$。

设所希望得到的频率响应为 $H_d(e^{j\omega})$，则 $H(k)$ 是频域在 $\omega=0\sim2\pi$ 之间对 $H_d(e^{j\omega})$ 的 N 点进行等间隔抽样。一般有两种抽样方式，第一种频率抽样方式是以 $\omega=\dfrac{2\pi}{N}k(0\leqslant k\leqslant N-1)$ 进行抽样，第一个频率抽样点在 $\omega=0$ 处；第二种抽样方式是以 $\omega=\dfrac{2\pi}{N}(k+\dfrac{1}{2})(0\leqslant k\leqslant N-1)$ 进行抽样，第一个频率抽样点在 $\omega=\dfrac{2\pi}{N}$ 处。这里主要介绍第一种频率抽样方式。

6.4.1 设计方法

设 $h(n)$ 是一个 N 点 FIR 滤波器的单位抽样响应，$H(z)$ 是该滤波器的系统函数，$H(k)$ 是 $h(n)$ 的 N 点 DFT。由频域抽样理论有

$$H(z) = \frac{1}{N}\sum_{k=0}^{N-1}H(k)\frac{1-z^{-N}}{1-W_N^{-k}z^{-1}} \tag{6-4-1}$$

$$H(e^{j\omega}) = \sum_{k=0}^{N-1}H(k)\phi\left(\omega-\frac{2\pi}{N}k\right) \tag{6-4-2}$$

式(6-4-2)中 $\phi(\omega)=\dfrac{1}{N}\dfrac{\sin\left(\dfrac{\omega N}{2}\right)}{\sin\left(\dfrac{\omega}{2}\right)}e^{-j\omega\left(\frac{N-1}{2}\right)}$ 为内插函数。由于 $H(k)$ 是 $H(z)$ 在单位圆上的采样，所以有

$$H(k) = H(e^{j\frac{\pi}{2}k}) = \begin{cases} H(0), k=0 \\ H^*(N-k), k=1,2,\cdots,N-1 \end{cases} \tag{6-4-3}$$

将式(6-4-3)写成幅度和相位的形式

$$H(k) = H_k e^{j\phi_k} = H_r(\omega)e^{j\theta(\omega)}\big|_{\omega=\frac{2\pi k}{N}} = H_r\left(\frac{2\pi k}{N}\right)e^{j\theta(\frac{2\pi k}{N})} \tag{6-4-4}$$

式中，$H_k=H_r\left(\dfrac{2\pi k}{N}\right)$，可正可负；$\phi_k=\theta(\omega)\big|_{\omega=\frac{2\pi k}{N}}$。

设计线性相位 FIR 滤波器时，$H(k)$ 的幅度和相位一定要满足表 6-2 中归纳的约束条件。下面针对表 6-2 的情况进行讨论：

(1)第一类线性相位时，满足 $\theta(\omega) = -\dfrac{N-1}{2}\omega$，所以有

$$\phi_k = -\omega\frac{N-1}{2}\bigg|_{\omega=\frac{2\pi k}{N}} = -\frac{N-1}{N}k\pi \tag{6-4-5}$$

(2)第二类线性相位时，满足 $\theta(\omega) = -\dfrac{\pi}{2} - \dfrac{N-1}{2}\omega$，所以有

$$\phi_k = -\frac{\pi}{2} - \frac{N-1}{N}k\pi \tag{6-4-6}$$

(3)对于表 6-2 中的情况 Ⅰ 和情况 Ⅳ，此时幅度函数关于 $\omega=\pi$ 偶对称，即 $H_r(\omega) = H_r(2\pi-\omega)$，所以有

$$H_k = H_r\left(\frac{2\pi k}{N}\right) = H_r\left(2\pi - \frac{2\pi k}{N}\right) = H_r\left[\frac{2\pi}{N}(N-k)\right] = H_{N-k} \tag{6-4-7}$$

式(6-4-7)中 H_N 即为 H_0。

(4)对于表 6-2 中的情况 Ⅱ 和情况 Ⅲ，此时幅度函数关于 $\omega=\pi$ 奇对称，即 $H_r(\omega) = -H_r(2\pi-\omega)$，做上述的类似推导，得

$$H_k = -H_{N-k} \tag{6-4-8}$$

当 N 为偶数时 $H_{N/2}=0$。

另外，根据式(6-4-3)也可以得到以下关系

$$\begin{cases} H_k = H_{N-k} \\ \phi_k = -\phi_{N-k} \end{cases}, k=0,1,\cdots,\frac{N-1}{2} \tag{6-4-9}$$

根据式(6-4-9)和式(6-4-5)或式(6-4-6)就能确定出 $H(k)$、ϕ_k，最后可以利用内插公式(6-4-2)来求得所设计的实际滤波器的频率响应 $H(\mathrm{e}^{\mathrm{j}\omega})$。

例如，设计所希望的滤波器是理想低通滤波器，要求截止频率为 ω_c，抽样点数 N 为奇数，FIR 滤波器满足第一类线性相位，则 H_k、ϕ_k 可以由下列公式计算：

$$\begin{cases} H_k = H_{N-k} = 1, k=0,1,\cdots,k_c \\ H_k = H_{N-k} = 0, k=k_c+1,k_c+2,\cdots,\dfrac{N-1}{2} \\ \phi_k = -\phi_{N-k} = -\dfrac{N-1}{N}k\pi, k=0,1,\cdots,\dfrac{N-1}{2} \end{cases} \tag{6-4-10}$$

式中，k_c 为小于或等于 $\dfrac{\omega_c N}{2\pi}$ 的最大整数。

6.4.2　逼近误差

正如窗函数设计法一样，$H(e^{j\omega})$ 是对所希望得到的 $H_d(e^{j\omega})$ 的一种逼近，也就是二者的特性曲线并不完全一致，存在逼近误差。

6.4.2.1　逼近误差的特点

为了分析逼近误差的特点，我们先看下面的例子。

例 6-4-1　用频率抽样设计法设计一个具有第一类线性相位的 FIR 低通滤波器，要求截止频率 $\omega_c = 0.4\pi$，绘制出当频域抽样点数 N 为 15 时的设计结果波形，并分析逼近误差的特点。

解：以理想低通滤波器作为希望逼近的滤波器，则频率响应函数为

$$H_d(e^{j\omega}) = H_d(\omega)e^{-j\omega\frac{N-1}{2}} = \begin{cases} e^{-j7\omega}, & |\omega| \leqslant 0.4\pi \\ 0, & 0.4\pi < |\omega| \leqslant \pi \end{cases}$$

（1）对 $H_d(e^{j\omega})$ 进行抽样。

先计算通带内的抽样点数 $k_c + 1(\omega = 0 \sim \pi)$。依据所要求的截止频率，得

$$\frac{\omega_c N}{2\pi} = \frac{0.4\pi \times 15}{2\pi} = 3$$

而 k_c 为不大于 $\frac{\omega_c N}{2\pi}$ 的最大整数，则

$$k_c = 3$$

根据式（6-4-10）有

$$H(k) = \begin{cases} 1, & k = 0,1,2,3,12,13,14 \\ 0, & k = 4,5,\cdots,11 \end{cases}$$

$$\phi_k = \begin{cases} -\dfrac{14}{15}k\pi, & k = 0,1,\cdots,7 \\ \dfrac{14}{15}(15-k)\pi, & k = 8,9,\cdots,14 \end{cases}$$

H_k 的抽样结果如图 6-34(a) 所示，由此得频率抽样 $H(k)$ 为

$$H(k) = H_k e^{j\phi_k} = \begin{cases} e^{-j\frac{14}{15}k\pi}, & k = 0,1,2,3 \\ 0, & k = 4,5,\cdots,11 \\ e^{j\frac{14}{15}(15-k)\pi}, & k = 12,13,14 \end{cases}$$

（2）求解 $h(n)$。

对 $H(k)$ 进行离散傅里叶反变换，得

$$h(n) = \text{IDFT}\big[H(k)\big] = \frac{1}{15}\sum_{k=0}^{14} H(k) W_N^{kn}, n = 0,1,\cdots,14$$

$h(n)$ 波形如图 6-34(b) 所示。

(3) 求解设计所得滤波器的频率响应 $H(e^{j\omega})$。

将已求得的 $H(k)$ 代入内插公式 (6-4-2),得

$$H(e^{j\omega}) = \text{FT}\big[h(n)\big] = H(\omega)e^{-j7\omega} = \sum_{k=0}^{14} H(k)\phi\Big(\omega - \frac{2\pi}{N}k\Big)$$

$$\phi(\omega) = \frac{1}{15}\frac{\sin\Big(\dfrac{15\omega}{2}\Big)}{\sin\Big(\dfrac{\omega}{2}\Big)}e^{-j7\omega}$$

由此可以分析滤波器的频率特性。由于 $\phi_k = -\dfrac{N-1}{N}k\pi$,所以满足线性相位条件,$H(e^{j\omega})$ 必然具有线性相位。幅度特性函数 $H_r(\omega)$ 的波形如 6-34(c) 所示,虚线为 $H_{dr}(\omega)$ 波形。所设计滤波器的对数幅频特性曲线如 6-34(d) 所示。

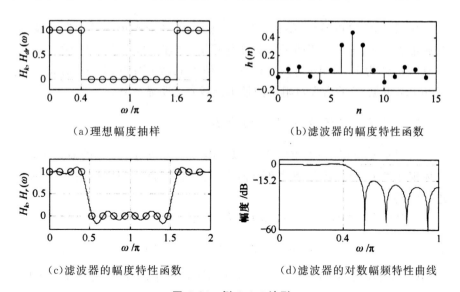

(a)理想幅度抽样　　　　　　　　(b)滤波器的幅度特性函数

(c)滤波器的幅度特性函数　　　　　(d)滤波器的对数幅频特性曲线

图 6-34　例 6-4-1 波形

由图 6-34(c) 看出,$H_r(\omega)$ 与 $H_{dr}(\omega)$ 在各频率抽样点之间存在逼近误差:$H_{dr}(\omega)$ 变换缓慢的部分,逼近误差小;而在 ω_c 附近,$H_{dr}(\omega)$ 发生突变,$H_r(\omega)$ 产生正肩峰和负肩峰,逼近误差最大。$H_r(\omega)$ 在 ω_c 附近形成宽度近似为 $\dfrac{2\pi}{N}$ 的过渡带,而在通带和阻带内出现吉布斯效应。

本例中,如果 $N=35,65$,则所设计的滤波器如图 6-35 所示。

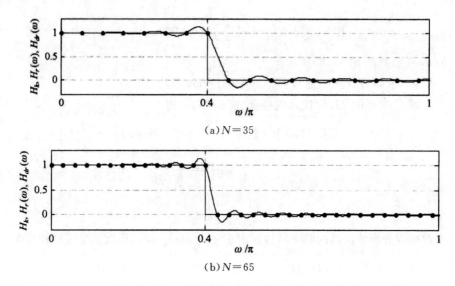

（a）$N=35$

（b）$N=65$

图 6-35 所设计滤波器的幅度特性函数（不同 N）

从图 6-35 可以看出，抽样点数 N 越大，$H_{dr}(\omega)$ 平坦区域的误差越小，过渡带也越窄，通带与阻带的波纹变化越快。本例中，当 $N=15$ 时，阻带最小衰减 δ_{st} 约为 15.2 dB；当 $N=35$ 时，δ_{st} 约为 16.2 dB；当 $N=65$ 时，δ_{st} 约为 16.6 dB，可见 N 的增大对阻带的最小衰减并无明显改善。

6.4.2.2 逼近误差产生的原因

从图 6-34 和图 6-35 的结果可以看出，$H(e^{j\omega})$ 与 $H_d(e^{j\omega})$ 的逼近误差主要体现在通带波纹、阻带波纹和过渡带。下面从频域和时域对其产生原因进行分析。

在时域中，$H_d(e^{j\omega})$ 所对应的单位抽样响应为

$$h_d(n) = \frac{1}{2\pi}\int_{-\pi}^{\pi} H_d(e^{j\omega}) e^{j\omega n} \, d\omega$$

而 $H(k)$ 所对应的 $h(n)$ 应是 $h_d(n)$ 以 N 为周期的周期延拓序列的主值序列，即

$$h(n) = \sum_{-\infty}^{\infty} h_d(n+rN) R_N(n)$$

若 $H_d(e^{j\omega})$ 是分段函数，则 $h_d(n)$ 应是无限长的。这样，$h_d(n)$ 在周期延拓时，就会产生时域混叠，从而使所设计的 $h(n)$ 与所希望的 $h_d(n)$ 之间出现偏差。同时也看出，频域抽样点数 N 越大，$h(n)$ 就越接近 $h_d(n)$。

在频域中，由内插公式（6-4-2）所确定的 $H(e^{j\omega})$ 只有在各抽样点 $\omega = \frac{2\pi}{N}k$ 处才等于本抽样点处的 $H(k)$，而在各抽样点之间则由各抽样值 $H(k)$

和内插函数组合而成。这样,在各抽样频率点处,二者的逼近误差为零,即 $H(\mathrm{e}^{\mathrm{j}\frac{2\pi}{N}k}) = H_d(\mathrm{e}^{\mathrm{j}\frac{2\pi}{N}k})$;而在各抽样频率点之间存在逼近误差,误差大小取决于 $H_d(\mathrm{e}^{\mathrm{j}\omega})$ 曲线的形状和抽样点数 N 的大小:$H_d(\mathrm{e}^{\mathrm{j}\omega})$ 特性曲线变化越缓慢、抽样点数 N 越大,则二者的逼近误差越小;反之,则误差越大。

6.4.2.3 减小逼近误差的措施

针对逼近误差的特点及其产生原因,可以采用增加过渡带抽样点的方法来改善滤波器的性能。与窗函数设计法一样,加大过渡带宽,即在不连续点的边缘增加值为 0 到 1 之间(不包含 0 和 1)的过渡带抽样点,可以缓和阶跃突变,使所希望的幅度特性 $H_{dr}(\omega)$ 由通带比较平滑地过渡到阻带,从而使波纹幅度大大减小,同时阻带衰减也得到改善,如图 6-36 所示,其本质是对 H_k 增加过渡带抽样点。需要注意的是,这时总抽样点数 N 并未改变,只是将原来为零的几个点改为非零点,如图 6-36 所示(总抽样点为 35)。

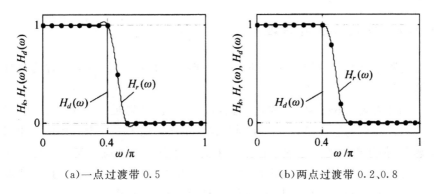

（a）一点过渡带 0.5　　　　　　（b）两点过渡带 0.2、0.8

图 6-36　增加过渡带抽样点

对比图 6-36 和图 6-35(a)可以看出,增加过渡带点后,通带波纹和阻带波纹得到了明显改善。图 6-36(a)对应的 δ_{st} 约为 29.7 dB;图 6-36(b)对应的 δ_{st} 约为 39.1 dB;而没有过渡带抽样点时,δ_{st} 约为 16.2 dB。

一般来说,在最优设计时,增加一点过渡带抽样点,阻带最小衰减可达 $-54 \sim -40$ dB;增加两点过渡带抽样点,阻带最小衰减可达 $-75 \sim -60$ dB;增加三点过渡带抽样点,阻带最小衰减则可达 $-95 \sim -80$ dB。

如果在要求减小波纹幅度、增加阻带衰减的同时,又要求不能增加过渡带宽,则可以增大抽样点数 N。过渡带宽 $\Delta\omega$ 与抽样点数 N、过渡抽样点数 m 之间有如下的近似关系

$$\Delta\omega = \frac{2\pi(m+1)}{N} \tag{6-4-11}$$

6.5 等波纹最佳逼近设计法

窗函数法和频率采样法都存在着共同的缺点，即通带、阻带边缘频率不易控制；通带、阻带边缘处的逼近误差大，而在远离过渡带之处，逼近误差小；此外，无法调整通带、阻带波纹之比。总之，这两种逼近方法不够灵活。下面将要介绍等波纹逼近法(equiripple approximation)。这种逼近法的主要特点如下。

- 通带、阻带的逼近误差是等波纹的。
- 可以控制通带与阻带的波纹比例。

这两个特点能使滤波器在阶数相同的条件下获得更好的频率特性。一般来说，滤波器的通带波纹可以稍大，但对阻带衰减的要求却往往很严。用这种方法可以保证在通带波纹不过大的条件下，获得较大的阻带衰减。

6.5.1 等波纹逼近原理

这种逼近有多种称谓。它基于最大误差最小化准则，通常又称为最佳一致逼近。

切比雪夫(Chebyshev)逼近理论解决了等波纹逼近函数的存在性、唯一性以及如何构造该函数等一系列问题。虽然切比雪夫并未具体地求出逼近函数，但他提出的逼近理论已为后来的工作奠定了基础。基于切比雪夫逼近理论，麦克莱伦(McClellan)和拉宾纳(Rabiner)等学者提出了 FIR 滤波器的 CAD 设计方法。其中，他们用到著名的雷米兹(Remez)算法。所以，等波纹逼近又称为 McClellan-Rabiner 算法或 Remez 算法[①]。

切比雪夫最佳一致逼近的提法如下。

对于给定区间$[a,b]$上的连续函数$f(x)$，在所有n次多项式的集合P_n中，寻求一个多项式$\hat{p}(x)$，使它在$[a,b]$上最佳地逼近$f(x)$。所谓"最佳逼近"是指$\hat{p}(x)$对$f(x)$的偏差

$$\max_{a\leq x\leq b}|\hat{p}(x)-f(x)|$$

与其他任一$p(x)\in P_n$对$f(x)$的偏差

$$\max_{a\leq x\leq b}|p(x)-f(x)|$$

相比较，是最小的，即

---

① 王大伦.数字信号处理[M].北京：清华大学出版社，2014.

$$\max_{a\leqslant x\leqslant b}|\hat{p}(x)-f(x)|=\min_{p(x)\in P_n}\{\max_{a\leqslant x\leqslant b}|p(x)-f(x)|\} \quad (6\text{-}5\text{-}1)$$

切比雪夫逼近理论指出：这样的 $\hat{p}(x)$ 是存在的，且是唯一的，并指出了应根据交错定理来构造这种逼近多项式。

交错定理（alternation theorem）：设 $f(x)$ 是定义实数闭区间在 $[a,b]$ 上的连续函数，$p(x)$ 是 P_n 中一个阶次不超过 n 的多项式，并令 $E_n=\max_{a\leqslant x\leqslant b}|p(x)-f(x)|$ 及 $E_n=p(x)-f(x)$，则 $p(x)$ 是 $f(x)$ 最佳一致逼近多项式的充分必要条件是：$E(x)$ 在 $[a,b]$ 上至少存在 $n+2$ 个交错点，使得

$$E(x_i)=\pm E_m, i=1,2,\cdots,n+2 \quad (6\text{-}5\text{-}2a)$$

及

$$E(x_i)=-E(x_{i+1}), i=1,2,\cdots,n+1 \quad (6\text{-}5\text{-}2b)$$

这 $n+2$ 个点就是"交错点组"，即 $E(x_1),E(x_2),\cdots,E(x_{n+1})$ 正负交替出现，用光滑曲线将其连接起来，就是等波纹的最佳一致逼近。显然，x_1，$x_2,\cdots,x_{n+2}$ 是 $E(x)$ 的极值点。

下面探讨用等波纹逼近法设计 FIR 线性相位低通滤波器。当然，这种方法也可以用来设计其他频带滤波器。下面以 1 类滤波器的设计作为例子。2 类、3 类及 4 类滤波器的设计仿此进行。

令 $H_d(e^{j\omega})$ 和 $H(e^{j\omega})$ 分别代表理想低通和实际低通滤波器的频率响应。设 F 是定义在实数闭区间 $H_d(e^{j\omega})$ 的任意闭子集。为了使 $H(e^{j\omega})$ 在 F 上成为 $H_d(e^{j\omega})$ 的唯一最佳逼近，其充要条件是误差函数在 F 上至少呈现 $M+2$ 个交错，使

$$E(\omega_i)=-E(\omega_{i+1})=\perp\max|E(\omega)|,0\leqslant i\leqslant M+1 \quad (6\text{-}5\text{-}3)$$

式中，$\omega_0<\omega_1<\cdots<\omega_{M+1}$，并且 $\omega_i\in F$。$F:0\leqslant\omega\leqslant\omega_p\bigcup\omega_s\leqslant\omega\leqslant\pi(0\leqslant\omega\leqslant\omega_p$ 是通带 B_p，$\omega_s\leqslant\omega\leqslant\pi$ 是阻带 B_s）。

下面以低通滤波器设计为例，讨论交错定理的应用。

图 6-37 示出一个实际低通滤波器的幅频特性。这是一个容限图，标出滤波器在通带内的频响波动被限制在 $1-\delta_p\sim1+\delta_p$ 范围内，而阻带频响波动被限制在 $-\delta_s\sim\delta_s$ 范围内。图 6-37 中，ω_p 是通带边界频率，频响波动为 δ_p；ω_s 是阻带边界频率，频响波动为 δ_s。理想低通与实际低通的幅频特性误差函数示于图 6-38，它具有等波纹分布特性。切比雪夫等波纹设计要求在 $0\sim\pi$ 区间内使最大误差最小化。为了统一使用最大误差最小化准则，把通带与阻带内的误差统一表示为加权误差函数，即

$$E(\omega)=W(\omega)[H_d(\omega)-H(\omega)] \quad (6\text{-}5\text{-}4)$$

这里，理想低通的幅频特性为

$$H_d(\omega)=\begin{cases}1,0\leqslant\omega\leqslant\omega_p\\0,\omega_s\leqslant\omega\leqslant\pi\end{cases} \quad (6\text{-}5\text{-}5)$$

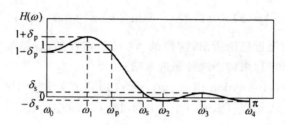

图 6-37　实际低通滤波器的幅频特性

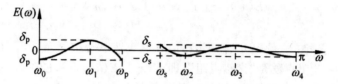

图 6-38　理想低通与实际低通的幅频特性误差函数

在实际应用中,对通带、阻带逼近精度的要求是不同的。令 $k = \delta_s / \delta_p$,并定义加权函数

$$W(\omega) = \begin{cases} k, 0 \leqslant \omega \leqslant \omega_p(通带) \\ 1, \omega_s \leqslant \omega \leqslant \pi(阻带) \end{cases} \tag{6-5-6}$$

调节加权函数 $W(\omega)$ 就可以改变通带与阻带的波纹比。按式(6-5-6)定义加权函数时,则设计所得滤波器的通带波纹等于阻带波纹的 k 倍。在允许误差比较大的频带内,例如图 6-37 所示的情况,用较大的加权函数。注意:若用这种加权方式,最大加权逼近误差在通带和阻带上均为 $\delta = \delta_s$。这样,切比雪夫等波纹设计问题就是:使实际滤波器的幅频特性 $H(\omega)$,在各个频带上逼近理想的幅频特性 $H_d(\omega)$,并使误差函数 $E(\omega)$ 的最大绝对值达到最小。如果用 E_m 表示这个最小值,则有

$$\delta = E_m = \min_{0 \leqslant \omega \leqslant \pi} \max |E(\omega)| \tag{6-5-7}$$

此式也意味着使 δ_s 为最小[①]。

现在要设计一个低通滤波器,使其 $H(e^{j\omega})$ 最佳一致逼近 $H_d(e^{j\omega})$。给定的参数是:通带、阻带的边界频率 ω_p 和 ω_s,以及通带、阻带内的波纹 δ_p 和 δ_s。此外,为了满足预定的频率特性,冲激响应序列 $h(n)$ 的长度 N 要达到某个值。所以,共有 5 个参数,即 ω_p、ω_s、δ_p、δ_s 和 N。设计完成后,要给出序列,验算频率特性是否满足要求。此外,还应保证所设计的滤波器具有线性相位特性,故应从 6.2.3 节所讲的 4 类滤波器中选择合适的一种。不失一

---

①　王大伦. 数字信号处理[M]. 北京:清华大学出版社,2014.

般性,下面以 1 类滤波器为例进行讨论。对于 1 类线性相位滤波器,$h(n)=h(N-1-n)$,N 为奇数。其频率特性为

$$H(\mathrm{e}^{j\omega}) = \mathrm{e}^{j\frac{N-1}{2}\omega}H(\omega) \tag{6-5-8}$$

式中,幅频特性 $H(\omega)$ 为

$$H(\omega) = \sum_{m=0}^{M} a(m)\cos(m\omega) \tag{6-5-9}$$

式中,M 是群时延,$M=(N-1)/2$。

由于用等波纹逼近,其误差函数的极值点也就是 $H(\mathrm{e}^{j\omega})$ 的极值点。现在来研究式(6-5-9)的幅频函数 $H(\omega)$ 究竟有多少个极值。由于 $\cos(m\omega)$ 可以展开为 $\cos(\omega)$ 的 M 次多项式,因此,$H(\omega)$ 是 $\cos(\omega)$ 的 M 次多项式。对 $H(\omega)$ 求导数,得

$$\frac{\partial}{\partial\omega}H(\omega) = \frac{\partial}{\partial\omega}[\cos(\omega)\ 的\ M\ 次多项式]$$
$$= [\cos(\omega)\ 的\ M-1\ 次多项式][-\sin(\omega)] = 0 \tag{6-5-10}$$

式(6-5-10)的根的数目就是 $H(\omega)$ 的极值点数目。在式(6-5-10)中,$\cos(\omega)$ 的 $M-1$ 次多项式有 $M-1$ 个根,而 $\sin(\omega)$ 有两个根(即 0 和 π),故 $H(\omega)$ 共有 $M+1$ 个极值点。除 $\omega=0$ 和 $\omega=\pi$ 必须为极值点外,其余 $M-1$ 个极值点可根据需要在通带和阻带内分配。例如,对应于图 6-37 的滤波器,$N=9$,即 $M=4$,极值点总数为 5。除 $\omega=0$ 和 $\omega=\pi$ 外,对其余 3 个极值点,在通带内安排 1 个,阻带内安排两个。

6.5.2　Herrman-Schuessler 算法

如前所述,等波纹共有 5 个参数,即 ω_p、ω_s、δ_p、δ_s 和 N。由 N 可算出群时延 M。根据选择参数的不同,可以有不同的逼近方法。

1970 年,Herrman 和 Schuessler 提出一种算法:将参数 M、δ_p 和 δ_s 固定,允许 ω_p 和 ω_s 改变。由此导出等波纹设计的非线性方程:在 $M-1$ 个极值频率处取 $H(\omega)$ 的值为 $1\pm\delta_p$(通带内)或 $\pm\delta_s$(阻带内);在这些频率处,使 $H(\omega)$ 的导数为零。例如,对图 6-37 所示的情况,有

$$\left.\begin{aligned} H(\omega_0) &= 1-\delta_p \\ H(\omega_1) &= 1+\delta_p \\ H(\omega_2) &= -\delta_s \\ H(\omega_3) &= \delta_s \\ H(\omega_4) &= -\delta_s \end{aligned}\right\} \tag{6-5-11}$$

此外,在各极值点处,$H(\omega)$ 的导数应等于零,故有

$$\left.\begin{array}{l} \dfrac{\mathrm{d}}{\mathrm{d}\omega}H(\omega)\mid\omega=\omega_0=0 \\[2mm] \dfrac{\mathrm{d}}{\mathrm{d}\omega}H(\omega)\mid\omega=\omega_1=0 \\[2mm] \dfrac{\mathrm{d}}{\mathrm{d}\omega}H(\omega)\mid\omega=\omega_2=0 \\[2mm] \dfrac{\mathrm{d}}{\mathrm{d}\omega}H(\omega)\mid\omega=\omega_3=0 \\[2mm] \dfrac{\mathrm{d}}{\mathrm{d}\omega}H(\omega)\mid\omega=\omega_4=0 \end{array}\right\} \qquad (6\text{-}5\text{-}12)$$

这个联立方程组共有 $2M$ 个方程,所以可以解出 $M-1$ 个未知频率和 $M+1$ 个 $a(m)$ 系数。这是一组非线性方程,一般用 Fletcher-Powell 算法迭代求出。

这种等波纹设计方法的主要缺点是需要解一组非线性方程,因而只适于 M 值较小的情况。此外,由于只根据 δ_p 和 δ_s 来设计,因而无法控制过渡带边界频率 ω_p 和 ω_s,所以不够灵活。这种方法与频率采样法相比,灵活性改善不大。

为了克服以上缺点,1972 年,Parks 和 McClellan 将切比雪夫逼近理论中的"交错定理"用于等波纹滤波器的设计中。根据交错定理,假设在逼近区间 $[0,\pi]$ 内的 $M+2$ 个交错频率为 $\omega_0,\omega_1,\cdots,\omega_{M+1}$,则由式(6-5-4)得

$$W(\omega_i)=\left[H_\mathrm{d}(\omega_i)-\sum_{m=0}^{M}a(m)\cos(\omega_i)\right]=-(1)^i\delta_\mathrm{s},\ i=0,1,\cdots,M+1$$

$$(6\text{-}5\text{-}13)$$

式中,$a(m)$ 和 δ_s 都是待求的参数。式(6-5-13)可以表示为如下的矩阵形式

$$\underbrace{\left[\begin{array}{ccccc|c} 1 & \cos\omega_0 & \cos(2\omega_0) & \cdots & \cos(M\omega_0) & \dfrac{1}{W(\omega_0)} \\[2mm] 1 & \cos\omega_1 & \cos(2\omega_1) & \cdots & \cos(M\omega_1) & \dfrac{-1}{W(\omega_1)} \\[2mm] 1 & \cos\omega_2 & \cos(2\omega_2) & \cdots & \cos(M\omega_2) & \dfrac{1}{W(\omega_2)} \\[2mm] \vdots & \vdots & \vdots & \vdots & \vdots & \vdots \\[2mm] 1 & \cos\omega_{M+1} & \cos(2\omega_{M+1}) & \cdots & \cos(M\omega_{M+1}) & \dfrac{(-1)^{M+1}}{W(\omega_{M+1})} \end{array}\right]}_{\substack{\text{矩阵 }\boldsymbol{P} \qquad\qquad \text{列向量 }\boldsymbol{W} \\ \text{矩阵 }\boldsymbol{Q}}} \underbrace{\left[\begin{array}{c} a(0) \\ a(1) \\ a(2) \\ \vdots \\ a(M) \\ \delta_\mathrm{s} \end{array}\right]}_{\text{列向量 }\boldsymbol{a}} = \underbrace{\left[\begin{array}{c} H_d(\omega_0) \\ H_d(\omega_1) \\ H_d(\omega_2) \\ \vdots \\ H_d(\omega_{M+1}) \end{array}\right]}_{\text{列向量 }\boldsymbol{H}_d}$$

$$(6\text{-}5\text{-}14\mathrm{a})$$

此式可简写为

$$Qa = H_d \qquad\qquad (6\text{-}5\text{-}14b)$$

现在,检查交错频率数目是否满足交错定理的要求。如前所述,根据 $H(\omega)$ 的极值点的约束条件,共有 $M+1$ 极值。实际上,在过渡带边缘的两个频率 ω_p 和 ω_s 都达到逼近误差的极值,即

$$\begin{cases} H(\omega_p) = 1 - \delta_p \\ H(\omega_s) = -\delta_s \end{cases} \qquad\qquad (6\text{-}5\text{-}15)$$

所以,ω_p 和 ω_s 也属于极值频率集的两个频率。可能成为式(6-5-3)所定义的交错点有以下几种。

(1)M 阶多项式 $H(\omega)$ 的 $M-1$ 个导数为 0 所对应的频率。

(2)$\omega = \omega_p$,$\omega = \omega_s$。

(3)$\omega = 0$,$\omega = \pi$。

最优化之后,(1)和(2)两项的 $M+1$ 个频率以及 $\omega = 0$ 和 $\omega = \pi$ 中的一点一定成为式(6-5-7)所定义的交错点。这样,交错点就有 $M+2$ 个,符合交错定理的要求。如果 $\omega = 0$ 和 $\omega = \pi$ 都成为达到极值的交错点,则交错点就有 $M+3$ 个。这时,所得的滤波器成为"超波纹"滤波器。

直接解出式(6-5-15)表示的方程组非常困难。因为所有极值事先是不知道的。通常用数值分析中的 Remez 算法,通过逐次迭代来求出极值频率。

6.5.3　Remez 算法

Remez 算法有时又称为 Parks-McClallan 算法。

等波纹设计法有如下缺点。首先,该设计中未指出怎样正确初始化滤波器的冲激响应的长度,以保证满足对逼近误差的要求。再者,设计过程很烦琐:每次解矩阵方程后,都要检查所选的频率点组是否都是极值点,只要其中一个有所偏离,就要加以修正,重新进行计算。下面阐述的 Remez 算法是一种迭代算法,能有效地解决这些问题。

如前所述,等波纹设计中需要确定 5 个参数,即 M(或 N)、ω_p、ω_s、δ_p 和 δ_s。在设计时,只能指定其中几个参数,其余的则在迭代中求出。例如,可给定 M(或 N)、δ_p 和 δ_s,而通过迭代求出 ω_p 和 ω_s。这种选法的缺点是通带、阻带边界频率不能精确地确定。

Parks-McClallan(Remez)算法先选定 M(或 N)、ω_p、ω_s 和比值 $k = \delta_s/\delta_p$,通过迭代最后确定 δ_p 和 δ_s。在进行迭代之前,先按以下两个公式之一初始化 N 值(滤波器系数长度)

$$N = \frac{-20\log\sqrt{\delta_p\delta_s} - 13}{14.6\Delta f} + 1, \Delta f = \frac{\omega_s - \omega_p}{2\pi} \qquad (6\text{-}5\text{-}16a)$$

或

$$N = \frac{2}{3}\log\left(\frac{1}{10\delta_p\delta_s}\right)\frac{1}{\Delta f}, \Delta f = \frac{\omega_s - \omega_p}{2\pi} \qquad (6\text{-}5\text{-}16\text{b})$$

然后按下式计算式(6-5-7)的 δ

$$\delta = \frac{\sum_{k=0}^{M+1} b_k H_d(\omega_k)}{\sum_{k=0}^{M+1} (-1)^{k+1} b_k / W(\omega_k)} \qquad (6\text{-}5\text{-}17)$$

式中

$$b_k = \prod_{M+1} \frac{1}{(\cos\omega_k - \cos\omega_i)} \qquad (6\text{-}5\text{-}18)$$

把 $\omega_0, \omega_1, \cdots, \omega_{M+1}$ 代入式(6-5-17)，即可以求出 δ。它是用第一组交错点所产生的偏差，实际上就是 δ_s。求出 δ 后，利用重心形式的拉格朗日插值公式，可以在不求出 $a_0, a_1, \cdots, a_M$ 的情况下得到 $H(\omega)$

$$H(\omega) = \frac{\sum_{k=0}^{M} \left(\frac{d_k}{\cos\omega - \cos\omega_k}\right) C_k}{\sum_{k=0}^{M} \frac{d_k}{\cos\omega - \cos\omega_k}} \qquad (6\text{-}5\text{-}19)$$

式中

$$C_k = H_d(\omega_k) - (-1)^{k+1} \frac{\delta}{W(\omega_k)}, k = 0, 1, \cdots, M \qquad (6\text{-}5\text{-}20)$$

$$d_k = \prod_{M} \frac{1}{\cos(\omega_k) - \cos(\omega_i)} = b_k[\cos(\omega_k) - \cos(\omega_{M+1})]$$

$$(6\text{-}5\text{-}21)$$

至此，已得出满足任何频率的 $H(\omega)$，而不用去解方程(6-5-14)来求系数 a_k。可以用式(6-5-19)计算通带和阻带中许多频率处的 $H(\omega)$ 和 $E(\omega)$。如果对通带和阻带中的所有 ω，都有 $|E(\omega)| \leqslant \delta$，则说明已经得到最佳逼近；否则，必须求出一组新的极值频率。

图6-39用来说明 Remez 算法。显然，求 δ 所用到的频率组(图6-39中用圆点表示)是那些能使 δ 最小的频率。根据 Remez 算法的原理，将该组极值转换成由误差曲线 $M+2$ 个最大峰点所确定的一组新的频率。图中用"×"表示的点的横坐标就是本例的一组新频率点。如前所述，必须将 ω_p 和 ω_s 选作极值频率。在开区间 $0 < \omega < \omega_p$ 和 $\omega_s < \omega < \pi$ 中，最多有 $M-1$ 个局部极大值点和极小值点，剩下的极值点可在 $\omega=0$ 处，也可在 $\omega=\pi$ 处。如果在 $\omega=0$ 和 $\omega=\pi$ 处误差函数均有一个极大值，则把产生最大误差的频率作为极值频率的最新估计。重复下列步骤：首先进行 δ 的循环计算，其次用假设的误差峰值拟合一个多项式，然后找出实际误差峰点的位置。重复进行该步骤，用稍大于原定的较小数值开始，直到 δ 值不再改变为止，这个值就是所要求的极大极小

加权逼近误差。这种算法的流程图示于图 6-40。每一步迭代都隐含地改变冲激响应序列 $h_d(n)$，以得到所要求的最佳逼近。但是，$h_d(n)$ 的值也从未显式地计算过。当算法收敛后，可以通过离散傅里叶变换求出 $h_d(n)$[①]。

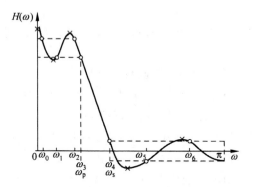

图 6-39　等波纹逼近的 Parks-McClellan 算法说明

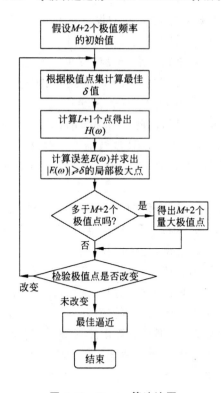

图 6-40　Remez 算法流图

---

①　王大伦. 数字信号处理[M]. 北京：清华大学出版社，2014.

6.6　IIR 和 FIR 数字滤波器的比较

为了在实际应用时,更好地选择合适的滤波器,下面对这两种滤波器做一个简单的比较。

在结构上,IIR 滤波器的系统函数是有理分式,用递归结构。只有极点都在单位圆内时滤波器才稳定,但有限字长效应可能使滤波器不稳定甚至出现极限环振荡。FIR 滤波器的系统函数是多项式,用非递归结构。只在原点有极点,总是稳定的。有限字长不会引起极限环振荡,误差较小。

在频率响应特性上,IIR 滤波器具有很好的选频特性,但是相位是非线性的。FIR 滤波器则可实现线性相位,但若需要获得一定的选择特性,FIR 滤波器则需要较多的存储器和较多的运算。

在设计方法上,IIR 数字滤波器的设计可利用现成的模拟滤波器设计公式、数据和表格,因而计算工作量较小,对计算工具要求不高。而 FIR 滤波器则要灵活得多,尤其是频率采样设计法更容易适应各种幅度特性和相位特性的要求,能设计出理想的 Hilbert 变换器、理想差分器、线性调频等各种重要网络,因而具有更大的适应性和更广阔的使用。FIR 滤波器的设计只有计算机程序可以利用,因此一般要借助计算机来设计。

在相同的技术指标要求下,IIR 滤波器由于存在输出到输入的反馈,可以用比 FIR 滤波器较少的阶数满足相同的指标。FIR 滤波器比 IIR 滤波器阶数高 5 至 10 倍。

IIR 滤波器主要用于规格化的、频率特性为分段常数的标准低通、高通、带通、带阻和全通滤波器。FIR 滤波器可用于理想正交变换器、理想微分器、线性调频器等各种网络,适应性较广。

由以上比较可以看到,IIR 滤波器与 FIR 滤波器各有特点,应根据实际应用的要求,从多方面来加以考虑选择。例如,在对相位要求不高的应用场合(如语言通信等),选用 IIR 滤波器较为合适;而在对线性相位要求较高的应用中(如图像信号处理、数据传输等以波形携带信息的系统),则采用 FIR 滤波器较好。当然,没有哪一类滤波器在任何应用中都是绝对最佳的,在实际设计时,还应综合考虑经济成本、计算工具等多方面的因素[①]。

---

① 桂志国,陈友兴.数字信号处理原理及应用[M].2 版.北京:国防工业出版社,2016.

第7章 随机信号谱估计方法

    功率谱(简称谱)估计应用范围很广,日益受到各学科和应用领域的极大重视。对于许多实际应用问题,可资利用的观测数据往往是有限的,所以要准确计算功率谱通常是不可能的。比较合理的目标是设法得出功率谱的一个好的估计值,这就是功率谱估计。

    至于怎样得到好的估计,这就是后面将要介绍的各种谱估计的方法要解决的问题。这些方法主要分为两大类。通常,将以傅里叶分析为理论基础的谱估计方法叫作古典谱估计或经典谱估计;把不同于傅里叶分析的新的谱估计方法叫作现代谱估计或近代谱估计。图 7-1 所示为功率谱估计方法的大致分类。

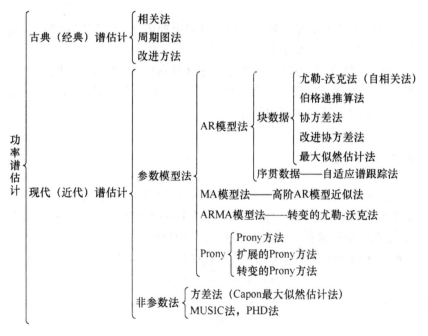

图 7-1　功率谱估计万法

191

本章介绍古典谱估计和现代谱估计的主要方法。

在现代谱估计部分,重点介绍参数模型法谱估计。由于任何平稳随机信号 $x(n)$ 都可以看成由白噪声 $w(n)$ 激励一个可逆系统 $H(z)$ 产生的输出。因为白噪声 $w(n)$ 的功率谱为常数 σ_w^2,所以待分析信号 $x(n)$ 的功率谱 $S_x(e^{jw})$ 为

$$S_x(e^{jw}) = \sigma_w^2 \left| H(e^{jw}) \right|^2$$

其中,$H(e^{jw})$ 是有理分式模型 $H(z)$ 的频谱。因此,谱估计问题就转化为模型参数的估计问题。只要估计出模型的参数,就可以用模型参数表示随机信号的功率谱。

在参数模型法谱估计部分,重点介绍 AR 模型的正则方程及其参数求解,并对 MA 模型及 ARMA 模型的正则方程及其参数求解做简单介绍。

另外,本章对基于矩阵特征分解的皮萨伦科谐波分解(Pisarenko Harmonic Decomposition,PHD)法和多信号分类(Multiple Signal Classification,MUSIC)法也将做分析介绍。

7.1　古典谱估计

古典谱估计主要有相关法(间接法)和周期图法(直接法)两种,以及由此派生出来的各种改进方法。

相关法谱估计是以相关函数为媒介计算功率谱,所以又叫间接法。它的理论基础是维纳-辛钦定理,因为是由布莱克曼(Blackman)和杜奇(Tukey)提出的,所以又叫 BT 法。

7.1.1　BT 法

根据维纳-辛钦定理,1958 年 Blackman 和 Tukey 给出了这一方法的具体实现,即先由 N 个观察值 $x_N(n)$ 估计出自相关函数 $r_x(m)$,求其傅立叶变换,以此变换结果作为对功率谱 $P_x(\omega)$ 的估计。

如果我们得到的是 $x(n)$ 的 N 个观察值 $x(0), x(1), \cdots, x(N-1)$,令

$$x_N(n) = a(n) \cdot x(n)$$

其中 $a(n)$ 是数据窗,对于矩形窗

$$a(n) = \begin{cases} 1, 0 \leqslant n \leqslant N-1 \\ 0, 0 \end{cases}$$

计算 $r_x(m)$ 的估计值的一种方法是

$$\hat{r}_x(m) = \frac{1}{N} \sum_{n=0}^{N-1} x_N(n) x_N(n+m)$$

$$= \frac{1}{N} \sum_{n=0}^{N-1-|m|} x_N(n) x_N(n+m), |m| \leqslant N-1 \qquad (7\text{-}1\text{-}1)$$

$\hat{r}_x(m)$ 的均值为

$$E\Big[\frac{1}{N} \sum_{n=0}^{N-1-|m|} x_N(n) x_N(n+m)\Big]$$

$$= \frac{1}{N} \sum_{n=0}^{N-1-|m|} E[x_N(n) x_N(n+m)] a(n) a(n+m)$$

若 $a(n)$ 是矩形窗, 则

$$E[\hat{r}_x(m)] = \frac{N-|m|}{N} \cdot r_x(m) \qquad (7\text{-}1\text{-}2)$$

所以, 偏差

$$\text{bias}\,\hat{r}_x(m) = E[\hat{r}_x(m)] - r_x(m) = -\frac{|m|}{N} r_x(m)$$

由此可以看出:

①这种自相关函数的估计是一个有偏估计, 且估计的偏差是 $-\dfrac{|m|}{N} r_x(m)$,
当 $N \to +\infty$ 时, $\text{bias}\,\hat{r}_x(m) \to 0$。因此, $\hat{r}_x(m)$ 是 $r_x(m)$ 的渐近无偏估计。

②对于一个固定的 N, 当 $|m|$ 越接近于 N 时, 估计的偏差越大。

③由式(7-1-2)可看出, $E[\hat{r}_x(m)]$ 是真值 $r_x(m)$ 和三角窗函数

$$q(m) = \begin{cases} 1 - \dfrac{|m|}{N}, & 0 \leqslant m \leqslant N-1 \\ 0, & \text{其他} \end{cases}$$

的乘积, $q(m)$ 的长度是 $2N-1$, 它是由矩形数据窗 $a_r(n)$ 的自相关所产生的。

$\hat{r}_x(m)$ 的方差是

$$\text{var}[\hat{r}_x(m)] = E[\hat{r}_x^2(m)] - \{E[\hat{r}_x(m)]\}^2 \qquad (7\text{-}1\text{-}3)$$

而

$$E[\hat{r}_x^2(m)] = E\Big[\frac{1}{N} \sum_{n=0}^{N-1-|m|} x_N(n) x_N(n+m) \sum_{k=0}^{N-1-|m|} x(k) x(k+m)\Big]$$

$$= \frac{1}{N^2} \sum_n \sum_k E[x(n) x(k) x(n+m) x(k+m)]$$

假定 $x(n)$ 是零均值的高斯随机信号, 有

$$E[x(n) x(k) x(n+m)] = r_x^2(n-k) + r_x(n-k-m) r_x(n-k+m)$$

所以

$$E[\hat{r}_x^2(m)] = \frac{1}{N^2}\sum_n\sum_k[r_x^2(n-k) + r_x^2(m) + r_x(n-k-m)r_x(n-k+m)]$$

将上式和式(7-1-2)代入式(7-1-3)得

$$\mathrm{var}[\hat{r}_x(m)] = \frac{1}{N^2}\sum_{n=0}^{N-1-|m|}\sum_{k=0}^{N-1-|m|}\sum_k[r_x^2(n-k) + r_x(n-k-m)r_x(n-k+m)]$$

$$(7\text{-}1\text{-}4)$$

令 $n-k=i$，式(7-1-4)可写成

$$\mathrm{var}[\hat{r}_x(m)] = \frac{1}{N}\sum_{i=-(N-1-|m|)}^{N-1-|m|}\left[1 - \frac{|m|+|i|}{N}\right][r_x^2(i) + r_x(i-m)r_x(i+m)]$$

在大多数情况下，$r_x(m)$ 是平方可求和的，所以当 $N\to+\infty$ 时，$\mathrm{var}[\hat{r}_x(m)]\to 0$，又因为 $\lim\mathrm{bias}[\hat{r}_x(m)]=0$，所以对于固定的延迟 $|m|$，$\hat{r}_x(m)$ 是 $r_x(m)$ 的一致估计。

对由式(7-1-1)得到的自相关函数估计 $\hat{r}_x(m)$ 进行傅立叶变换：

$$P_{BT}(\omega) = \sum_{m=-M}^{M}\upsilon(m)\hat{r}_x(m)\mathrm{e}^{-\mathrm{j}\omega m}, \quad |M|\leqslant N-1 \qquad (7\text{-}1\text{-}5)$$

其中，$\upsilon(m)$ 是平滑窗，其宽度为 $2M+1$，以此作为功率谱估计，即为 BT 谱估计。因为用这种方法求出的功率谱是通过自相关函数的估计间接得到的，所以此法也称为间接法。

7.1.2　周期图法

7.1.2.1　周期图法的概述

周期图法是把随机信号的 N 个观察值 $x_N(n)$ 直接进行傅立叶变换，得到 $X_N(\mathrm{e}^{\mathrm{j}\omega})$，然后取其幅值的平方，再除以 N，作为对 $x(n)$ 真实功率谱 $S(\omega)$ 的估计。以 $\hat{P}_{\mathrm{PER}}(\omega)$ 表示周期图法估计的功率谱，则

$$\hat{P}_{\mathrm{PER}}(\omega) = \frac{1}{N}|X_N(\mathrm{e}^{\mathrm{j}\omega})|^2$$

其中

$$X_N(\mathrm{e}^{\mathrm{j}\omega}) = \sum_{N=0}^{N-1}x_N(n)\mathrm{e}^{-\mathrm{j}\omega n} = \sum_{n=0}^{N-1}x(n)a(n)\mathrm{e}^{-\mathrm{j}\omega n}$$

$a(n)$ 为所加的数据窗，若 $a(n)$ 为矩形窗，则

$$X_N(\mathrm{e}^{\mathrm{j}\omega}) = \sum_{N=0}^{N-1}x(n)\mathrm{e}^{-\mathrm{j}\omega n}$$

因为这种功率谱估计的方法是直接通过观察数据的傅里叶变换求得的，所以习惯上又称之为直接法。周期图法功率谱估计的均值为

$$E\big[\hat{P}_{\text{PER}}(\omega)\big] = \frac{1}{2\pi}\int_{-\pi}^{\pi} P(\lambda)\theta(\omega-\lambda)\mathrm{d}\lambda$$

其中

$$\theta(\omega) = \frac{1}{N}\left[\frac{\sin\dfrac{N\omega}{2}}{\sin\dfrac{\omega}{2}}\right]^2$$

7.1.2.2　周期图的改进

周期图的改进方法一般有两种:一种是所分的数据段互不重叠,选用的数据窗口为矩形窗,称为 Bartlett 法;另一种是所分的数据段可以互相重叠,选用的数据窗可以是任意窗,称为 Welch 法。Welch 法实际上是 Bartlett 法的一种改进,换句话说,Bartlett 法只是 Welch 法的一种特例。

(1)Welch 法。假定观察数据是 $x(n), n=0,1,\cdots,N-1$,现将其分段,每段长度为 M,段与段之间的重叠为 $M-k$。如图 7-2 所示,第 i 个数据段经加窗后可表示为

$$x_i^i(n) = a(n)x(n+ik), i = 0,1,\cdots,L-1, n = 0,1,\cdots,M-1$$

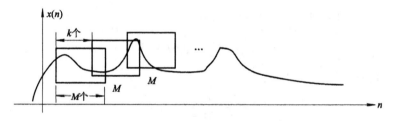

图 7-2　数据分段方法

其中,k 是为一整数,L 为分段数,它们之间满足如下关系:

$$(L-1)k + M \leqslant N$$

该数据段的周期图为

$$\hat{P}_{per}^i = \frac{1}{MU}\big|X_M^i(\omega)\big| \tag{7-1-6}$$

其中

$$X_M^i(\omega) = \sum_{n=0}^{M-1} X_M^i(n)\mathrm{e}^{-\mathrm{j}\omega n} \tag{7-1-7}$$

U 为归一化因子,使用它是为了保证所得到的谱是真正功率谱的渐进无偏估计。由此得到平均周期图

$$\overline{P}_{per}(\omega) = \frac{1}{L}\sum_{i=0}^{L-1}\hat{P}_{per}^i(\omega)$$

如果 $x(n)$ 是一个平稳随机过程,每个独立的周期图的期望值是相等的,根据式(7-1-6)和式(7-1-7)有

$$E[\bar{P}_{per}(\omega)] = E[\hat{P}^i_{per}(\omega)] = \frac{1}{2\pi}\int_{-\pi}^{\pi} P_x(\lambda)Q(\omega-\lambda)d\lambda \quad (7\text{-}1\text{-}8)$$

其中

$$Q(\omega) = \frac{1}{MU}|A(\omega)|^2$$

$A(\omega)$ 是对应 M 个点数据窗 $a(n)$ 的傅立叶变换,若 M 值较大,则 $Q(\omega)$ 主瓣宽度较窄,如果 $P_x(\omega)$ 是一慢变的谱,那么认为 $P_x(\omega)$ 在 $Q(\omega)$ 的主瓣内为常数,这样式(7-1-8)可以写成

$$E[\bar{P}_{per}(\omega)] = E[P^i_{per}(\omega)] = \frac{1}{2\pi}\int_{-\pi}^{\pi} Q(\omega)d\omega$$

为了保证 Welch 法估计的谱是渐进无偏的,必须保证

$$\frac{1}{2\pi}\int_{-\pi}^{\pi} Q(\omega)d\omega = 1$$

或

$$\frac{1}{MU} \cdot \frac{1}{2\pi}\int_{-\pi}^{\pi} |A(\omega)|^2 d\omega = 1 \quad (7\text{-}1\text{-}9)$$

根据 Parseval 定理,式(7-1-9)可写成

$$\frac{1}{MU} \cdot \sum_{n=0}^{M-1} a^2(n) = 1$$

所以归一化因子 U 应取成

$$U = \frac{1}{M}\sum_{n=0}^{M-1} a^2(n) \quad (7\text{-}1\text{-}10)$$

$\bar{P}_{per}(\omega)$ 的方差表达式为

$$\text{var}[\bar{P}_{per}(\omega)] = \frac{1}{L^2}\sum_{i=0}^{L-1}\sum_{l=0}^{L-1} \text{cov}[\hat{P}^i_{per}(\omega), \hat{P}^l_{per}(\omega)]$$

如果 $x(n)$ 是一个平稳随机过程,上式的协方差仅仅取决于 $i-l=r$,令

$$\Gamma_r(\omega) = \text{cov}[\hat{P}^i_{per}(\omega), \hat{P}^l_{per}(\omega)] \quad (7\text{-}1\text{-}11)$$

式(7-1-11)可写成单求和表示式

$$\text{var}[\bar{P}_{per}(\omega)] = \frac{1}{L}\text{var}[\hat{P}^i_{per}(\omega)]\sum_{r=-(L-1)}^{L-1}(1-\frac{|r|}{L})\frac{\Gamma_r(\omega)}{\Gamma_0(\omega)} \quad (7\text{-}1\text{-}12)$$

其中 $\text{var}[\hat{P}_{per}(\omega)]$ 表示某一数据段的周期图方差,即

$$\text{var}[\hat{P}_{per}(\omega)] = \text{var}[\hat{P}^i_{per}(\omega)] = \Gamma_0(\omega), i = 0,1,\cdots,L-1$$

而 $\frac{\Gamma_r(\omega)}{\Gamma_0(\omega)}$ 是 $\hat{P}^i_{per}(\omega)$ 与 $\hat{P}^{i+r}_{per}(\omega)$ 的归一化协方差,如果各个数据段的周期图之间的相关性很小,那么式(7-1-12)可近似写成

$$\text{var}[\overline{P}_{per}(\omega)] \cong \frac{1}{L}\text{var}[\hat{P}_{per}^{i}(\omega)] \tag{7-1-13}$$

这也就是说,平均周期图的方差减小为单数据段图方差的 $1/L$。但实际上,考虑到各个数据段之间是互相相关的,尤其是当段与段之间的重叠数据越多时,其相关性就越强,也就是说,各个数据段的周期图之间的相关性也越强,因此平均周期图的实际方差减小量一般比 $1/L$ 小。但是在 N 固定时,重叠越大,所能分的段数 L 的影响段与段之间的相关性影响是相反的。通常的方法是选择一个好的数据窗,并且尽可能地增加段的数目,直至达到一个最小的方差。例如,对于白噪声用 Welch 法进行功率谱估计,段与段之间可有 50% 的重叠。

(2)Bartlett。对应 Welch 法,如果段与段之间互不重叠,且数据窗选用的是矩形窗,此时得到的周期图求平均的方法即为 Bartlett 法。可以从上面讨论的 Welch 法得到 Bartlett 法有关计算公式,第 i 个数据段可表示为

$$x_M^i(M) = x(n+iM), i = 0,1,\cdots L-1, n = 0,1,\cdots,M-1$$

其中,$LM \leqslant N$。该数据段的周期图为

$$\hat{P}_{per}^{i}(\omega) = \frac{1}{M}\mid X_M^i(\omega)\mid^2$$

其中

$$X_M^i(\omega) = \sum_{n=0}^{M-1}x_M^i(n)\mathrm{e}^{-\mathrm{j}\omega n}$$

平均周期图为

$$P_{per}(\omega) = \frac{1}{L}\sum_{i=0}^{L-1}\hat{P}_{per}^{i}(\omega)$$

其数学期望为

$$E[\overline{P}_{per}(\omega)] = E[\hat{P}_{per}(\omega)] = \frac{1}{2\pi}\int_{-\pi}^{\pi}P_x(\lambda)Q(\omega-\lambda)\mathrm{d}\lambda \tag{7-1-14}$$

其中

$$Q(\omega) = \frac{1}{M}\left[\frac{\sin\dfrac{\omega M}{2}}{\sin\dfrac{\omega}{2}}\right]^2 \tag{7-1-15}$$

将式(7-1-15)与式(7-1-10)相比,取平均情况下 $A(\infty)$ 的主瓣宽度是不取平均情况下 $A(\omega)$ 的主瓣宽度的 N/M。由此可知,取平均以后,由式(7-1-14)与式(7-1-15)计算的平均周期图偏差要比计算的平均周期图偏差大,同时分辨率也下降。而平均周期图的方差仍可应用式(7-1-12)计算,由于数据段非重叠,各数据段的相关性比 Welch 法各数据段的相关性要小,因此平均周期图的方差更趋向于式(7-1-13)的理论结果,但要注意,在 N 一定的情

况下,此时所能分的段数比 Welch 法有重叠情况下所能分的段数 L 小,因此总的来说,Welch 法的计算结果要比 Bartlett 法好。

7.1.3 周期图与 BT 法的关系

式(7-1-5)中取 M 为其最大值 $N-1$,且平滑窗口 $v(m)$ 为矩形窗,则

$$\hat{P}_{BT}(\omega) = \sum_{m=-(N-1)}^{N-1} \hat{r}_x(m) e^{-j\omega n}$$

$$= \frac{1}{N} \sum_{M=-(N-1)}^{N-1} \sum_{n=0}^{N-1} a(n) a(n+m) x(n) x(n+m) e^{-j\omega n}$$

$$= \frac{1}{N} \sum_{n=0}^{N-1} a(n) x(n) e^{-j\omega n} + \sum_{m=(N-1)}^{N-1} a(n+m) x(n+m) e^{-j\omega n}$$

令 $n+m=l$,上式可变成

$$\hat{P}_{BT}(\omega) = \frac{1}{N} \sum_{n=0}^{N-1} a(n) x(n) e^{-j\omega n} + \sum_{l=0}^{N-1} a(l) x(l) e^{-j\omega n}$$

$$= \frac{1}{N} \left| X_N(e^{j\omega}) \right|^2$$

所以

$$\hat{P}_{BT}(\omega) \big| M = N-1 = \hat{P}_{per}(\omega)$$

由此可见,周期图法功率谱估计是 BT 法功率谱估计的一个特例,当间接法中使用的自相关函数延迟 $M=N-1$ 时,二者是相同的。

7.1.4 经典功率谱估计性能比较

为了对几种经典功率谱估计方法的性能进行比较,我们采用参考已有数据。信号表示为

$$x(n) = y(n) + \sum_{k=1}^{4} A k e^{j2\pi f_k^n}$$

其中包含有 4 个复正弦,其归一化频率分别是 $f_1=0.15$,$f_2=0.16$,$f_3=0.252$,$f_4=-0.16$。对应不同的系数,可得到不同的信噪比,本数据在 f_1 处的信噪比为 64 dB,在 f_2 处的信噪比为 54 dB,在 f_3 处的信噪比为 2 dB,在 f_4 处的信噪比为 30 dB。$y(n)$ 是一个复值的噪声序列,其功率谱为

$$P_y(\omega) = 2\sigma^2 \left| 1 + \sum_{k=1}^{4} b(k) e^{j\omega k} \right|^2$$

其中,$\sigma^2=0.01$,$b(k)$ 是模型系数。

$x(n)$ 的真实功率谱曲线如图 7-3(a)所示,注意其频率范围是从 $-0.5\sim$ 0.5,即 $-\pi\sim\pi$。令归一化频率 f_1 和 f_2 相差 0.01,目的是检验算法的分辨能力;f_3 的信噪比很低,目的是检验算法对弱信号的检测能力。

现取 $N=128$,图 7-3(b)示出了该数据段直接求出的周期图,所用数据窗为矩形窗,由于主瓣过零点宽度 $B=\dfrac{2}{128}=0.015\,625>0.01$,所以 f_1 和 f_2 不能完全分开,只是在波形的顶部能看出两个频率分量。

图 7-3(c)是利用 Welch 平均法求出的周期图,共分四段,每段 32 点,没有重叠,使用 Hamming 窗,这时谱变得较平滑,但分辨率降低。

图 7-3(d)也是用 Welch 平均法求出的周期图,共分七段,每段 32 点,重叠 16 点,使用 Hamming 窗,谱变得更加平滑,分辨能力和图 7-2(c)大体一致。

图 7-3(e)是用 BT 法求出的功率谱曲线,$M=32$,没有加窗;图 7-2(f)也是用 BT 法求出的欧尼功率谱曲线,$M=16$,使用了 Hamming 窗。

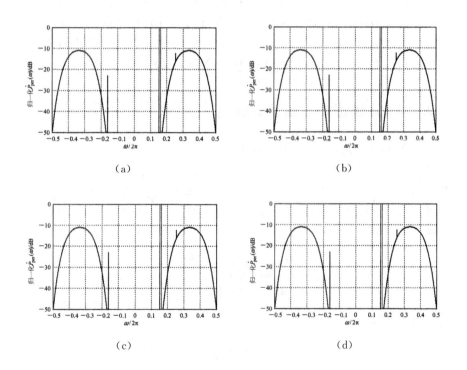

(a)　　　　　　　　　　　　(b)

(c)　　　　　　　　　　　　(d)

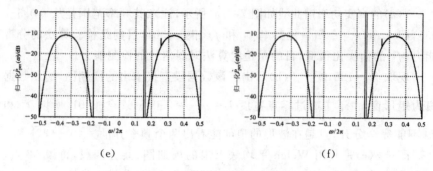

（e）　　　　　　　　　　　　　　　　（f）

图 7-3　功率谱估计方法比较

7.2　AR 模型法谱估计

AR 模型参数的精确估计可以用解一组线性方程的方法求得，而对于后面要讨论的 MA 或 ARMA 模型功率谱估计来说，其参数的精确估计需要解一组高阶的非线性方程或者可以通过 AR 模型估计得到。所以本章的现代谱估计内容以 AR 模型谱估计为主来进行讨论。

7.2.1　AR 模型功率谱估计概述

p 阶 AR 模型满足如下差分方程：

$$x_{An} + a_1 x_{An-1} + \cdots + a_p x_{An-p} = \varepsilon_n$$

其中，$a_1, a_2, \cdots, a_p$ 为实常数，且 $a_p \neq 0$；ε_n 是均值为 0、方差为 σ_ε^2 的白噪声序列，也就是说，随机信号 x_{An} 可以看成是白噪声 ε_n 通过一个系统的输出，如图 7-4 所示。

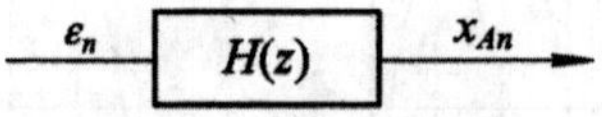

$$\varepsilon_n \longrightarrow \boxed{H(z)} \xrightarrow{x_{An}}$$

图 7-4　AR 模型信号

图 7-4 中

$$H(z) = \frac{1}{A(z)}$$

而

$$A(z) = 1 + a_1 z^{-1} + \cdots + a_p z^{-p}$$

已经证明

$$r_A(m) = \begin{cases} -\sum_{k-1}^{p} a_k r_A(m-k), m > 0 \\ -\sum_{k-1}^{p} a_k r_A(k) + \sigma_\epsilon^2, m = 0 \end{cases} \tag{7-2-1}$$

其中,$r(m)$ 是 AR 模型的自相关函数,尤其对于 $0 \leqslant m \leqslant p$,由式(7-2-1)可写出矩阵方程为

$$\begin{bmatrix} r_A(0) & r_A(1) & \cdots & r_A(p) \\ r_A(1) & r_A(0) & \cdots & r_A(p-1) \\ \vdots & \vdots & & \vdots \\ r_A(p) & r_A(p-1) & \cdots & r_A(0) \end{bmatrix} \begin{bmatrix} 1 \\ a_1 \\ \vdots \\ a_p \end{bmatrix} = \begin{bmatrix} \sigma_\epsilon^2 \\ 0 \\ \vdots \\ 0 \end{bmatrix}$$

这就是 AR 模型的正则方程,又称 Yule-Walker 方程。

对于一个 $p-1$ 阶预测器,预测值为

$$\hat{x}(n) = \sum_{k=1}^{p} a(k) x(n-k) = \sum_{k=1}^{p} h(k) x(n-k)$$

其中,$h(k) = -a(k)$,预测误差为

$$e(n) = x(n) - \hat{x}(n) = \sum_{k=0}^{p} a(k) x(n-k)$$

其中,$a(0) = 1$。p 阶预测误差滤波器 $A_p(z)$ 如图 7-5 所示。

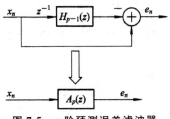

图 7-5　p 阶预测误差滤波器

图中,

$$A_p(z) - 1 + a(1) z - 1 + \cdots + a(p) z^{-p}$$

当 $E[e^2(n)]$ 达到其最小值 $E[e^2(n)]_{\min}$ 时,必满足 Yule-Walker 方程

$$\begin{bmatrix} r_A(0) & r_A(1) & \cdots & r_A(p) \\ r_A(1) & r_A(0) & \cdots & r_A(p-1) \\ \vdots & \vdots & & \vdots \\ r_A(p) & r_A(p-1) & \cdots & r_A(0) \end{bmatrix} \begin{bmatrix} 1 \\ a(1) \\ \vdots \\ a(p) \end{bmatrix} = \begin{bmatrix} E[e^2(n)]_{\min} \\ 0 \\ \vdots \\ 0 \end{bmatrix}$$

当 $x(n)$ 就是图 7-4 所产生的 p 阶 AR 过程 x_{An},也即 $x_n = x_{An}$ 或 $r_x(m) = r_A(m)$ 时,$m = 0, 1, \cdots, p$,必满足关系式

$$\begin{cases} a_k = a(k), k = 1,2,\cdots p \\ \sigma_\varepsilon^2 = E\left[e^2(n)\right]_{\min} \end{cases}$$

或

$$A(z) = A_p(z)$$

此时,预测误差滤波器 $A_p(z)$ 就是 AR 模型 $H(z)$ 的逆滤波器,实际上也就是一个白化滤波器,而且它的输出 e_n 得到了完全的白化,也即 e_n 是一个方差为 σ_ε^2 的白噪声 ε_n。

通过上面的分析可以看出,对于一个 p 阶的 AR 过程 x_n,如果首先建立阶数等于 p 或大于 p 的预测误差滤波器 $A_p(z)$,然后以此构成一个 AR 模型,那么以方差为 $E\left[e^2(n)\right]_{\min}$ 的白噪声 ε_n 通过此线性系统,其输出功率谱必定与待估计的随机信号的功率谱完全相同,因此,模型 $H(z)$ 可以完全表示出 AR(p) 过程的 x_n 功率谱,它们的关系即是

$$P_x(\omega) = P_{\mathrm{AR}}(\omega) = \frac{\sigma_\varepsilon^2}{\left| 1 + \sum_{k=1}^p ak\, \mathrm{e}^{-j\omega k} \right|^2}$$

当然,实际待估计的随机信号 x_n 可能是一个阶数大于 p 的 AR 过程,也可能根本就不是一个 AR 过程,但仍可以采用上述方法建立一个 p 阶的 AR 模型,作为对随机信号 x_n 的功率谱估计,此功率谱估计可作为 x_n 真实功率谱的一个近似,其步骤是:

① 对此随机信号 x_n 建立 n 阶的线性预测误差滤波器,求得系数 $a(1)$, $a(2)$,$\cdots$,$a(p)$ 和 $E\left[e^2(n)\right]_{\min}$。

② 令 $A(z)=1+a_1 z^{-1}+\cdots+a_p z^{-p}$,其中 $a_1=a(1)$,$a_2=a(2)$,$\cdots$,$a_p=a(p)$,并构成一线性系统

$$H(z) = \frac{1}{A(z)}$$

那么将一方差为 σ_ε^2 的白噪声 ε_n 通过该系统,其输出的功率谱可作为待估计随机信号 x_n 的功率谱估计

$$\hat{P}_x(\omega) = \frac{\sigma_\varepsilon^2}{\left| 1 + \sum_{k=1}^p ak\, \mathrm{e}^{-j\omega k} \right|^2}$$

其中,$\sigma_\varepsilon^2 = E\left[e^2(n)\right]_{\min}$。

7.2.2 AR 模型谱估计的性质

7.2.2.1 隐含的自相关函数延拓的特性

在前面讨论的经典 BT 法功率谱估计中,假定由给定的数据 $x_N(n)$,

$n=0,1,\cdots,N-1$，可估计出自相关函数 $\hat{r}_x(m)$，$m=-(N-1)\sim(N-1)$，在这个区间以外，用补零的方法将其外推，对此求其傅立叶变换

$$\hat{P}_{BT}(\omega) = \sum_{m=-(N-1)}^{N-1} \hat{r}_x(m)e^{-j\omega n} \qquad (7\text{-}2\text{-}2)$$

就可得到 BT 法的功率谱估计 $\hat{P}_{BT}(\omega)$，此 $\hat{P}_{BT}(\omega)$ 的分辨率显然是随着信号长度 N 的增加而提高的。

　　而在 AR 模型谱估计中，上述限制不再存在。虽然给定的数据，$n=0$，$1,\cdots,N-1$，是有限长度，但现代谱估计的一些方法，包括 AR 模型谱估计法，隐含着数据和自相关函数的外推，使其可能的长度超过给定的长度。前面讨论的 AR 模型的建立，用到了单步预测的概念，预测值为

$$\hat{x}(n) = -\sum_{k=1}^{p} a_k x(n-k)$$

这样 $\hat{x}(n)$ 可能达到的长度是 $1\sim(N-1+p)$，如果在递推的过程中，用 $\hat{x}(n)$ 代替 $x(n)$，那么还可继续不断地外推。

　　同样，从 AR 模型的建立过程看，AR 过程的自相关函数必满足

$$r_A(m) = \begin{cases} r_x(m), & 0 \leqslant |m| \leqslant p \\ -\sum_{k-1}^{p} a_k r_A(m-k), & |m| > p \end{cases}$$

　　由此式可见，AR 模型的自相关函数在 $0\sim p$ 范围内与 $r_x(m)$ 完全匹配，而在这区间外，可用递推的方法求得。自相关函数 $r_A(m)$ 实际上就是被估计信号 x_n 的自相关函数的估计

$$\hat{r}_x(m) - r_A(m)$$

将其进行傅立叶变换，就可得到随机信号 $x(n)$ 的功率谱（PSD）估计，即

$$\hat{P}_x(\omega) = \sum_{m=-(N-1)}^{N-1} \hat{r}_x(m)e^{-j\omega n} \qquad (7\text{-}2\text{-}3)$$

比较式（7-2-2）和（7-2-3）可见，AR 模型法避免了窗函数的影响，因此它可得到高的谱分辨率，同时它所得出的功率谱估计 $\hat{P}_x(\omega)$ 与真实的功率谱 $P_x(\omega)$ 偏差较小。图 7-6 示出了 AR 模型谱估计和 BT 谱估计法的比较。

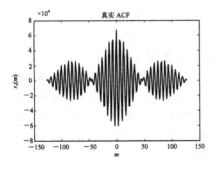

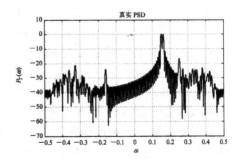

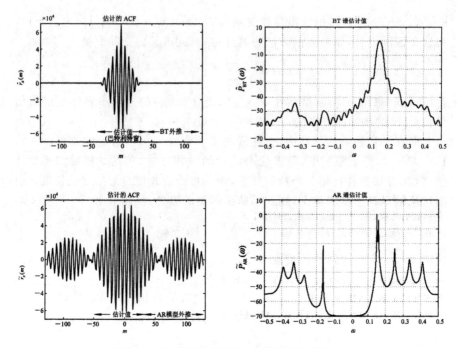

图 7-6　AR 模型谱估计和 BT 谱估计性能比较

7.2.2.2　AR 模型的稳定性

AR 模型稳定的充分必要条件是 $H(z)=1/A(z)$ 的极点(即 $A(z)$ 的零点)必须在单位圆内,而且这一条件也是保证 $x(n)$ 是一个广义平稳过程所必需的。这很容易证明,如果 $H(z)$ 有一个极点在单位圆外,那么 $x(n)$ 的方差将趋于无穷,则 $x(n)$ 是非平稳的。

因为 AR 模型的系数是由 Yule-Walker 方程解得的,可以证明如果 $(p+1)(p-1)$ 的全相关矩阵

$$R_p = \begin{bmatrix} r_x(0) & r_x(1) & \cdots & r_x(p) \\ r_x(1) & r_x(0) & \cdots & r_x(p-1) \\ \vdots & \vdots & & \vdots \\ r_x(p) & r_x(p-1) & \cdots & r_x(0) \end{bmatrix}$$

是正定的,AR 模型的系数具有非零解,此时预测误差滤波器 $A(z)$ 一定具有最小相位的特性;换句话说,AR 模型 $H(z)$ 一定是一个稳定的全极点滤波器。使用 AR 模型对纯正弦信号建模是不合适的,因为此时 R_p 可能出现奇异或非正定的情况,但在信号处理中经常要用正弦信号作为试验信号以检验某个算法或系统的性能。为克服自相关矩阵奇异的情况,最常用的方法是加上白噪声 ε_n,这样 $\det(R_p)$ 就不会等于零。

7.2.2.3　谱的平坦度

前面的讨论已经指出,AR(p)的系数 a_k 就是预测误差功率最小时的 p 阶线性预测误差滤波器的系数,由于预测误差滤波器是一个白化滤波器,它的作用是去掉随机信号 $x(n)$ 的相关性,在自己的输出端得到白噪声 ε_n,因此在这一节中,把白化的概念加以推广,表明 AR 参数也可以使用预测误差滤波器 $A_p(z)$ 的输出过程具有最大的谱平坦度的方法得到。利用谱平坦度的概念可以把 AR 谱估计得到的结果看成是最佳白化处理的结果。

功率谱密度的谱平坦度可定义为

$$\varepsilon_x = \frac{\mathrm{e}^{\frac{1}{2\pi}\int_{-\pi}^{\pi}\ln P_x(\omega)\mathrm{d}\omega}}{\dfrac{1}{2\pi}\int_{-\pi}^{\pi}P_x(\omega)\mathrm{d}\omega} \tag{7-2-4}$$

它是 $P_x(\omega)$ 的几何均值与算术均值之比,可以证明

$$0 \leqslant \varepsilon_x \leqslant 1$$

如果 $P_x(\omega)$ 有很多峰(也就是它的动态范围很大),例如,在由 p 个复正弦所组成的随机信号

$$x(n) = \sum_{k=1}^{p} A_k \mathrm{e}^{\mathrm{j}k(\omega_k n + \phi_k)}$$

的式子中,A_k、ω_k 为常量,ϕ_k 是在 $(-\pi,+\pi)$ 范围内均匀分布的随机变量,则此种信号的功率谱具有最大的动态范围。将上式代入式(7-2-4),分子显见为零,因此 $\varepsilon_x = 0$。但如果 $P_x(\omega)$ 是一个常数(也就是它的动态范围为零),也即相当于 x_n 是一个白噪声,则由式(7-2-4)显见 $\varepsilon_x = 1$,由此可见,谱平坦度 e 直接度量了谱的平坦程度。

现设预测误差滤波器

$$Ap(z) = 1 + \sum_{k=1}^{p} a(k)z^{-k}$$

为最小相位,输入时间序列 $x(n)$ 是任意的(不一定是 AR 过程),按照使输出误差序列 $e(n)$ 的谱平坦度最大的准则来确定预测系数,为此,引入下述结果:如果 $Ap(z)$ 是最小相位,则

$$\frac{1}{2\pi}\int_{-\pi}^{\pi}\ln|A_p(\omega)|^2\mathrm{d}\omega = 0$$

计算预测误差滤波器输出过程 $e(n)$ 的平坦度。因为

$$\frac{1}{2\pi}\int_{-\pi}^{\pi}\ln P_e(\omega)\mathrm{d}\omega = \frac{1}{2\pi}\int_{-\pi}^{\pi}\ln[|A_p(\omega)|^2 \cdot Px(\omega)]\mathrm{d}\omega$$

$$= \frac{1}{2\pi}\int_{-\pi}^{\pi}\ln Px(\omega)\mathrm{d}\omega$$

对上式两端取指数并除以 $\dfrac{1}{2\pi}\int_{-\pi}^{\pi}\ln P_e(\omega)\mathrm{d}\omega$,得

$$\varepsilon_e = \frac{e^{\frac{1}{2\pi}\int_{-\pi}^{\pi}\ln P_e(\omega)d\omega}}{\frac{1}{2\pi}\int_{-\pi}^{\pi}P_e(\omega)d\omega} = \xi_x \cdot \frac{\frac{1}{2\pi}\int_{-\pi}^{\pi}P_x(\omega)d\omega}{\frac{1}{2\pi}\int_{-\pi}^{\pi}P_e(\omega)d\omega} = \xi_x \cdot \frac{r_x(0)}{r_e(0)}$$

而于对于随机信号 $x(n)$ 来说，ξ_x 和 $r_x(0)$ 均是同定的，因此要使 ξ_e 最大，必须使 $r_e(0)$ 最小，因为 $r_e(0) = E[e^2(n)]$，因此使预测误差 $e(n)$ 的功率谱平坦度最大和使 p 阶预测误差滤浦器输出的误差功率最小是等效的，亦即条件 $\max\limits_{a}\xi_e$ 和条件

$$\max\limits_{a}E[e^2(n)] = \max\limits_{B}E[x(n) - x(n)^2]$$

完全等效。

如果 $x(n)$ 本身就是一个 $AR(p)$ 过程，也即

$$P_x(\omega) = \frac{\sigma_e^2}{|A(\omega)|^2}$$

其中，$A(\omega) = 1 + a_1 e^{-j\omega} + \cdots + a_p e^{-jp\omega}$。现使其通过一个 p 阶预测误差滤波器

$$A_p(\omega) = 1 + a(1)e^{-j\omega} + \cdots + a(p)e^{-jp\omega}$$

在满足 $\max\limits_{a}\xi_e$ 的条件下，一定有 $A(\omega) = A_p(\omega)$，也即

$$a_k = a(k), k = 1, 2, \cdots, p$$

此时预测误差滤波器输出的误差序列 $e(n)$ 一定是一个白噪声序列。反之，如果将 $AR(p)$ 通过一个 k 阶预测误差滤波器 $k < p$，同样在满足 $\max\limits_{a}\xi_e$ 的条件下，误差序列 $e(n)$ 不可能是一个白噪声序列，这一结果与前面讨论的 AR 模型谱估计的引出中所得的结果是完全一致的。

在这里有一个重要的概念需强调，即预测误差滤波器的输入、输出功率谱总满足关系式

$$P_x(\omega) = \frac{P_e(\omega)}{|A(\omega)|^2}$$

在满足 $E[e^2(n)]_{\min}$ 的条件下，根据求得的 $A_p(\omega)$ 建立 AR 模型：

$$P_A(\omega) = \hat{P}_x(\omega) = \frac{\sigma_\varepsilon^2}{|A_p(\omega)|^2}$$

其中，$\sigma_\varepsilon^2 = E[e^2(n)]_{\min}$，是一个常数。比较这两式可见，用 $P_A(\omega)$ 作为 $P_x(\omega)$ 的一个估计，其估计的好坏完全取决于 $P_e(\omega)$ 与一个常量相逼近的程度，换句话说，在建立 AR 模型时，正是由于用 σ_ε^2 代替了 $P_e(\omega)$，才使得建立的 AR 模型功率谱 $P_A(\omega)$ 中丧失了很多 $P_e(\omega)$ 的重要细节，而只有当误差序列 $e(n)$ 是一个白噪声序列，$P_e(\omega)$ 是一个常量，并且就等于 σ_ε^2 时，才能得到 $P_x(\omega) = P_A(\omega) = \hat{P}_x(\omega)$。

7.2.3　AR 模型参数提取方法

在实际应用中,常需根据信号的有限个取样值来估计 AR 模型的参数,应用较多的有 Yule-Walker 法或自相关法、协方差法。以上方法都可以用由时间平均代替集合平均的最小平方准则推导得到。

理论上,AR 模型参数是根据预测误差功率最小的准则来确定的,该准则表示为

$$E[(e_p^+(n))^2] = \min$$

或

$$E[(e_p^-(n))^2] = \min$$

值得注意的是,$e_p^+(n)$ 和 $e_p^-(n)$ 的均方值都可以表示为

$$E[(e_p^+(n))^2] = E[(e_p^-(n))^2] = \boldsymbol{a}^{\mathrm{T}} \boldsymbol{R} \boldsymbol{a} \tag{7-2-5}$$

式中,$\boldsymbol{R}$ 是 $x(n)$ 的 $p+1$ 阶自相关矩阵,而

$$a = \begin{bmatrix} 1 & a_{p1} & a_{p2} & \cdots & a_{pp} \end{bmatrix}^{\mathrm{T}}$$

$\boldsymbol{a}^{\mathrm{T}}$ 是 $\boldsymbol{a}$ 的转置。

7.2.3.1　Yule-Walker 法

用最小平方时间平均准则代替集合平均准则,有

$$\varepsilon = \frac{1}{N} \sum_{n=0}^{N+p-1} (e_p^+(n))^2 = \min$$

或

$$\sum_{n=0}^{N+p-1} (e_p^+(n))^2 = \min \tag{7-2-6}$$

式中,$e_p^+(n)$ 可由长度为 $p+1$ 的预测误差滤波器冲激响应序列 $[1 \quad a_{p1}$ $a_{p2} \quad \cdots \quad a_{pp}]$ 与长度为 N 的数据序列 $[x(0), x(1), \cdots, x(n-1)]$ 进行卷积得到。因而 $e_p^+(n)$ 序列的长度为 $N+p$,这就决定了式 (7-2-6) 中求和的项数。显然,在计算卷积时,在数据段 $x_N(n)$ 的两端,实际上添加了若干零取样值。说得更明确一些,$e_p^+(n)$ 是由 $x_N(n)$ 经过冲激响应为 $a_{pi}(i=0,1,\cdots,p; a_{p0}=1)$ 的滤波器滤波得到的。只要 $x_N(n)$ 的第一个数据 $x(0)$ 进入滤波器,滤波器便输出第一个误差信号取样值 $e_p^+(n)$;直到只有 $x_N(n)$ 的最后一个数据 $x_N(n-1)$ 还留在滤波器中时,才输出最后一个误差信号取样值 $e_p^+(N+p-1)$。这意味着,已知数据 $x(n)$ $(0 \leqslant n \leqslant N-1)$ 是通过对无穷长数据序列 $x(n)$ $(-\infty < n < \infty)$ 加窗得到的。将 $e_p^+(n) = \sum\limits_{i=0}^{p} a_{pi} x(n-i)$ 代入式 $\sigma^2 \delta(m) = \sum\limits_{l=0}^{p} \hat{a}(l) \hat{R}(m-l)$,得

$$\varepsilon = \frac{1}{N} \sum_{n=0}^{N+p-1} (e_p^+(n))^2 = \sum_{i,j=0}^{p} \hat{a}_{pi} \hat{R}(i-j) a_{pi} = N \mathbf{a}^T \mathbf{a} \qquad (7\text{-}2\text{-}7)$$

式中，$\hat{R}$ 是由取样自相关序列

$$\hat{R}(k) = \frac{1}{N} \sum_{k=0}^{N-1-k} x(n)x(n+k), 0 \leqslant k \leqslant N-1$$

构成的 N 阶取样自相关矩阵。式(7-2-7)与式(7-2-5)等效，只是用取样自相关矩阵交取代了自相关矩阵 $\mathbf{R}$。因此，用时间平均最小化准则同样可以导出 Yule-walker 方程组，不过方程组中的 $\mathbf{R}$ 要用 $\hat{R}$ 取代。取样自相关矩阵是正定的，因而能够保证所得到的预测误差滤波器是最小相位的，因而也能保证反射系数的模值都小于 1，这是使滤波器稳定的充要条件。

图 7-7 所示的是用自相关法计算 $e_p^+(n)$ 的原理图。

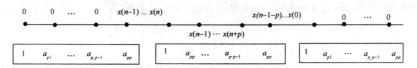

图 7-7　用自相关法计算 $e_p^+(n)$ 的原理图

7.2.3.2　协方差法

用下列时间平均最小平方准则代替集合平均的最小平方准则

$$\varepsilon = \sum_{n=p}^{N-1} (e_p^+(n))^2 = \min$$

该式与自相关法的主要区别是求和范围不同。现在的求和范围是 p 到 $N-1$，这意味着滤波器工作时，数据段左右两端不需要添加任何零取样值，或者说滤波器每次进行计算时，数据总是"装满"了滤波器的移位寄存器。这意味着，并没有假设已知数据 $x(n)$（$0 \leqslant n \leqslant N-1$）以外的数据等于零，或者说，没有"加数据窗"的不合理假设。这一特点如图 7-8 所示。

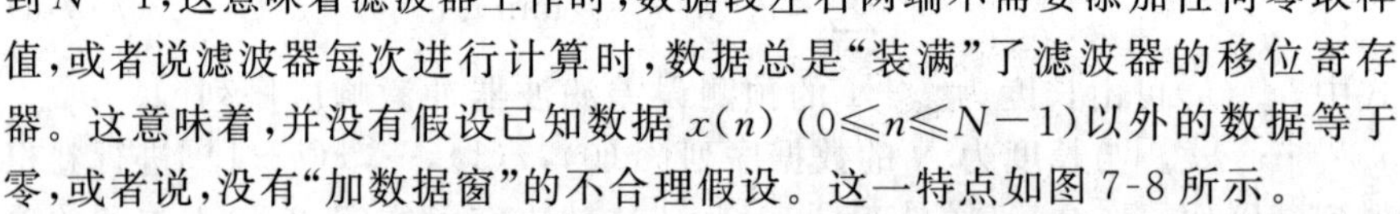

图 7-8　用协方差法计算 $e_p^+(n)$ 的原理图

与式(7-2-7)类似，可推导出

$$E = \sum_{n=p}^{N-1} (e_p^+(n))^2 = N \mathbf{a}^T \hat{R}_a$$

其中，自相关矩阵的估计为

$$\hat{R}(i,j) = \{\hat{R}(i,j)\}$$

这里,自相关序列的估计为

$$\hat{R}(i,j) = \sum_{n=p}^{N-1} x(n-i)x(n-p)$$

一般情况下,$\hat{R}$ 不是 Toeplitz 的,这是与自相关法不同的。

协方差法存在着稳定性问题,举例说明如下。

设输入序列长度为 3,对它进行一阶线性预测,误差产生的过程如图 7-9 所示。

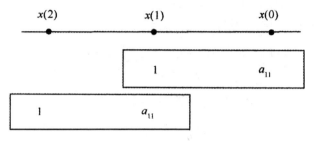

图 7-9　协方差法不稳定性的实例

由图 7-8 可以得出

$$\varepsilon = \sum_{n=1}^{2} \left[(e_1^+(n))^2 \right] = \left[e_1^+(1) \right]^2 + \left[(2) \right]2$$

$$= \left[\begin{smallmatrix} x \\ 1 \end{smallmatrix}(1) + a_{11}x(0) \right]2 + \left[\begin{smallmatrix} x \\ 1 \end{smallmatrix}(2) + a_{11}x(1) \right]2$$

$$\frac{\partial \varepsilon}{\partial a_{11}} = 2\{ \left[x_1(1) + a_{11}x(0) \right]x(0) + x_1(2) + a_{11}x(1)x(1) \} = 0$$

$$a_{11} = \frac{-\left[x_1(1)x(0) + x_1(2)x(1) \right]}{x^2(0) + x^2(1)}$$

由上式看出,a_{11} 的计算式中分母与 $x(2)$ 无关,因而若 $x(2)$ 足够大,就有可能使 $|a_{11}|>1$,这表明预测误差滤波器不是最小相位的,所以不稳定。在实际应用协方差法时,应当注意这个问题。

7.3　MA 模型法谱估计

7.3.1　MA 模型的正则方程

可以直接由 MA 模型的时域表达式和自相关函数的定义建立 MA 模型的正则方程。q 阶 MA 模型的系统函数为

$$H(z) = G(1 + \sum_{i=1}^{q} b_i z^{-i})$$

如前所述,如果用方差为 σ_w^2 的白噪声 $w(n)$ 激励该模型,则可以将上式中的 G 取为 1,于是 q 阶 MA 模型的系统函数可以表示为

$$H(z) = 1 + \sum_{i=1}^{q} b_i z^{-i} \tag{7-3-1}$$

相应的时域表达式为

$$x(n) = w(n) + \sum_{i=1}^{q} b_i w(n-i) \tag{7-3-2}$$

由式(7-3-2)和自相关函数的定义,有

$$R_x(m) = E[x(n)x(n+m)]$$

$$= E\left\{x(n)[w(n+m)] + \sum_{i=1}^{q} b_i w(n+m-i)\right\}$$

$$= E[x(n)w(n+m)] + \sum_{i=1}^{q} b_i E[x(n)w(n+m-i)]$$

$$= R_{xw}(m) + \sum_{i=1}^{q} b_i w_{xw}(m-i)$$

即

$$R_x(m) = \sum_{i=0}^{q} b_i R_{xw}(m-i), b_0 = 1 \tag{7-3-3}$$

其中

$$R_{xw}(m-i) = E[x(n)w(n+m-i)]$$

$$= E\left\{\left[\sum_{k=0}^{\infty} h(k)w(n-k)\right]w(n+m-i)\right\}$$

$$= \sum_{k=0}^{\infty} h(k)R_w(m-i+k) \tag{7-3-4}$$

$$= \sum_{k=0}^{\infty} h(k)\sigma^2 w\delta(m-i+k)$$

$$= \sigma^2 w h(i-m)$$

其中 $h(i)$ 为 q 阶 MA 模型的单位脉冲响应。将式(7-3-4)代入式(7-3-3),得

$$R_x(m) = \sum_{i=0}^{q} b(i)\sigma^2 w h(i-m) \tag{7-3-5}$$

对因果系统,当 $i-m<0$ 时,恒有 $h(i-m)=0$,可以将式(7-3-5)写成

$$R_x(m) = \sum_{i=m}^{q} b(i)\sigma^2 w h(i-m) \tag{7-3-6}$$

又

$$H(z) = \sum_{i=0}^{q} h(i)z^{-i}$$

根据式(7-3-1)可以看出,对 MA 模型有

$$h(i) = b(i)$$

于是式(7-3-6)成为

$$R_x(m) = \sum_{i=m}^{q} b(i)\sigma^2 w\, b(i-m)$$

令 $i-m=k$，得

$$R_x(m) = \sigma^2 w \sum_{k=0}^{q-m} b(k+m)b(k), m = 0,1,\cdots,q \qquad (7\text{-}3\text{-}7)$$

当 $m>q$ 时，对 $i=0,1,\cdots,q$ 有 $i-m<0$，对因果系统有 $h(i-m)=0$，由式 (7-3-5)可得

$$R_x(m) = 0, m > q \qquad (7\text{-}3\text{-}8)$$

综合式(7-3-7)和式(7-3-8)，可得 q 阶 MA 模型的正则方程

$$R_x(m) = \begin{cases} \sigma^2 w \displaystyle\sum_{k=0}^{q-m} b(k)b(k+m), m = 0,1,\cdots,q \\[2mm] 0, m > q \end{cases}$$

可以看出，这是非线性方程组，自相关函数与模型系数的关系是非线性的，所以 MA 模型系数的求解要比 AR 模型困难得多。一种比较有效的求解方法是用高阶的 AR 模型近似 MA 模型。

7.3.2　用高阶 AR 模型近似 MA 模型

根据柯尔莫哥洛夫定理，一个有限阶的 MA 过程或 ARMA 过程，可以用一个无限阶的 AR 过程来表示。它们之间的这种关系，为求 MA 模型和 ARMA 模型的参数提供了一个有力的工具。

在推求不同模型的参数之间的关系时，关键是令它们的系统函数相同。下面介绍用高阶 AR 模型近似 q 阶 MA 模型的具体步骤。

(1)构造 M 阶 AR 模型

$$H_M(z) = \frac{1}{1+\displaystyle\sum_{i=1}^{M} c_i z^{-i}} = \frac{1}{C(z)} \qquad (7\text{-}3\text{-}9)$$

M 的选取应远大于 q，至少应取为 q 的两倍，即 $M \geqslant 2q$。然后确定 M 阶 AR 模型的参数 $c_i, i=1,2,\cdots,M$。

(2)用 M 阶 AR 模型 $H_M(z)$ 近似 q 阶 MA 模型 $H(z)$，关键是令它们的系统函数相同，即

$$H_M(z) = H(z) = 1+\sum_{i=1}^{q} b_i z^{-i} = B(z)$$

由式(7-3-9)可知，上式就是 $\dfrac{1}{C(z)}=B(z)$，即 $C(z)B(z)=1$。

由 z 变换的相关性质可知,Z 域的乘积对应于时域的卷积,于是有

$$b(n) * c(n) = \delta(n)$$

其中 $b(0) = 1$,$c(0) = 1$。由于存在近似误差,严格地说,上式应写为

$$b(n) * c(n) = e(n)$$

即

$$\sum_{k=0}^{q} b(k)c(n-k) = c(n) + \sum_{k=1}^{q} b(k)c(n-k) = e(n) \quad (7\text{-}3\text{-}10)$$

式(7-3-10)相当于 q 阶线性预测器,待求的 $b(k)$ 就是 q 阶线性预测器的系数,$b(k)$ 的选取应使预测误差功率最小。

(3)令误差功率 $\rho_{MA} = \sum_{n=1}^{M} |e(n)|^2$ 相对 $b(1),b(2),\cdots,b(q)$ 为最小,由式(7-3-10)求出使 ρ_{MA} 最小的 MA 参数 $b(1),b(2),\cdots,b(q)$。

综上所述可以看出,MA 参数要通过二次求 AR 参数来确定。一次是求 M 阶 AR 模型 $H_M(z)$ 的参数。另一次是利用已求出的 $c(1),c(2),\cdots,c(M)$ 建立式(7-3-10)的线性预测,式(7-3-10)又等效于一个 q 阶的 AR 模型,再一次利用 AR 参数的求解方法,得到 $b(1),b(2),\cdots,b(q)$,而它们就是待求的 q 阶 MA 模型 $H(z)$ 的参数。

例 7-3-1 试证:对 MA(1)过程,一阶预测误差滤波器不能起到白化作用。

证明:用 $e(n)$ 表示一阶预测误差滤波器的输出序列,显然,只要证明 $e(n)$ 的功率谱 $S_e(e^{jw})$ 不是常数即可。

用 $S_x(e^{jw})$ 表示 MA(1)过程 $x(n)$ 的功率谱,用 $H(e^{jw})$ 表示一阶预测误差滤波器的频响,有

$$S_e(e^{jw}) = S_x(e^{jw}) |H(e^{jw})|^2 = \sigma_w^2 |H_{MA}(e^{jw})|^2 |(e^{jw})|^2$$

$$(7\text{-}3\text{-}11)$$

其中 σ_w^2 表示白噪声 $w(n)$ 的方差,$H_{MA}(e^{jw})$ 表示 MA(1)模型的频响,如图 7-10 所示。

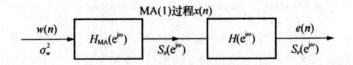

图 7-10 MA 过程通过预测误差滤波器

由式(7-3-11)可以看出,要求得 $S_e(e^{jw})$,必须先求得 $H_{MA}(e^{jw})$ 和 $H(e^{jw})$。对 MA(1)模型有

$$H_{MA}(z) = 1 + b_1 z^{-1}$$

所以

$$H_{MA}(e^{jw}) = 1 + b_1 e^{-jw} \quad (7\text{-}3\text{-}12)$$

一阶预测误差滤波器的系数就是 AR(1) 模型的系数 a_1,可以用 AR 模型的尤勒-沃克方程求得。由 $p=1$ 时的尤勒-沃克方程可以解得

$$a_1 = \frac{R_x(1)}{R_x(0)} \tag{7-3-13}$$

其中 $R_x(0)$ 和 $R_x(1)$ 是随机过程 $x(n)$ 的自相关函数。因为 $x(n)$ 是 MA(1) 过程,故其自相关函数符合 MA 模型的正则方程。在一阶情况下,正则方程为

$$R_x(m) = \begin{cases} \sigma^2 w \sum_{k=0}^{1-m} b_k b_{k+m}, m = 0,1 \\ 0, m > 1 \end{cases}$$

可得

$$\begin{cases} R_x(0) = \sigma^2 w \sum_{k=0}^{1} b^2 k \\ R_x(1) = \sigma^2 w b_0 b_1 \end{cases}$$

将其代入式(7-3-13),得

$$a_1 = \frac{b_0 b_1}{b_0^2 b_1^2} = -\frac{b_1}{1 + b_1^2}$$

因为预测误差滤波器是 AR 模型的逆滤波,所以一阶预测误差滤波器的系统函数为

$$H(z) = 1 + a_1 z^{-1}$$

$$H(e^{jw}) = 1 + a_1 e^{-jw} = 1 - \frac{b_1}{1 + b_1^2} e^{-jw} \tag{7-3-14}$$

将式(7-3-12)和式(7-3-14)代入式(7-3-11),得

$$S_e(e^{jw}) = \sigma_w^2 \left| 1 + b_1 e^{-jw} \right| \left| 1 - \frac{b_1}{1 + b_1^2} e^{-jw} \right|$$

可以看出,当且仅当 $b_1 = 0$,即随机过程 $x(n)$ 是白噪声过程时,预测误差序列 $e(n)$ 才是白噪声。也就是说,预测误差滤波器对 MA 过程不能起到白化作用。

7.4　ARMA 模型法谱估计

7.4.1　ARMA 模型的正则方程

考虑最一般的情况,用方差为 σ_w^2 的白噪声 $w(n)$ 激励传递函数 $H(z)$ 为

$$H(z) = G\frac{1 + \sum\limits_{i=1}^{q} b_i z^{-i}}{1 + \sum\limits_{i=1}^{p} a_i z^{-i}}$$

的 ARMA 模型$(G \neq 1)$。为便于分析,将此式改写为

$$H(z) = G\frac{\sum\limits_{i=0}^{q} b_i z^{-i}}{1 + \sum\limits_{i=1}^{p} a_i z^{-i}} \tag{7-4-1}$$

其中 $b(0) = G$。注意,上面两式中的 $b_i (i = 1, 2, \cdots, q)$ 是不同的,它们之间相差一个常数 G。由式(7-4-1),可写出相应的时域方程

$$x(n) + \sum_{i=1}^{p} a_i x(n-i) = \sum_{i=0}^{q} b_i w(n-i)$$

即

$$x(n) = -\sum_{i=1}^{p} a_i x(n-i) + \sum_{i=0}^{q} b_i w(n-i) \tag{7-4-2}$$

根据实序列自相关函数的定义以及偶对称性质,可以写出

$$R_x(m) = R_x(-m) = E[x(n)x(n-m)] \tag{7-4-3}$$

将式(7-4-2)代入式(7-4-3),得

$$R_x(m) = E\left[-\sum_{i=1}^{p} a_i x(n-i) + \sum_{i=0}^{q} b_i w(n-i)x(n-m) \right]$$

$$= -\sum_{i=1}^{p} a_i E[x(n-i)] + \sum_{i=0}^{q} b_i E[w(n-i)x(n-m)]$$

$$= -\sum_{i=1}^{p} a_i R_x(i-m) + \sum_{i=0}^{q} b_i E[w(n-i)x(n-m)]$$

$$\tag{7-4-4}$$

下面分两种情况讨论式(7-4-4)的结果。

(1)当 $m > q$ 时,对 $i = 0, 1, \cdots, q$ 有 $n - i > n - m$,所以 $w(n-i)$ 是 $(n-m)$ 时刻之后的输入。对因果系统,$x(n-m)$ 取决于 $(n-m)$ 时刻及以前的输入,而与 $(n-m)$ 时刻之后的输入无关。故 $w(n-i)$ 与 $x(n-m)$ 无关,有

$$E[w(n-i)x(n-m)] = E[w(n-i)]E[x(n-m)] = 0$$

将上式代入式(7-4-4),得

$$R_x(m) = -\sum_{i=1}^{p} a_i R_x(i-m) \tag{7-4-5}$$

(2)当 $m \leqslant q$ 时,有

$$E[w(n-i)x(n-m)] = E\left\{ w(n-i)\left[\sum_{\ell=0}^{\infty} h(\ell)w(n-m-\ell) \right] \right\}$$

$$= \sum_{\ell=0}^{\infty} h(\ell) E\big[w(n-i)w(n-m-\ell)\big]$$

$$= \sum_{\ell=0}^{\infty} h(\ell)\sigma_w^2(i-m-\ell) = \sigma_w^2 h(i-m)$$

所以有

$$\sum_{i=0}^{q} b_i E\big[w(n-i)x(n-m)\big] = \sigma_w^2 \sum_{i=0}^{q} b_i h(i-m)$$

对因果系统,当 $i-m<0$ 时,恒有 $h(i-m)=0$,所以上式可以写为

$$\sum_{i=0}^{q} b_i E\big[w(n-i)x(n-m)\big] = \sigma_w^2 \sum_{i=m}^{q} b_i h(i-m)$$

令 $i-m=k$,上式成为

$$\sum_{i=0}^{q} b_i E\big[w(n-i)x(n-m)\big] = \sigma_w^2 \sum_{k=0}^{q-m} b_{k+m} h(k)$$

将上式代入式(7-4-4),得

$$R_x(m) = -\sum_{i=1}^{p} a_i R_x(i-m) + \sigma_w^2 \sum_{k=0}^{q-m} b_{k+m} h(k) \qquad (7\text{-}4\text{-}6)$$

综合上面两种情况下得到的式(7-4-5)和式(7-4-6),得到 ARMA(p,q)的正则方程

$$R_x(m) = \begin{cases} -\sum\limits_{i=1}^{p} a_i R_x(i-m), m > q & (7\text{-}4\text{-}7a) \\[3mm] -\sum\limits_{i=1}^{p} a_i R_x(i-m) + \sigma_w^2 \sum\limits_{i=0}^{q-m} b_{i+m} h(i), m = 0,1,\cdots,q & (7\text{-}4\text{-}7b) \end{cases}$$

从式(7-4-7)给出的 ARMA(p,q)的正则方程可以看出以下特点。

(1)当 $m>q$ 时,也就是自相关序列的指标高于 MA 的阶数时,有

$$R_x(m) = -\sum_{i=1}^{p} a_i R_x(i-m)$$

即自相关序列呈自回归关系,回归系数就是 AR 参数,回归阶数也是 AR 阶数。

(2)当 $q=0$ 时,式(7-4-7b)中的 $m=0,1,\cdots,q$ 就成为 $m=0$,此时有

$$\sum_{i=0}^{q-m} b_{i+m} h(i) = b_0 h(0)$$

由 z 变换的相关性质(初值定理)有

$$H(0) = \lim_{z \to \infty} H(z) = \lim_{z \to \infty} \frac{\sum\limits_{i=0}^{q} b_i z^{-i}}{1 + \sum\limits_{i=1}^{p} a_i z^{-i}} = b_0$$

其中 $b_0=G$。此时式(7-4-7)的方程成为

$$R_x(m) = \begin{cases} -\sum_{i=1}^{p} a_i R_x(i-m), m = 1, 2, \cdots, p \\ -\sum_{i=1}^{p} a_i R_x(i) + \sigma_w^2 G^2, m = 0 \end{cases}$$

如果在 σ_w^2 和 G 中将 σ_w^2 固定为 1，则上面的方程就成为 AR 模型的尤勒-沃克方程。

7.4.2　用高阶 AR 模型近似 ARMA 模型

由于平稳可逆的 ARMA(p,q) 过程与平稳的 AR(∞) 过程等价，所以可以用高阶的 AR 模型来近似 ARMA(p,q) 模型，将 ARMA(p,q) 模型的系统函数表示为

$$H(z) = \frac{1 + \sum_{i=1}^{q} b_i z^{-i}}{1 + \sum_{i=1}^{p} a_i z^{-i}} = \frac{B(z)}{A(z)}$$

下面介绍用高阶 AR 模型来确定参数 $a_i(i=1,2,\cdots,p)$ 以及 $b_i(i=1,2,\cdots,q)$ 的具体步骤。

(1)构造 M 阶 AR 模型

$$H_M(z) = \frac{1}{1 + \sum_{i=1}^{M} c_i z^{-i}} = \frac{1}{C(z)}$$

取 $M \geqslant p+q$，确定 M 阶 AR 模型的参数 $c_i, i=1,2,\cdots,M$。

(2)令 $H(z) = H_M(z)$，即

$$\frac{B(z)}{A(z)} = \frac{1}{C(z)}$$

将上式写为

$$B(z)C(z) = A(z)$$

因为 Z 域的乘积对应时域的卷积，于是有

$$\sum_{k=0}^{q} b(k)c(n-k) = \begin{cases} a(n), n = 0, 1, \cdots, p & (7\text{-}4\text{-}8\text{a}) \\ 0, n = p+1, p+2, \cdots, p+q & (7\text{-}4\text{-}8\text{b}) \end{cases}$$

先由式(7-4-8b)求参数 $b_i(i=1,2,\cdots,q)$。将式(7-4-8b)写为

$$b(0)c(n) + \sum_{k=1}^{q} b(k)c(n-k) = 0$$

其中 $b(0)=1$，有

$$\sum_{k=1}^{q} b(k)c(n-k) = -c(n), n = p+1, p+2, \cdots, p+q$$

分别令 $n = p+1, p+2, \cdots, p+q$，并写成矩阵形式

$$\begin{bmatrix} c(p) & c(p-1) & \cdots & c(p+1-q) \\ c(p+1) & c(p) & \cdots & c(p-q) \\ \vdots & \vdots & \ddots & \vdots \\ c(p+q-1) & c(p+q-2) & \cdots & c(p) \end{bmatrix} \begin{bmatrix} b(1) \\ b(2) \\ \vdots \\ b(q) \end{bmatrix} = - \begin{bmatrix} c(p+1) \\ c(p+2) \\ \vdots \\ c(p+q) \end{bmatrix}$$

这是 M 维线性方程组，利用步骤(1)中求出的 M 阶 AR 模型的参数 $c(1)$，$c(2), \cdots, c(p+q)$，可求出 $b(1), b(2), \cdots, b(q)$。

(3)将已求得的 b_i 和 c_i 代入式(7-4-8a)，可以解出 $a(1), a(2), \cdots, a(p)$。

7.5　基于矩阵特征分解的谱估计

AR 模型谱对正弦信号的数据检测效果并不理想，主要体现在以下两个方面。

(1)谱线位置对正弦信号的初相位有很强的依赖性(改进协方差法优于伯格算法)。这种依赖性随着样本数据长度增加会有所下降。

(2)对于低信噪比情况，估计谱会出现谱线分裂、谱峰偏移、产生伪峰等问题。即使采用改进协方差法，AR 模型谱也很难准确估计出淹没在噪声中的正弦波的频率。

而白噪声中正弦组合是最常见的随机过程，估计淹没在噪声中的正弦波的频率是信号处理中最有实际应用价值的技术之一，也是测试所有谱估计性能的基础。

下面讨论用特征分解法对白噪声中的多正弦波频率进行估计。

特征分解技术的主要思想是，把数据自相关矩阵中的信息空间分成两个子空间，即信号子空间和噪声子空间，根据这两个子空间中的函数在正弦波频率上的特点来估计正弦波的频率。

7.5.1　信号子空间和噪声子空间的概念

假设信号 $x(n)$ 是复正弦信号加白噪声，同前两节一样，为

$$x(n) = \sum_{k=1}^{K} \alpha_k e^{j\omega_k n} + v(n)$$

其中，$\alpha_k = |\alpha_k| e^{j\phi_k}$ 和 ω_k 分别是信号复幅度和角频率。初始相位 ϕ_k 是在

$[0,2\pi]$ 均匀分布的随机变量,并且当 $i \neq k$ 时,ϕ_i 和 ϕ_k 相互独立;$v(n)$ 是零均值、方差为 σ_v^2 的白噪声,且与信号相互独立。

定义信号向量

$$\boldsymbol{x}(n) = \begin{bmatrix} x(n) & x(n-1) & \cdots & x(-M+1) \end{bmatrix}^{\mathrm{T}}$$

有

$$\boldsymbol{x}(n) = \boldsymbol{A}\boldsymbol{s}(n) + \boldsymbol{v}(n) \in \mathbb{C}^{M \times 1}$$

其中

$$\boldsymbol{A} = \begin{bmatrix} \boldsymbol{a}(\omega_1) & \boldsymbol{a}(\omega_2) & \cdots & \boldsymbol{a}(\omega_K) \end{bmatrix}$$

$$= \begin{bmatrix} 1 & 1 & \cdots & 1 \\ e^{-j\omega_1} & e^{-j\omega_2} & \cdots & e^{-j\omega_K} \\ \vdots & \vdots & & \vdots \\ e^{-j(M-1)\omega_1} & e^{-j(M-1)\omega_2} & \cdots & e^{-j(M-1)\omega_K} \end{bmatrix} \in \mathbb{C}^{M \times K} \quad (7\text{-}5\text{-}1)$$

向量 $\boldsymbol{a}(\omega)$、$\boldsymbol{s}(n)$ 和 $\boldsymbol{v}(n)$ 分别定义为

$$\boldsymbol{a}(\omega) = \begin{bmatrix} 1 \\ e^{-j\omega} \\ \vdots \\ e^{-j(M-1)\omega} \end{bmatrix}, \boldsymbol{s}(n) = \begin{bmatrix} \alpha_1 e^{j\omega_1 n} \\ \alpha_2 e^{j\omega_2 n} \\ \vdots \\ \alpha_K e^{j\omega_K n} \end{bmatrix}, \boldsymbol{v}(n) = \begin{bmatrix} v(n) \\ v(n-1) \\ \vdots \\ v(n-M+1) \end{bmatrix}$$

向量 $\boldsymbol{x}(n)$ 的自相关矩阵 $\boldsymbol{R} \in \mathbb{C}^{M \times K}$ 为

$$\begin{aligned} \boldsymbol{R} &= E[\boldsymbol{x}(n)\boldsymbol{x}^{\mathrm{H}}(n)] \\ &= E\{[\boldsymbol{A}\boldsymbol{s}(n) + \boldsymbol{v}(n)][\boldsymbol{s}^{\mathrm{H}}(n)\boldsymbol{A}^{\mathrm{H}} + \boldsymbol{v}^{\mathrm{H}}(n)]\} \\ &= \boldsymbol{A}\boldsymbol{P}\boldsymbol{A}^{\mathrm{H}} + E[\boldsymbol{v}(n)\boldsymbol{v}^{\mathrm{H}}(n)] \end{aligned}$$

因为 $v(n)$ 是零均值、方差为 σ_v^2 的白噪声,所以有

$$E[\boldsymbol{v}(n)\boldsymbol{v}^{\mathrm{H}}(n)] = \mathrm{diag}\{\sigma_v^2, \cdots, \sigma_v^2\} = \sigma_v^2 \boldsymbol{I}$$

其中,$\boldsymbol{I} \in \mathbb{R}^{M \times M}$ 是单位矩阵。

又由于 ϕ_k 和 ϕ_l 相互独立($k \neq l$),有

$$\begin{aligned} E\{s_k(n)s_l^*(n)\} &= E\{\alpha_k e^{j\omega_k n} \alpha_l^* e^{-j\omega_l n}\} \\ &= e^{j\omega_k n} e^{-j\omega_l n} |\alpha_k| |\alpha_l| E\{e^{j\phi_k - j\phi_l}\} \\ &= \begin{cases} |\alpha_k|^2, & k = l \\ 0, & k \neq l \end{cases} \end{aligned}$$

于是,矩阵 $\boldsymbol{P}$ 是正定的对角矩阵,即

$$\boldsymbol{P} \triangleq E\{\boldsymbol{s}(n)\boldsymbol{s}^{\mathrm{H}}(n)\} = \mathrm{diag}\{|\alpha_1|^2, |\alpha_2|^2, \cdots, |\alpha_K|^2\} \in \mathbb{C}^{K \times K}$$

$$(7\text{-}5\text{-}2)$$

因此,$\boldsymbol{x}(n)$ 的自相关矩阵可表示为

$$\boldsymbol{R} = \boldsymbol{A}\boldsymbol{P}\boldsymbol{A}^{\mathrm{H}} + \sigma_v^2 \boldsymbol{I} \in \mathbb{C}^{M \times M} \quad (7\text{-}5\text{-}3)$$

实际应用中,选取 $M > K$。由式(7-5-1)容易看出,矩阵 $\boldsymbol{A}$ 是列满秩的;因此,$\boldsymbol{A}^{\mathrm{H}}$ 是行满秩矩阵,即

$$\mathrm{rank}(\boldsymbol{A}) = \mathrm{rank}(\boldsymbol{A}^{\mathrm{H}}) = K \qquad (7\text{-}5\text{-}4)$$

又根据定义式(7-5-2)知,$\boldsymbol{P}$ 是秩为 K 的满秩方阵。因此,矩阵乘积 $\boldsymbol{AP}$ 是对矩阵 $\boldsymbol{A}$ 作满秩变换,变换后的秩保持不变,即

$$\mathrm{rank}(\boldsymbol{AP}) = K \qquad (7\text{-}5\text{-}5)$$

同样,由式(7-5-4)和式(7-5-5)可知,$\boldsymbol{APA}^{\mathrm{H}}$ 也为对矩阵 $\boldsymbol{A}^{\mathrm{H}}$ 作满秩变换,即

$$\mathrm{rank}(\boldsymbol{APA}^{\mathrm{H}}) = K$$

因此,矩阵 $\boldsymbol{APA}^{\mathrm{H}}$ 共有 K 个非零特征值。对 $\boldsymbol{APA}^{\mathrm{H}}$ 进行特征值分解,设 $\tilde{\lambda}_1$,$\tilde{\lambda}_2,\cdots,\tilde{\lambda}_M$ 为特征值;$\boldsymbol{u}_1,\boldsymbol{u}_2,\cdots,\boldsymbol{u}_M$ 为对应的正交归一化特征向量。不妨将其 K 个非零特征值设为 $\tilde{\lambda}_1,\tilde{\lambda}_2,\cdots,\tilde{\lambda}_K \neq 0$;其余特征值 $\tilde{\lambda}_{K+1} = \tilde{\lambda}_{K+2} = \cdots = \tilde{\lambda}_M = 0$,所以有

$$(\boldsymbol{APA}^{\mathrm{H}})\boldsymbol{u}_i = \tilde{\lambda}_i \boldsymbol{u}_i, i = 1, 2, \cdots, K \qquad (7\text{-}5\text{-}6)$$

$$(\boldsymbol{APA}^{\mathrm{H}})\boldsymbol{u}_i = \tilde{\lambda}_i \boldsymbol{u}_i = 0, i = K+1, K+2, \cdots, M \qquad (7\text{-}5\text{-}7)$$

对式(7-5-6)和式(7-5-7)右乘比 $\boldsymbol{u}_i^{\mathrm{H}}$,有

$$(\boldsymbol{APA}^{\mathrm{H}})\boldsymbol{u}_i\boldsymbol{u}_i^{\mathrm{H}} = \tilde{\lambda}_i \boldsymbol{u}_i\boldsymbol{u}_i^{\mathrm{H}}, i = 1, 2, \cdots, M \qquad (7\text{-}5\text{-}8)$$

上式中分别取 $i = 1, 2, \cdots, M$,可得 M 个等式,将各等式两边分别相加,得

$$(\boldsymbol{APA}^{\mathrm{H}})\sum_{i=1}^{M}\boldsymbol{u}_i\boldsymbol{u}_i^{\mathrm{H}} = \sum_{i=1}^{M}\tilde{\lambda}_i\boldsymbol{u}_i\boldsymbol{u}_i^{\mathrm{H}} \qquad (7\text{-}5\text{-}9)$$

考虑到 $\boldsymbol{u}_1,\boldsymbol{u}_2,\cdots,\boldsymbol{u}_M$ 是正交的归一化特征向量,有

$$\sum_{i=1}^{M}\boldsymbol{u}_i\boldsymbol{u}_i^{\mathrm{H}} = \boldsymbol{I}$$

将式(7-5-9)代入式(7-5-8),有

$$\boldsymbol{APA}^{\mathrm{H}} = \sum_{i=1}^{M}\tilde{\lambda}_i\boldsymbol{u}_i\boldsymbol{u}_i^{\mathrm{H}} = \sum_{i=1}^{K}\tilde{\lambda}_i\boldsymbol{u}_i\boldsymbol{u}_i^{\mathrm{H}}$$

因此,式(7-5-3)的自相关矩阵 $\boldsymbol{R}$ 可表示为

$$\begin{aligned}\boldsymbol{R} &= \sum_{i=1}^{K}\tilde{\lambda}_i\boldsymbol{u}_i\boldsymbol{u}_i^{\mathrm{H}} + \sigma_v^2\sum_{i=1}^{M}\boldsymbol{u}_i\boldsymbol{u}_i^{\mathrm{H}} \\ &= \sum_{i=1}^{K}(\tilde{\lambda}_i + \sigma_v^2)\boldsymbol{u}_i\boldsymbol{u}_i^{\mathrm{H}} + \sigma_v^2\sum_{i=K+1}^{M}\boldsymbol{u}_i\boldsymbol{u}_i^{\mathrm{H}} \\ &= \sum_{i=1}^{M}\tilde{\lambda}_i\boldsymbol{u}_i\boldsymbol{u}_i^{\mathrm{H}}\end{aligned}$$

其中

$$\lambda_i = \tilde{\lambda}_i + \sigma_v^2, i = 1, 2, \cdots, K$$

$$\lambda_i = \sigma_v^2, i = K+1, K+2, \cdots, M$$

$\boldsymbol{R}$ 的 M 个特征值中仅有 K 个特征值 $\lambda_1, \lambda_2, \cdots, \lambda_K$ 与信号有关,其余 $M-K$ 个特征值 $\lambda_{K+1}, \lambda_{K+2}, \cdots, \lambda_M$ 仅与噪声有关。

7.5.2 MUSIC 算法

利用前面信号子空间和噪声子空间的概念,下面介绍信号频率估计的多重信号分类(multiple signal classification,MUSIC)算法,该算法于 1979 年由 R. O. Schmidt 提出。MUSIC 算法利用了信号子空间和噪声子空间的正交性,构造空间谱函数,通过谱峰搜索,估计信号频率。

由式(7-5-7)有

$$\boldsymbol{APA}^H \boldsymbol{u}_i = 0, i = K+1, K+2, \cdots, M$$

对上式两边同时左乘 $\boldsymbol{A}^H$,得

$$\boldsymbol{A}^H \boldsymbol{APA}^H \boldsymbol{u}_i = 0, i = K+1, K+2, \cdots, M \qquad (7\text{-}5\text{-}10)$$

由式(7-5-4)知,矩阵 $\mathrm{rank}(\boldsymbol{A}^H \boldsymbol{A}) = K$,即 $\boldsymbol{A}^H \boldsymbol{A}$ 可逆。式(7-5-10)等号两边同时左乘 $(\boldsymbol{A}^H \boldsymbol{A})^{-1}$,有

$$(\boldsymbol{A}^H \boldsymbol{A})^{-1} \boldsymbol{A}^H \boldsymbol{APA}^H \boldsymbol{u}_i = 0, i = K+1, K+2, \cdots, M \qquad (7\text{-}5\text{-}11)$$

又由式(7-5-2),矩阵 $\boldsymbol{P}$ 为正定的对角矩阵,式(7-5-11)两边可再同时左乘 $\boldsymbol{P}^{-1}$,有

$$\boldsymbol{P}^{-1} \boldsymbol{P} \boldsymbol{A}^H \boldsymbol{u}_i = \boldsymbol{A}^H \boldsymbol{u}_i = 0, i = K+1, K+2, \cdots, M$$

由式(7-5-1),则有

$$\boldsymbol{a}^H(\omega_k) \boldsymbol{u}_i = 0, k = 1, 2, \cdots, K; i = K+1, K+2, \cdots, M \quad (7\text{-}5\text{-}12)$$

式(7-5-12)表明,信号频率向量 $\boldsymbol{a}(\omega_k)$ 与噪声子空间的特征向量正交。对给定频率 ω_k,分别令 $i = K+1, K+2, \cdots, M$,可以得到

$$\left| \boldsymbol{a}^H(\omega_k) \boldsymbol{u}_{K+1} \right|^2 = 0$$
$$\left| \boldsymbol{a}^H(\omega_k) \boldsymbol{u}_{K+2} \right|^2 = 0$$
$$\vdots$$
$$\left| \boldsymbol{a}^H(\omega_k) \boldsymbol{u}_M \right|^2 = 0$$

将上面各式两边相加,可得到

$$\sum_{i=K+1}^{M} \left| \boldsymbol{a}^H(\omega_k) \boldsymbol{u}_i \right|^2 = 0, k = 1, 2, \cdots, K \qquad (7\text{-}5\text{-}13)$$

用噪声子空间的向量构成矩阵

$$\boldsymbol{G} = \begin{bmatrix} \boldsymbol{u}_{K+1} & \boldsymbol{u}_{K+2} & \cdots & \boldsymbol{u}_M \end{bmatrix} \in \mathbb{C}^{M \times (M-K)}$$

可以得到式(7-5-13)的另一种表达形式为

$$a^{\mathrm{H}}(\omega_k)\Big(\sum_{i=K+1}^{M}\boldsymbol{u}_i\boldsymbol{u}_i^{\mathrm{H}}\Big)a(\omega_k)=a^{\mathrm{H}}(\omega_k)\boldsymbol{G}\boldsymbol{G}^{\mathrm{H}}a(\omega_k)=0,k=1,2,\cdots,K$$

在实际工程中,由于用相关矩阵的估计 $\hat{\boldsymbol{R}}$ 代替 $\boldsymbol{R}$ 进行特征分解,因此,在给定的频率 ω_k,信号频率向量 $a(\omega_k)$ 与噪声子空间并不严格地满足正交条件方程式(7-5-12)。于是,可以构造如下的扫描函数:

$$\hat{P}_{\mathrm{MUSIC}}(\omega)=\frac{1}{a^{\mathrm{H}}(\omega)\hat{\boldsymbol{G}}\hat{\boldsymbol{G}}^{\mathrm{H}}a^{\mathrm{H}}(\omega)}=\frac{1}{\sum\limits_{i=K+1}^{M}|a^{\mathrm{H}}(\omega)\hat{\boldsymbol{u}}_i|^2},\omega\in[-\pi,\pi]$$

信号角频率的估计可以由函数 $P_{\mathrm{MUSIC}}(\omega)$ 的 K 个峰值位置确定。

谱函数 $P_{\mathrm{MUSIC}}(\omega)$ 的峰值位置反映了信号的频率值,但它并不是信号的功率谱,通常将 $P_{\mathrm{MUSIC}}(\omega)$ 称为伪谱(pseudo spectrum),或 MUSIC 谱。

第 8 章　数字信号处理中的有限字长效应

　　到目前为止，我们在讨论数字信号处理过程中，输入信号的每个取值、算法中要用到的参数（如数字滤波器的系数、FFT 中的复指数），以及中间结果和最终结果，都是用无限精度的数来表示的。但在实际工程中，无论是专用硬件，还是在计算机上用软件来实现数字信号处理，所涉及的所有参数和计算值，都是用有限字长的二进制数来表示的。因此，在实际工程中得到的数字信号处理结果，相对理论计算所得到的结果，必然存在误差。在某些情况下，这种误差严重到会使信号处理系统的性能变坏。通常把这种由于二进制数的位数有限而造成的计算结果误差或处理的性能变化，称为有限字长效应。显然，有限字长效应，无论在数字信号处理软件实现或硬件实现中，还是在进行设计和对处理结果进行误差分析时，都是必须考虑的问题。

8.1　概　述

　　对于任何一个 N 阶系统可以表示为如下的差分方程

$$y(n) + a_1 y(n-1) + \cdots + a_N y(n-N)$$
$$= b_0 x(n) + b_1 x(n-1) + \cdots + b_N x(n-N)$$

　　图 8-1(a)是该系统的直接 II 型结构（无限精度实现），而实际的系统实现时都采用有限字长的二进制数来表示，即有限精度实现，如图 8-1(b)所示。

　　此时，系统的输入、输出及系统系数都量化成有限字长。在整个过程中，有限字长效应对滤波器输出造成的误差主要表现在以下三个方面：

　　(1)输入信号 $x(n)$ 经有限字长量化后，会引入量化误差。在一般情况下，被处理的模拟信号 $x_a(t)$，需要经过 A/D 转换器变成二进制数的序列。A/D 转换器主要包括取样和量化两个步骤，取样序列 $x(n)$ 被量化后得到 $\hat{x}(n)$，造成实际输入与理想输入之间存在误差 $e(n) = \hat{x}(n) - x(n)$，这个误

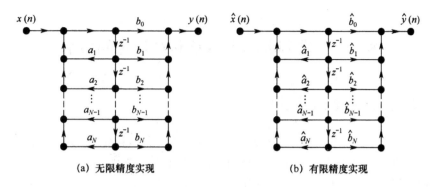

(a) 无限精度实现　　　　　　　(b) 有限精度实现

图 8-1　系统的直接 Ⅱ 型实现

差直接引起输出结果的变化 $r(n)=\hat{y}(n)-y(n)$。可见,输入信号的量化在滤波器输出端引起了噪声,这个噪声的大小与输入信号量化时的噪声有关。

(2)滤波器的系数 $a_1,a_2,\cdots,a_N,b_0,b_1,\cdots,b_M$ 用有限位二进制数表示成 $\hat{a}_1,\hat{a}_2,\cdots,\hat{a}_N,\hat{b}_0,\hat{b}_1,\cdots,\hat{b}_M$,实际上也是一种量化处理,也必然引入量化误差。对于某些结构类型的滤波器来说,其零、极点的位置对于滤波器系数的变化特别敏感,因而滤波器系数由于量化误差引起的微小改变,有可能对滤波器的频率特性产生很大的影响。特别是在单位圆内且非常靠近单位圆的极点处,如果由于滤波器系数的量化误差,而使这些极点变到单位圆上或单位圆外时,滤波器就失去了稳定性。

(3)在计算两个字长为 L 的二进制数的乘积时,需要用截尾或舍入的处理方法将乘积结果限制为 L 位字长,这些都会引入截尾误差或舍入误差。在用定点运算实现递归结构的 IIR 滤波器时,有限字长效应有可能引起一种被称为零输入极限环振荡的现象,使滤波器工作不稳定。

上述三种误差与系统结构形式、数的表示方法、所采用的运算方式、字的长短以及尾数的处理方式有关。但是,将上面三种误差因素综合起来分析是困难的,只能分别对三种效应单独加以分析,以计算出它们的影响。

研究有限字长效应的目的是:

(1)如果数字信号处理是在通用计算机上实现时,字长已经固定,做误差分析是为了知道结果的可信度,否则要采取改进措施。但是一般计算机字长较长,可不考虑字长的影响。

(2)用专用硬件实现数字信号处理时,一般是采用定点实现,涉及硬件采用的字长问题,因而必须了解为达到某一精度所必须选用的最小字长,以便在设备价格和精度之间作合适的折中。

8.2 二进制数的表示及其对量化的影响

8.2.1 进制数的表示

二进制的算术运算分定点运算和浮点运算两类,最常用的表示方法有原码、补码和反码三种。由于字长的限制,需要将二进制数的算术运算结果进行截尾或舍入处理,从而引入截尾或舍入误差。对于二进制数的不同运算方法和表示形式,所引起的截尾和舍入误差是不同的。

8.2.1.1 定点运算

在整个运算中,二进制小数点在数码中的位置是固定不变的,这种运算称为定点运算。在定点运算中,第一位为符号位,表示数的正负;左边各位(除了第一位)表示数的整数部分;右边各位表示数的小数部分,各位安排如下:

$$x = \pm \underset{\text{符号位}}{} \underset{\text{整数位}}{\underline{\times \times \cdots \times}} \underset{\text{小数位}}{\underline{\times \times \cdots \times}}$$

例如,六位字长的二进制数 11.101 1 等于十进制数

$$-(1 \times 2^0 + 1 \times 2^{-1} + 0 \times 2^{-2} + 1 \times 2^{-3} + 1 \times 2^{-4}) = -1.687\ 5$$

其中,小数点固定在二进制数码的第二位和第三位之间是不变的。

原则上,定点二进制数的小数点可固定在任意位置,但为了运算方便,通常定点运算都是把数限制在[-1,1]。这时将小数点固定在第一位二进制码之前,而整数位则作为符号位,代表数的正负(0 表示正,1 表示负),数的本身只有小数部分,称为尾数,其形式如下:

$$x = \pm \underset{\text{符号位}}{} \underset{\text{小数位}}{\underline{\times \times \cdots \times}} \tag{8-2-1}$$

例如,0.101 1 表示十进制数 0.687 5,而 1.101 1 表示十进制数 -0.687 5。

式(8-2-1)所表示的定点运算在整个运算过程中,所有运算结果的绝对值都不能超过 1。为此,当需要表示绝对值大于 1 的数时,可以乘以一个比例系数,使整个运算过程中数的最大绝对值不超过 1,运算完成之后再除以同一比例系数,还原成真值输出。如运算过程中出现绝对值超过 1 的情况,数就进位到整数部分的符号位,称为溢出,此时的结果出错,应修正比例系数。但是,有些时候不适合用比例系数,如 IIR 滤波器的分母系数决定极

点的位置,不能随意增加或减小。

　　定点运算的加法运算不会增加字长,但若没有选择合适的比例系数,则加法运算很可能会出现溢出现象;乘法运算不会产生溢出,因为绝对值小于 1 的两个数相乘后,其绝对值仍小于 1,但相乘后字长要增加一倍。一般来说两个 $b+1$ 位的定点数(其中 b 为字长,最高位表示符号位,其余的低 b 位表示小数部分)相乘后结果为 $2b+1$ 位(其中 $2b$ 为字长),因此在定点运算每次相乘后需要进行尾数处理,使结果仍为 $b+1$ 位。对超过字长的尾数需要进行截尾或舍入处理,这会带来截尾或舍入误差。截尾就是将信号值小数部分 b 位以后的数直接略去;舍入就是将信号值小数部分第 $b+1$ 位逢 1 进位,并将 b 位以后的数略去。

8.2.1.2　浮点运算

　　定点二进制数的不足是动态范围小,且需要考虑加法运算中的溢出问题。二进制数的浮点表示弥补了这个不足,它有大的动态范围,溢出的可能性小。二进制数的浮点表示是将其表示成尾数和指数两个部分的乘积,即

$$x = 2^{C}M \tag{8-2-2}$$

式中,C 和 M 都是二进制数。C 是二进制整数,称为阶码(或阶);M 是二进制小数,称为尾数。x 是既有整数部分也有小数部分的二进制数,它的小数点位置可由阶码 C 来调整。x 的符号由 M 的符号决定,整个运算过程中,C 的数值可以随意调整,这种二进制运算称为浮点运算。在式(8-2-2)所给出的浮点表示中,为了充分利用尾数的有效位,常将尾数限制在

$$0.5 \leqslant M < 1(十进制数) \tag{8-2-3}$$

或

$$0.10\cdots0 \leqslant M \leqslant 0.1\cdots1(二进制数)$$

的范围内,因此 M 的第一位(小数点后第一位)总是为 1,数可以表示成

$$x = \quad \pm \quad \underbrace{\times\times\cdots\times}_{C(d+1位)}\underbrace{\times\times\cdots\times}_{M(b位)}$$

M 的符号位

　　这意味着,通过调整阶码的大小,使尾数的最高有效位保持为 l(二进制),称这种表示为规格化浮点表示。若阶码有 $d+1$ 位,尾数有 $b+1$ 位,都有一位为符号位,则浮点数的动态范围为

$$2^{-2^{d}}2^{-1} \leqslant |x| \leqslant 2^{2^{d-1}}(1 - 2^{-b})$$

尾数的精度为 2^{-b}。

　　因此,浮点表示法尾数的字长决定浮点表示的精度,而阶码的字长决定浮点数的动态范围。在 $b+d+2$ 值一定的情况下,阶码位数 d 越多,浮点数的动态范围越大,但精度越小。

两浮点数相乘的方法是尾数相乘、阶码相加,尾数相乘实际上就是定点小数相乘,浮点数的乘积结果应转变成规格化形式。两浮点数相加的步骤是:先将阶码较低的数的阶码调整成与高阶码相同,相应地也调整尾数;然后将尾数相加,使阶码为高阶码;最后将和化为规格化浮点表示。

8.2.2 原码、补码和反码

不论是定点表示还是浮点表示的尾数都是将整数位用作符号位,小数位代表尾数值。$b+1$ 位码的形式为

$$a_0.a_1a_2\cdots a_b \tag{8-2-4}$$

式中,整数位 a_0 表示符号位,小数位 $a_1a_2\cdots a_b$ 表示 b 位字长的尾数值,$a_i(i=0,1,2,\cdots,b)$ 表示第 i 位二进制码,取值可取 0 或 1。

对于正数,上面的表示是很清楚的;对于负数,根据需要的不同,有原码、补码和反码三种。

8.2.2.1 原码

原码也称为"符号-幅度码",它的尾数部分代表数的绝对值(即幅度大小),符号位代表数的正负,$a_0=0$ 代表正数,$a_0=1$ 代表负数。如果用式(8-2-4)表示原码,则可定义为

$$[x]=\begin{cases} x,0\leqslant x<1 \\ 1+|x|,-1<x\leqslant 0 \end{cases}(\text{十进制})$$

它所代表的十进制数值为

$$x=(-1)^{a_0}\sum_{i=1}^{b}a_i2^{-i}$$

原码的优点是乘除运算方便,以两数符号位的逻辑加即可简单决定结果的正负,而数值则是两数数值部分的乘除结果。但原码的加减运算则不方便,因为两数相加,先要判断两数符号是否相同,相同则做加法,不同则做减法,做减法时还要判断两数绝对值的大小,以便用大者作为被减数,这样就增加了运算时间。

在原码表示中,零有两种表示方法:0.00…0 或 1.0…0,因此,$b+1$ 位字长只能表示 $[-(1-2^{-b}),1-2^{-b}]$ 的 $2^{b+1}-1$ 个数。

8.2.2.2 补码

补码又称为"2 的补码",补码中正数与原码正数一样,补码中负数是采用 2 的补码来表示的,即把负数先加上"2",以便将正数和负数的相加转化

为正数和正数的相加,从而克服原码表示法做加减的困难。补码的定义如下:

$$[x] = \begin{cases} x, 0 \leqslant x < 1 \\ 2 - |x|, -1 < x \leqslant 0 \end{cases} \text{(十进制)} \tag{8-2-5}$$

对于式(8-2-4)表示的形式,补码所代表的二进制数值可表示为

$$x = -a_0 + \sum_{i=1}^{b} a_i 2^{-i} \tag{8-2-6}$$

补码表示法可把减法与加法统一起来,都采用补码加法。例如,做减法运算时,若减数是正数,则将其变为负数的补码与被减数的补码相加;若减数是负数,则将其变成正数的补码与被减数的补码相加。采用补码做加法,符号位也同样参加运算,如果符号位发生进位,则把进数的1去掉就行了。

在补码表示中,零的表示是唯一的,为 $0.00\cdots0$,因此,$b+1$ 位字长可表示 $[-1, 1-2^{-b}]$ 的 2^{b+1} 个数。

由于负数的补码是 $2-|x|$,故求负数的补码时,实际上要做一次减法,这是不希望的,可以发现,只要将原码正数的每位取反码($1\to0, 0\to1$),再在所得数的末位加1,则正好得到负数的补码,这简称为对尾数的"取反加1"。

8.2.2.3　反码

反码又称为"1 的补码",和补码一样,反码的正数和原码的正数表示相同,反码的负数,则是将该数的正数表示形式中的所有 0 改为 1,所有的 1 改为 0,即"求反"。

x 的反码就是 x 按位对 1 的补码,即

$$[x] = \underbrace{1.1\cdots1}_{b+1} - |x| = (2 - 2^{-b}) - |x|$$

因而,反码的定义为

$$[x] = \begin{cases} x, 0 \leqslant x < 1 \\ 2 - 2^{-b} - |x|, -1 < x \leqslant 0 \end{cases} \text{(十进制)} \tag{8-2-7}$$

根据式(8-2-5)和式(8-2-7),可以得出

$$[x] = [x] - 2^{-b} \tag{8-2-8}$$

由式(8-2-6)和式(8-2-8),可以得出反码的十进制数值为

$$x = -a_0(1 - 2^{-b}) + \sum_{i=1}^{b} a_i 2^{-i}$$

在反码表示中,零有两种表示方法:$0.00\cdots0$ 或 $1.1\cdots1$,因此,$b+1$ 位字长只能表示 $[-(1-2^{-b}), 1-2^{-b}]$ 的 $2^{b+1}-1$ 数。

8.2.3 量化误差

将一个无限精度的数 $x(n)$ 用有限精度 $\hat{x}(n)$ 来表示时,可通过图 8-2 的量化器实现 $\hat{x}(n)=Q[x(n)]$。假设信号值用 $b+1$ 位二进制数表示,其中最高位表示符号位,低 b 位表示小数部分,能表示的最小单位称为量化阶 $q=2^{-b}$。对于超过 b 位的部分进行尾数处理(舍入或截尾)。舍入法就是将信号值小数部分的第 $b+1$ 位逢 1 进位,并将 b 位以后的数略去;截尾法就是将信号值小数部分 b 位以后的数直接略去。经过截尾或舍入处理后势必产生量化误差 $e(n)=\hat{x}(n)-x(n)$,截尾和舍入带来的误差分别称为截尾误差和舍入误差。对于不同的二进制数表示方法(原码、补码或反码)和不同的运算方法(定点运算或浮点运算),截尾和舍入误差是不同的。

图 8-2　量化器

8.2.3.1　定点运算中的量化误差

(1)定点运算中的截尾误差。设无限精度的正小数截尾前用 x 表示,截尾成字长为 $b+1$ 位后,用 x_T 表示,则产生的截尾误差为

$$e_T = x_T - x$$

式中,下标 T 表示截尾。正小数截尾后数值变小,故截尾误差为 $e_T \leqslant 0$。当截掉的部分都是 1 时,此时截尾误差最大,即

$$|e_T|_{\max} = \sum_{i=b+1}^{\infty} 2^{-i} = 2^{-b} = q$$

式中,$q=2^{-b}$ 是截尾后二进制末位的位权,即量化间隔,因此对于正小数有

$$-q \leqslant e_T \leqslant 0$$

对于负小数,原码、反码和补码的截尾误差是不同的。原码截尾后使负小数的绝对值变小,所以截尾误差为 $e_T \geqslant 0$,当截掉的部分都是 1 时,此时截尾误差最大为 q,所以对于原码负小数有

$$0 \leqslant e_T \leqslant q$$

负小数的补码截尾后使数值变小,由式(8-2-8)可以看出,由于 $[x]_{\text{补}}$ 减小使 $|x|$ 增大,即 $-|x|$ 减小,所以对于负小数补码的截尾误差,有

$$-q \leqslant e_T \leqslant 0$$

根据式(8-2-7)无限精度负小数 $-|x|$ 的反码为

$$[x] = 2 - 2^{-\infty} - |x| = 2 - |x|$$

截尾后为

$$[x_T] = 2 - 2^{-b} - |x_T|$$

式中，$-|x_T|$ 是反码截尾后所对应的负小数。由于 $[x_T] = [x]$，所以有

$$-2^{-b} \leqslant [x_T]_- [x] \leqslant 0 \qquad (8\text{-}2\text{-}9)$$

因此，负小数的反码截尾误差为

$$e_T = (-|x_T|) - (-|x|) = [x_T] - [x]_+ 2^{-b} \qquad (8\text{-}2\text{-}10)$$

将式(8-2-9)代入式(8-2-10)，得出反码负小数的截尾误差

$$0 \leqslant e_T \leqslant q$$

（2）定点运算中的舍入误差。舍入处理是将 $b+1$ 位后的数舍去，其误差是由舍去数的绝对值相对于 2^{-b-1} 的大小来决定的，与原数的正负无关，所以与二进制数采用什么码无关。显然，舍入误差总是处于以下范围内：

$$-\frac{q}{2} \leqslant e_R \leqslant \frac{q}{2} \qquad (8\text{-}2\text{-}11)$$

式中，$q = 2^{-b}$ 是量化间隔，下标 R 表示舍入。当最后 $d-b$ 位的值等于 $\frac{q}{2} = 2^{-b-1}$ 时，通常采用随机舍入原则（舍入按等概率发生），所以式(8-2-11)中出现了两个等号。

表 8-1 归纳了定点运算中的截尾误差和舍入误差公式。

表 8-1　定点运算中的截尾误差和舍入误差公式（$q = 2^{-b}$）

正数		截尾误差	舍入误差
		$-q \leqslant e_T \leqslant 0$	
负数	原码	$0 \leqslant e_T < q$	$-\dfrac{q}{2} \leqslant e_R \leqslant \dfrac{q}{2}$
	补码	$-q < e_T < 0$	
	反码	$0 \leqslant e_T < q$	

8.2.3.2　浮点运算中的量化误差

浮点数的截尾和舍入处理是对尾数进行的，但阶码对截尾和舍入误差的大小有影响。具体而言，尾数相同、阶码越大的浮点数，它的误差越大。因此，对于浮点数的截尾和舍入误差应当采用相对误差的概念。浮点数 $x = 2^c M$ 的相对误差定义为

$$\varepsilon = \frac{Q[x] - x}{x} = \frac{M_Q - M}{M} \qquad (8\text{-}2\text{-}12)$$

式中，$Q[x]$ 是尾数截尾或舍入后的浮点数；M_Q 是截尾或舍入后的尾数，截

尾和舍入处理前后阶码 C 保持不变,由式(8-2-13)有

$$Q[x] = x(1+\varepsilon) \tag{8-2-14}$$

尾数的截尾或舍入误差为

$$e_Q = M_Q - M \tag{8-2-15}$$

$Q[x]-x$ 是浮点数的绝对误差,将式(8-2-15)代入式(8-2-14)可得出浮点数的绝对误差与尾数截尾或舍入误差的关系

$$Q[x] - x = 2^C M_Q \tag{8-2-16}$$

当尾数用舍入方法处理时,尾数的舍入误差为 $e_Q = e_R$,e_R 是定点小数的舍入误差,其范围由式(8-2-11)确定。考虑尾数误差与浮点数绝对误差的关系式(8-2-16)及浮点数相对误差与绝对误差的关系式(8-2-13),可以得到

$$-\frac{q}{2} 2^C \leqslant \varepsilon_R x \leqslant \frac{q}{2} 2^C \tag{8-2-17}$$

式中,ε_R 是由于尾数进行舍入处理而造成的浮点数的相对误差。对于规格化浮点数来说,由于

$$\begin{cases} \frac{1}{2} \leqslant M < 1, M > 0 \\ -1 < M \leqslant -\frac{1}{2}, M < 0 \end{cases}$$

所以有

$$\begin{cases} \frac{2^C}{2} \leqslant x < 2^C, x > 0 \\ -2^C < x \leqslant -\frac{2^C}{2}, x < 0 \end{cases} \tag{8-2-18}$$

由式(8-2-17)和式(8-2-18)可以得出浮点数舍入处理的误差

$$-q < \varepsilon_R \leqslant q$$

当尾数用截尾方法处理时,尾数的截尾误差 $e_Q = e_T$,与上述类似的方法可以推导出浮点数在尾数截尾处理时造成的相对误差 ε_T 的数值范围。表 8-2 归纳了浮点运算中的截尾误差和舍入误差公式。

表 8-2　浮点运算中的截尾误差和舍入误差公式($q = 2^{-b}$)

正数		截尾误差	舍入误差
		$-2q < \varepsilon_T \leqslant 0$	
负数	原码	$-2q < \varepsilon_T \leqslant 0$	$-q < \varepsilon_R \leqslant q$
	补码	$0 \leqslant \varepsilon_T < 2q$	
	反码	$-2q < \varepsilon_T \leqslant 0$	

8.3　模拟／数字(A／D)变换的量化效应

A/D 变换器就是将模拟输入信号转换为 b 位二进制数字信号。一个 A/D 变换器从功能上讲主要由两部分组成:抽样器和量化器,如图 8-3 所示。原始模拟信号 $x_a(t)$ 经抽样器后变成离散信号 $x(n)=x_a(nT)$,再经过量化器后变成数字信号 $\hat{x}(n)=Q[x(n)]$。

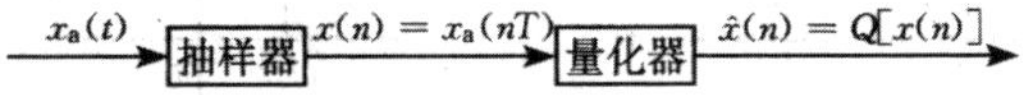

$$x_a(t) \rightarrow \boxed{抽样器} \xrightarrow{x(n)=x_a(nT)} \boxed{量化器} \xrightarrow{\hat{x}(n)=Q[x(n)]}$$

图 8-3　A/D 变换器

假设信号值用 $b+1$ 位二进制数表示,其中最高位表示符号位,低 b 位表示小数部分,能表示的最小单位称为量化阶 $q=2^{-b}$。对于超过 b 位的部分进行尾数处理(舍入或截尾)。舍入法就是将信号值小数部分的第 $b+1$ 位逢 1 进位,并将 b 位以后的数略去;截尾法就是将信号值小数部分的 b 位以后的数直接略去。

如图 8-3 的 A/D 变换器,那么量化后的量化误差为

$$e(n) = \hat{x}(n) - x(n) = Q[x(n)] - x(n)$$

图 8-4 分别采用舍入法和截尾法量化时造成最大量化误差情况。从图中可以看出截尾法的量化误差为 $-q < e(n) \leqslant 0$,舍入法的量化误差为 $-\dfrac{q}{2} < e(n) \leqslant \dfrac{q}{2}$。

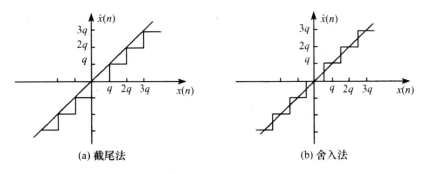

(a) 截尾法　　　　　　　(b) 舍入法

图 8-4　舍入法和截尾法的量化误差

实际采样时要精确地知道所有的量化误差 $e(n)$ 是很困难的,而且也没

有必要,一般情况下只要计算它的平均效应就可以了,所以统计分析方法来
分析量化误差的效应。统计分析方法分析量化误差时要求 $e(n)$ 是满足均
匀分布的平稳白噪声序列,并与采样序列 $x(n)$ 不相关,因此,量化误差也称
为量化噪声。

　　根据以上的条件,实际的 A/D 变换器可以等效成图 8-5 的统计模型。
对比图 8-3 和图 8-5 可知,量化器相当于抽样序列与加性白噪声求和。图
8-6 是截尾法和舍入法量化误差的概率密度函数。

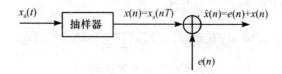

图 8-5　A/D 变换器的统计模型

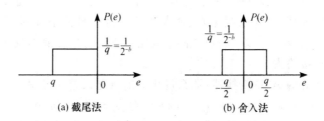

(a) 截尾法　　　　　　　(b) 舍入法

图 8-6　量化误差的概率密度函数

　　根据图 8-6(a)可知,采用截尾法时量化误差序列 $e(n)$ 的概率密度函
数为

$$p[e(n)] = \begin{cases} \dfrac{1}{q}, & -q < e(n) \leqslant 0 \\ 0, & \end{cases}$$

所以量化误差序列的期望和方差为

$$m_e = E[e(n)] = \int_{-q}^{q} e p(e) \mathrm{d}e = \int_{-q}^{q} \frac{1}{q} e \mathrm{d}e = -\frac{q}{2} = -\frac{2^{-b}}{2}$$

$$\sigma_e^2 = E[(e(n) - m_e)^2] = \int_{-q}^{q} (e - m_e)^2 p(e) \mathrm{d}e$$

$$= \int_{-q}^{q} \frac{1}{q} \left(e - \frac{q}{2}\right)^2 \mathrm{d}e = \frac{q^2}{12} = \frac{2^{-2b}}{12}$$

式中,$E[\bullet]$ 表示数学期望,即统计平均。同理,根据图 8-6(b)可知,采用
舍入法时量化误差序列 $e(n)$ 的概率密度函数为

$$p[e(n)] = \begin{cases} \dfrac{1}{q}, & -\dfrac{q}{2} < e(n) \leqslant \dfrac{q}{2} \\ 0, & \end{cases}$$

所以量化误差序列的期望和方差为

$$m_e = E[e(n)] = \int_{-q/2}^{q/2} e p(e) \mathrm{d}e = \int_{-q/2}^{q/2} \frac{1}{q} e \mathrm{d}e = 0$$

$$\sigma_e^2 = E[(e(n) - m_e)^2] = \int_{-q/2}^{q/2} (e - m_e)^2 p(e) \mathrm{d}e$$

$$= \int_{-q/2}^{q/2} \frac{1}{q} \left(e - \frac{q}{2}\right)^2 \mathrm{d}e = \frac{q^2}{12} = \frac{2^{-2b}}{12}$$

从上述的分析可知,量化噪声的方差和 A/D 变换的字长 b 有关,字长越长,则量化间距 $q = 2^{-b}$ 越小,量化噪声的方差 σ_e^2 也越小。采用截尾法所带来的期望值也随着字长的增加而减小,舍入法所带来的期望值等于零,与字长无关,所以舍入法也是较常用的方法。

进行 A/D 变换时,考虑量化误差就是加性噪声,信噪比就是信号功率与噪声功率的比值,是衡量量化效应的一个重要指标。舍入法 A/D 变换时的信噪比为

$$\frac{S}{N} = 10 \lg \frac{\sigma_x^2}{\sigma_e^2} = 10 \lg \frac{\sigma_x^2}{2^{-2b}/12} = 10 \lg (12 \sigma_x^2 2^{-2b}) = 6.02b + 10.79 + 10 \lg \sigma_x^2$$

$$(8\text{-}3\text{-}1)$$

由式(8-3-1)可以看出,信号的功率越大,信噪比越高;A/D 变换器的字长 b 越长,信噪比越高,字长每增加一位,信噪比增加约 6 dB。

在实际的信号处理中,输入信号的幅值往往会大于 A/D 变换器的动态范围,因此,需要将原有模拟输入信号 $x(n)$ 压缩为 $Ax(n)$,$0 < A < 1$,然后对其量化。由于 $Ax(n)$ 的方差为 $A^2 \sigma_x^2$,所以信噪比为

$$\frac{S}{N} = 10 \lg \frac{A^2 \sigma_x^2}{\sigma_e^2} = 6.02b + 10.79 + 10 \lg \sigma_x^2 + 20 \lg A$$

8.4　白噪声(A/D 变换的量化噪声)通过线性系统

下面讨论量化的序列 $\hat{x}(n) = x(n) + e(n)$ 通过线性移不变系统,而且假定系统是完全理想的,即是无限精度的,也就是说,系统实现时带来的误差以及运算带来的误差暂都不考虑,把它们看成是独立于量化噪声而引起的误差,可单独计算,然后将结果叠加。

因为我们已认为 $x(n)$ 和 $e(n)$ 不相关,且系统是线性移不变的,根据叠

加原理,系统的输出为

$$\hat{y}(n) = \hat{x}(n) * h(n) = x(n) * h(n) + e(n) * h(n)$$

$$= \sum_{m=0}^{\infty} h(m)x(n-m) + \sum_{m=0}^{\infty} h(m)e(n-m) = y(n) + f(n)$$

其中,$y(n)$ 是系统对 $x(n)$ 的响应,即

$$y(n) = x(n) * h(n) = \sum_{m=0}^{\infty} h(m)x(n-m)$$

$r(n)$ 是系统对量化噪声 $e(n)$ 的响应,即

$$r(n) = \hat{y}(n) - y(n) = e(n) * h(n) = \sum_{m=0}^{\infty} h(m)x(n-m)$$

由于 $e(n)$ 与 $x(n)$ 互不相关,故在计算输出噪声功率时,可以不管 $x(n)$ 的影响。

8.4.1 对定点补码舍入

舍入噪声 $e(n)$ 造成的输出噪声 $r(n)$ 的均值为

$$m_r = E[r(n)] = E[e(n) * h(n)]$$

$$= \sum_{m=0}^{\infty} h(m)E[e(n-m)] = m_e \sum_{m=0}^{\infty} h(m) = 0$$

方差则为

$$\sigma_r^2 = E[r^2(n)] = E[e(n) * h(n)] = E\left[\sum_{m=0}^{\infty} h(m)e(n-m) \sum_{l=0}^{\infty} h(l)e(n-l)\right]$$

$$= \sum_{m=0}^{\infty} \sum_{l=0}^{\infty} h(m)h(l)E[e(n-m)e(n-l)] = \sum_{m=0}^{\infty} \sum_{l=0}^{\infty} h(m)h(l)\sigma_e^2 \delta(m-l)$$

$$= \sigma_e^2 \sum_{m=0}^{\infty} h^2(m)$$

$$\tag{8-4-1}$$

这里考虑了 $e(n)$ 是白色的,它的各序列值之间互不相关,因而有

$$E[e(n-m)e(n-l)] = \delta(m-l)\sigma_r^2 \tag{8-4-2}$$

按照帕塞瓦定理,考虑到 $h(n)$ 是实序列,则有

$$\sum_{m=0}^{\infty} h^2(m) = \frac{1}{2\pi j} \oint_c H(z) H(z^{-1}) \frac{dz}{z} \tag{8-4-3}$$

这样,补码舍入噪声通过线性系统 $H(z)$ 后的噪声方差 σ_r^2 的式(8-4-4)可改写成

$$\sigma_r^2 = \frac{\sigma_e^2}{2\pi j} \oint_c H(z) H(z^{-1}) \frac{dz}{z} \tag{8-4-5}$$

或者在单位圆上计算,可得

$$\sigma_r^2 = \frac{\sigma_e^2}{2\pi}\oint_c H(\mathrm{e}^{\mathrm{j}\omega})H(\mathrm{e}^{-\mathrm{j}\omega})\mathrm{d}\omega = \frac{\sigma_e^2}{2\pi}\int_{-\pi}^{\pi}|H(\mathrm{e}^{\mathrm{j}\omega})|^2\mathrm{d}\omega \qquad (8\text{-}4\text{-}6)$$

8.4.2　对定点补码截尾

经过分析可知,输出噪声的方差仍为式(8-4-3)或式(8-4-4)或式(8-4-5),均值(即直流分量)的分析分式仍同于式(8-4-3),但由于 $m_e\neq0$,故 m_r 可表示为

$$m_r = m_e\sum_{m=0}^{\infty}h(m) = m_eH(\mathrm{e}^{\mathrm{j}0})$$

以上这些分析对于白噪声通过线性系统都是合适的,因此这些结果在下面还将用到。

8.5　数字滤波器的系数量化效应

数字系统的系统函数可用下式表示

$$H(z) = \frac{\displaystyle\sum_{m=0}^{M}b_mz^{-m}}{1-\displaystyle\sum_{k=0}^{N}a_kz^{-k}} = \frac{\displaystyle\prod_{i=1}^{M}(1-z_iz^{-1})}{\displaystyle\prod_{j=1}^{N}(1-p_jz^{-1})} = \frac{B(z)}{A(z)} \qquad (8\text{-}5\text{-}1)$$

式中,系数 a_k 和 b_m 必须用有限位的二进制数存储在有限长的寄存器中,经过量化后的系数用 $\hat{a}_k$ 和 $\hat{b}_m$ 表示,则有

$$\begin{cases} \hat{a}_k = a_k + \Delta a_k \\ \hat{b}_m = b_m + \Delta b_m \end{cases}$$

式中,Δa_k 和 Δb_m 为相应的系数量化误差。由于系统系数的变化会造成系统的变化,即系统的频率响应发生变化,零、极点也相应地受到影响,有时甚至会将单位圆内的极点偏移到单位圆外,造成系统不稳定。

8.5.1　系数量化误差对系统零、极点的影响

8.5.1.1　系统零、极点位置对系数量化的灵敏度

系统系数量化后使滤波器的特性发生变化,也体现在零、极点发生变

化,也就是说,一个系统网络结构对系数量化的灵敏度可以用系统零、极点的位置误差来衡量。系统所用的网络结构不同,在相同量化字长的情况下,其量化灵敏度也是不同的,因此,系数量化对系统的影响不仅与量化字长有关,还与滤波器的结构形式有关,实际中需要选择合适的结构来减小系统系数的量化效应。

极(零)点位置灵敏度是每个极(零)点位置对各系数偏差的敏感程度。下面分析极点位置灵敏度,用相同的方法也可以分析零点位置灵敏度。

根据式(8-5-1)的系数,则系数量化后的系统函数为

$$\hat{H}(z) = \frac{\sum_{m=0}^{M} \hat{b}_m z^{-m}}{1 - \sum_{k=0}^{N} \hat{a}_k z^{-k}} = \frac{\prod_{i=1}^{M}(1 - \hat{z}_i z^{-1})}{\prod_{j=1}^{N}(1 - \hat{p}_j z^{-1})} = \frac{\hat{B}(z)}{\hat{A}(z)}$$

系统 $H(z)$ 和系统 $\hat{H}(z)$ 的极点分别用 p_i 和 $\hat{p}_i$ 表示,则有

$$\hat{p}_i = p_i + \Delta p_i, i = 1, 2, \cdots, N$$

式中,Δp_i 为极点位置的偏差量,是各系数偏差 Δa_k 引起的,有

$$\Delta p_i = \sum_{k=1}^{N} \frac{\partial p_i}{\partial a_k} \Delta a_k, i = 1, 2, \cdots, N \tag{8-5-2}$$

式中,$\frac{\partial p_i}{\partial a_k}$ 表示极点 p_i 对系数 a_k 变化的灵敏度。

根据复合函数的微分法,有

$$\frac{\partial A(z)}{\partial p_i}\bigg|_{z=p_i} \cdot \frac{\partial p_i}{\partial a_k} = \frac{\partial A(z)}{\partial a_k}\bigg|_{z=p_i}$$

整理得

$$\frac{\partial p_i}{\partial a_k} = \frac{\partial A(z)/\partial a_k}{\partial A(z)/\partial p_i}\bigg|_{z=p_i} \tag{8-5-3}$$

又根据式(8-5-1)可得

$$\begin{cases} \dfrac{\partial A(z)}{\partial a_k} = -z^{-k} \\ \dfrac{\partial A(z)}{\partial p_i} = z^{-N} \prod_{N}(z - p_l) \end{cases} \tag{8-5-4}$$

将式(8-5-4)代入式(8-5-3),可得极点位置灵敏度为

$$\frac{\partial p_i}{\partial a_k} = \frac{p_i^{N-k}}{\prod_{N}(p_i - p_l)} \tag{8-5-5}$$

将式(8-5-5)代入式(8-5-2),可得各系数偏差 Δa_k 引起的极点 p_i 的偏差量 Δp_i,即

$$\Delta p_i = \sum_{k=1}^{N} \frac{p_i^{N-k}}{\prod_N (p_i - p_l)} \Delta a_k \tag{8-5-6}$$

式(8-5-6)分母的每个系数 $p_i - p_l$ 是一个由极点 p_l 指向 p_i 的矢量,而整个分母正是所有其他极点 $p_l(l \neq i)$ 指向该极点 p_i 的矢量积。这些矢量越长,即极点间越远时,极点位置灵敏度就越低;这些矢量越短,即极点间越密集时,极点位置灵敏度就越高。

当系统采用直接型结构时,高阶系统的极点数目多而密集,而低阶系统的极点数目少而稀疏,因而前者对系数量化误差要敏感得多;当采用级联型和并联型结构时,每对极点是单独用一个二阶子系统实现的,其他二阶子系统的系数变化对该子系统的极点位置不产生任何影响,由于每对极点只受与之相关的两个系数的影响,而且每个子系统的极点密集度比直接高阶系统的要稀疏得多,因而极点位置受系数量化的影响比直接型结构要小得多。

因此,对于高阶系统来说,应避免采用直接型结构,而应采用级联或并联结构。

8.5.1.2　系数量化对二阶子系统极点位置的影响

高阶系统一般都由二阶子系统级联或并联而成,下面分析二阶子系统的极点位置受系统系数量化的影响情况。

设二阶 IIR 系统的差分方程为
$$y(n) = x(n) - a_1 y(n-1) - a_2 y(n-2)$$
其系统函数为
$$H(z) = \frac{1}{1 + a_1 z^{-1} + a_2 z^{-2}}$$
设 $H(z)$ 有一对共轭复极点 $p_1 = re^{j\theta}, p_2 = re^{-j\theta}$,则有
$$1 + a_1 z^{-1} + a_2 z^{-2} = (1 - re^{j\theta}z^{-1})(1 - re^{-j\theta}z^{-1}) = 1 - 2r\cos\theta \cdot z^{-1} + r^2 z^{-2} \tag{8-5-7}$$
若系数量化,也就是将 a_1、a_2 量化,由于 $a_2 = r^2$ 决定了单位圆的半径,$a_1 = -2r\cos\theta$ 则决定了极点在实轴上的坐标。如果 a_1、a_2 用三位字长 $b=3$ 表示(不包括符号位),表 8-3 列出了八种不同的值,即八种不同半径 r 和 $[-0.750, 0.750]$ 区间的 15 种实轴坐标 $r\cos\theta$。这样,三位字长的系数所能表达的极点位置就是在同心圆($a_2 = r^2$)及垂直线($a_1 = -2r\cos\theta$)的网络交点上,如图 8-7 所示。

表 8-3　三位字长系数所表达的共轭极点参数

$\lvert a_1 \rvert$ 三位 二进制码	表达的 $\lvert a_1 \rvert$ 值	极点横坐标 $\lvert r\cos\theta \rvert = \left\lvert \dfrac{a_1}{2} \right\rvert$	$\lvert a_2 \rvert$ 三位 二进制码	表达的 $\lvert a_2 \rvert$ 值	极点半径 $r = \sqrt{a_2}$
0.00	0.00	0.000	0.000	0.000	0.000
0.01	0.25	0.125	0.001	0.125	0.354
0.10	0.50	0.250	0.010	0.250	0.500
0.11	0.75	0.375	0.011	0.375	0.612
1.00	1.00	0.500	0.100	0.500	0.707
1.01	1.25	0.625	0.101	0.625	0.791
1.10	1 50	0.750	0.110	0.750	0.866
1.11	1 75	0.875	0.111	0.875	0.935

　　由图 8-7 可以看出,极点在 z 平面的网络点很不均匀,实轴附近分布较稀,半径大的地方分布很密,这就说明实轴附近(对于高通、低通滤波器)的极点量化误差大,而虚轴附近(对于带通滤波器)的极点量化误差小。如果所需要的理想极点不在这些网络节点上时,就只能以最靠近的节点来代替,这样就会引入极点位置误差,有时可能使共轭极点变成二阶实极点。

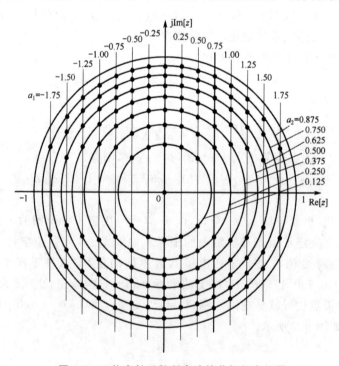

图 8-7　三位字长系数所表达的共轭极点位置

8.5.2　系数量化对滤波器稳定性的影响

滤波器的稳定性取决于极点的位置,如果系数量化误差使单位圆内的极点移到了单位圆上或单位圆外,滤波器的稳定性就受到了破坏。显然,单位圆内最靠近单位圆的极点最容易出现这种情况。FIR 滤波器在有限 z 平面上 $(0 < z < \infty)$ 没有极点,因而系数量化误差将主要影响零点的位置,不会对滤波器的稳定性构成威胁。但对于 IIR 滤波器来说,情况就不同了,因为 IIR 滤波器一般存在许多极点。

设有一稳定的因果 IIR 数字滤波器,它具有窄带低通频率特性。因此,该滤波器的极点都在单位圆内且聚集在 $z=1$ 附近。设第 l 个极点是 p_l,它与点 $z=1$ 的距离用 Δp_l 表示,因此有

$$p_l = 1 + \Delta p_l$$

式中,$\Delta p_l \ll 1$。对于式(8-5-1)所表示的系统,当用直接型结构实现滤波器时,系数 a_k 和 b_m 都将直接出现在信号流图中,其中 a_n 影响极点位置。现在假设某个系数 a_r 由于量化(舍入处理)引入误差 Δa_r 后变成 $\hat{a}_r$,即

$$\hat{a}_r = a_r + \Delta a_r$$

于是式(8-5-1)传输的函数的分母多项式变为

$$\hat{A}(z) = 1 - \sum_{k=0}^{N} a_k z^{-k} - \Delta a_r z^{-r} = A(z) - \Delta a_r z^{-r}$$

当系数量化误差使一个极点从单位圆内移动到单位圆上或单位圆外时,滤波器的稳定性即受到破坏。为了讨论方便,假设有一个极点移到单位圆上,即移到 $z=1$ 点,这时有

$$\hat{A}(1) = A(1) - \Delta a_r \tag{8-5-8}$$

由式(8-5-8)可求出

$$|\Delta a_r| = |A(1)| = \left| 1 - \sum_{k=0}^{N} a_k \right| = \prod_{i=1}^{N} |1 - p_i z^{-1}| \tag{8-5-9}$$

由于前面已假设所有极点都聚集在 $z=1$ 附近,即 $\Delta p_l \ll 1$,或 $p_l \approx 1$,因而由式(8-5-9)得出

$$|\Delta a_r| \ll 1$$

这意味着只要有一个系数由于量化产生很微小的误差,就有可能使系统失去稳定。从式(8-5-9)还可以看出,反馈回路的阶次 N 越高,使滤波器失去稳定的系数量化误差的绝对值就越小,也就是说越容易使滤波器变得不稳定

8.6　数字滤波器运算中的有限字长效应

8.6.1　定点运算 IIR 滤波器的有限长效应

实现数字滤波器所包含的基本运算有延时、乘系数和相加三种。单位延时计算由寄存器来完成;通常信号和滤波器的系数用有限长定点二进制小数表示,因此,滤波器中主要涉及定点小数的乘法和加法运算。定点小数相加后字长不会增加,因此,无须进行截尾或舍入处理;定点小数相加的溢出问题可以通过乘以适当的比例因子的办法来解决。定点小数相乘没有溢出问题,但字长会增加,因此,必须采用截尾或舍入处理。这样,每次进行定点小数乘法运算后,都会引入截尾或舍入噪声。并最终在滤波器输出端反映出来。与信号量化噪声的分析方法相似,把定点乘法运算后的截尾或舍入处理过程模型化为在精确乘积上叠加一个截尾或舍入量化噪声。根据叠加原理,滤波器输出端的噪声等于作用于滤波器结构中不同位置上的量化噪声在输出端发生的响应总和,由此不难计算滤波器输出端的信噪比。

在定点制中,每次相乘运算之后都要作一次舍入或截尾处理,由于舍入误差小,一般多采用舍入处理。采用统计分析法,可以将舍入误差作为独立噪声叠加到信号上,因此,舍入误差可以表示为

$$e(n) = Q_R[ax(n)] - ax(n) = Q_R[y(n)] - y(n) \qquad (8\text{-}6\text{-}1)$$

式中,$Q_R[\cdot]$ 表示舍入处理。

在分析乘法舍入对数字滤波器的影响时,需要对实现滤波器所出现的各种噪声源作以下假设:

(1)所有误差 $e(n)e(n)$ 是均值为零的平稳白噪声序列。

(2)每个误差在它的量化范围内都是均匀分布的。

(3)任何两个不同乘法器形成的噪声源互不相关。

(4)误差 $e(n)$ 与输入 $x(n)$ 及中间计算结果不相关,从而和输出序列 $y(n)$ 也不相关。

当信号波形越复杂,量化步距越小时,这些假定越接近实际。根据这些假定,可认为舍入噪声是在 $\left(-\dfrac{2^{-b}}{2}, \dfrac{2^{-b}}{2}\right]$ 范围内均匀分布的,因而均值为 $m_e = E[e(n)] = 0$,方差为 $\sigma_e^2 = E[e^2(n)] = \dfrac{q^2}{12} = \dfrac{4^{-b}}{12}$。

设 $y(n)$ 是理想信号 $x(n)$ 输出,则经过舍入处理后的实际输出为

$$\hat{y}(n) = y(n) + r(n) \tag{8-6-2}$$

其中 $r(n)$ 是各噪声 $e(n)$ 所产生的总输出噪声,可以按照线性系统的原则来求。而每一个噪声源 $e(n)$ 所造成的输出噪声的均值和方差可利用下面的公式求出

$$m_r = m_e \sum_{m=0}^{\infty} h_e(n)$$

$$\sigma_r^2 = \sigma_e^2 \sum_{n=0}^{\infty} h_e^2(n) = \frac{\sigma_e^2}{2\pi j} \oint_c H_e(z) H_e(z^{-1}) \frac{\mathrm{d}z}{z} = \frac{\sigma_e^2}{2\pi} \int_{-\pi}^{\pi} |H_e(\mathrm{e}^{\mathrm{j}\omega})|^2 \mathrm{d}\omega$$

式中,$h_e(n)$ 是从 $e(n)$ 加入的节点到输出节点间的系统单位抽样响应,$H_e(z)$ 和 $H_e(\mathrm{e}^{\mathrm{j}\omega})$ 分别是 $h_e(n)$ 的 z 变换和序列傅里叶变换。

根据线性系统的处理原则,总的输出噪声 $r(n)$ 是所有输出噪声的线性叠加,总的输出噪声的方差也等于每个输出噪声方差之和。

8.6.2　定点运算 FIR 滤波器的有限长效应

用直接型或级联型等非递归结构实现的 FIR 数字滤波器,一般用统计模型的方法来分析有限字长效应。

图 8-8 所示的是 N 阶 FIR 数字滤波器直接型结构的统计模型。其中,引入了定点乘法运算的舍入量化噪声 $e_k(n)$,N 个噪声源相同并都直接加在滤波器的输出节点上,因此,输出总噪声及其方差都与滤波器参数无关,它们分别为

$$r(n) = \sum_{k=0}^{N-1} e_k(n)$$

和

$$\sigma_r^2 = N\sigma_e^2 = \frac{N}{12}q^2 = \frac{N}{12}2^{-2b}$$

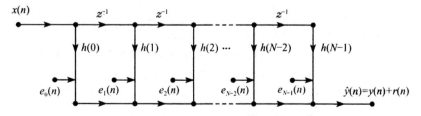

图 8-8　N 阶 FIR 数字滤波器直接型结构的统计模型

当输入信号 $x(n)$ 给定后,可计算出它的方差 σ_x^2,进而计算出它在滤波器输出端产生的响应 $y(n)$ 的方差 σ_y^2,于是最终计算出滤波器输出端的信噪比。

图 8-9 所示的是用 M 个二阶节级联结构实现的 N 阶 FIR 数字滤波器的统计模型。图中,每个二阶节本身是直接结构,其中包括三次定点乘法运算,每次乘法运算后进行舍入处理从而引入噪声源 $e_{ij}(n)$,这里下标 i 表示第 i 个二阶节,下标 j 表示二阶节内的第 j 个噪声源,每个二阶节中共引入三个噪声源,将每个二阶节的和用 $e_i(n)$ 表示,并作用于每个二阶的输出端,图中的 $e_i(n)$ 为

$$e_i(n) = \sum_{j=0}^{2} e_{ij}(n)$$

所有二阶节的所有噪声源 $e_{ij}(n)(i=1,\cdots,M;j=0,1,2)$ 的方差相同,都等于 $\frac{q^2}{12} = \frac{2^{-2b}}{12}$。

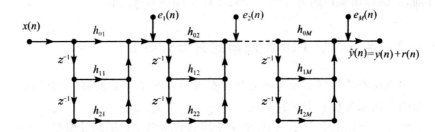

图 8-9 N 阶 FIR 数字滤波器二阶节级联结构的统计模型

因此,滤波器输出端噪声的方差为

$$\sigma_r^2 = \sum_{i=1}^{M} \sigma_{e_i}^2 \sum_{n=1}^{2(M-i)} h_i(n) = 2^{-2b-2} \sum_{i=1}^{M} \sum_{n=1}^{2(M-i)} h_i^2(n)$$

其中,$\sigma_{e_i}^2$ 是每个二阶节的噪声源方差,都等于

$$\sigma_{e_i}^2 = 3 \times \frac{q^2}{12} = \frac{q^2}{4} = 2^{-2b-2}$$

$h_i(n)$ 是第 i 个噪声源 $e_i(n)$ 的作用点至滤波器输出端的单位抽样响应,因此,$h_i(n)$ 是由最后 $M-i$ 个二阶节级联而成的。由于每个二阶节系统函数是 z^{-1} 的二次多项式,所以 $h_i(n)$ 所对应的系统函数是 z^{-1} 的 $2(M-i)$ 次多项式,这意味着 $h_i(n)$ 的系数有 $2(M-i)+1$ 个。级联二阶节 M,当 N 为偶数时,$M=N/2$;当 N 为奇数时,$M=(N-1)/2$。

8.6.3 定点运算 FFT 算法的有限长效应

FFT 算法是计算 DFT 的快速算法,由于在数字滤波器和频谱分析中的广泛应用,因此,分析 FFT 算法的有限长效应对于数字信号分析具有较

重要的意义。这里以 DIT-基 2FFT 算法为例,分析舍入情况下 FFT 算法的有限长效应。

8.6.3.1　DFT 的有限长效应分析

根据 DFT 的定义式

$$X(k) = \sum_{n=0}^{N-1} x(n)W_N^{nk}, k = 0,1,\cdots,N-1$$

令 $e(n,k)$ 表示对乘积 $x(n)W_N^{nk}$ 舍入引起的量化误差,根据线性叠加的原则,将各误差源直接加到输出端,则总输出误差为

$$F(k) = \sum_{n=0}^{N-1} e(n,k)$$

一般 $x(n)$ 及 W_N^{nk} 皆为复数,因而 $x(n)W_N^{nk}$ 为复数,它是由四个实数乘法来完成的,而四个实乘引入四个实的舍入误差 $e_1(n,k),e_2(n,k),e_3(n,k)$ 和 $e_4(n,k)$。如果不考虑系数 W_N^{nk} 的量化误差,则经舍入后可表示为

$$Q_R\left[x(n)W_N^{nk}\right] = \mathrm{Re}\left[x(n)\right]\cos\left(\frac{2\pi}{N}nk\right) + e_1(n,k) +$$

$$\mathrm{Im}\left[x(n)\right]\sin\left(\frac{2\pi}{N}nk\right) + e_2(n,k) +$$

$$j\left[\mathrm{Im}\left[x(n)\right]\cos\left(\frac{2\pi}{N}nk\right) + e_3(n,k)\right] -$$

$$j\left[\mathrm{Re}\left[x(n)\right]\sin\left(\frac{2\pi}{N}nk\right) + e_4(n,k)\right]$$

设 $\hat{X}(k)$ 为 $x(n)$ 舍入量化后所计算 DFT,为了计算 $\hat{X}(k)$ 误差的方差,对舍入误差 $e_i(n,k)(i=1,2,3,4)$ 的统计特性作以下假设:

(1)所有误差 $e_i(n,k)$ 是均值为零,方差为 $\frac{4^{-b}}{12}$,且在 $\left(-\frac{2^{-b}}{2},\frac{2^{-b}}{2}\right]$ 范围内均匀分布的平稳白噪声序列。

(2)各误差 $e_i(n,k)$ 彼此互不相关,且某一复乘的四个误差源与其他复乘的误差源也互不相关。

(3)所有误差 $e_i(n,k)$ 与输入 $x(n)$ 不相关,从而与输出也不相关。

一个复乘舍入后误差的均值为零,误差模的平方为

$$\left|e(n,k)\right|^2 = \left[e_1(n,k) + e_2(n,k)\right]^2 + \left[e_3(n,k) - e_4(n,k)\right]^2$$

由于各 $e_i(n,k)$ 互不相关,故 $\left|e(n,k)\right|^2$ 的统计平均为

$$E\left[\left|e(n,k)\right|^2\right] = 4 \times \frac{4^{-b}}{12} = \frac{4^{-b}}{3}$$

可得出误差的均方值(方差)为

$$E\big[\,|F(k)|^{\,2}\big]=E\Big[\,\Big|\sum_{n=0}^{N-1}e(n,k)\,\Big|^{\,2}\Big]=E\Big[\sum_{n=0}^{N-1}|e(n,k)|^{\,2}\Big]=\frac{4^{-b}N}{3}$$

8.6.3.2　FFT 的有限长效应分析

设序列长度为 $N=2^{L}$，需计算 $L=\log_{2}N$ 级，每级为 N 个数构成的数列，讨论原位运算的 DIT 的蝶形运算，每级有 $N/2$ 个单独的蝶形运算，由 m 列到 $m+1$ 列的蝶形计算可表示为

$$\begin{cases}X_{m+1}(i)=X_{m}(i)+W'_{N}X_{m}(j)\\X_{m+1}(j)=X_{m}(i)-W'_{N}X_{m}(j)\end{cases}$$

i,j 表示同一列中，一对蝶形节点在这一列中的位置。用定点量化时，只有乘法才需要舍入，仍以加性误差来考虑相乘舍入的影响，则蝶形的定点舍入统计模型如图 8-10 所示。

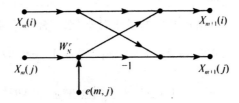

图 8-10　DIT 的基-2FFT 算法蝶形结构的定点舍入统计模型

对于图 8-10，$m=0$ 时表示输入序列，$m=L-1$ 时表示输出序列，即为所要求的离散傅里叶变换，图中 $e(m,j)$ 表示 $X_{m}(j)$ 与 W'_{N} 相乘所引起的舍入误差源，这一误差源是复数，每个复乘包括 4 个实乘，每个定点实乘产生一个舍入误差源。假定每个误差源具有和上述 DFT 误差源相同的统计特性，则一个复乘运算所引入的误差的方差为

$$E\big[\,|e(m,j)|^{\,2}\big]=\frac{4^{-b}}{3}$$

由于 $E\big[\,|e(m,j)W'_{N}|^{\,2}\big]=|W'_{N}|^{2}E\big[\,|e(m,j)|^{\,2}\big]=E\big[\,|e(m,j)|^{\,2}\big]$，所以，误差源 $e(m,j)$ 通过后级蝶形运算时，其方差是不会变化的。这样，计算 FFT 的最后输出误差，只要知道节点共连接多少个蝶形结构即可，每个蝶形结构产生的误差的方差为了 $\dfrac{4^{-b}}{3}$。若以 $F(k)$ 表示 $X(k)$ 上叠加的输出误差，它和 L 级的一个蝶形结构连接，和 $L-1$ 级的两个蝶形结构连接，和 $L-2$ 级的四个蝶形结构连接，依次类推，因此，连接到 $X(k)$ 末端的误差源总数为

$$1+2+4+\cdots+2^{L-1}=2^{L}-1=N-1$$

因此,离散傅里叶变换上叠加的输出噪声的均方值(即方差)为

$$E\big[\,|\,F(k)\,|^{\,2}\,\big] = (N-1) \times \frac{4^{-b}}{3} = \frac{4^{-b}}{3}(N-1)$$

8.6.4　浮点运算的有限字长效应

浮点运算具有以下特点:

(1)浮点数的动态范围宽,因而浮点运算一般不考虑溢出问题。

(2)进行浮点运算时,乘法和加法运算结果的尾数字长都会增加,因而必须进行截尾或舍入处理以限制字长,通常使用舍入处理。

(3)量化误差不仅要用绝对误差,而且较多的情况下要用相对误差来分析。

当用有限字长浮点运算来实现数字滤波器和 FFT 算法时,加法运算和乘法运算都会引入量化噪声,这些噪声可以用绝对误差来表示,这与定点运算的分析方法相同,即把舍入量化作用等效为在理想的精确计算结果之上叠加一个噪声源,这个噪声源就是舍入量化绝对误差序列 $e(n)$,即

$$Q\big[x(n)\big] = x(n) + e(n) \tag{8-6-3}$$

式中,$x(n)$ 是精确计算结果,$Q\big[x(n)\big]$ 是舍入量化后的结果,$e(n)$ 是舍入量化的绝对误差。

浮点运算后的舍入量化作用,也可以用式 $Q[x] = x(1+\varepsilon)$ 作为模型,即

$$Q\big[x(n)\big] = \big[1 + \varepsilon(n)\big]x(n) \tag{8-6-4}$$

式中,$\varepsilon(n)$ 是舍入量化的相对误差,其值由 $\varepsilon = \dfrac{Q[x]-x}{x} = \dfrac{M_Q-M}{M}$ 来定义,在目前情况下表示为

$$\varepsilon(n) = \frac{Q\big[x(n)\big]-x(n)}{x(n)} = \frac{e(n)}{x(n)} \tag{8-6-5}$$

可以看到,对于浮点运算来说,它有两种统计模型,一种是以式(8-6-3)为基础的,用绝对误差与精确值表示量化后的值,常称为加性误差模型或移不变模型,因为这种模型用的是移不变系统;另一种是以式(8-6-4)为基础的,它用相对误差形成的系数 $1+\varepsilon(n)$ 与精确值相乘来表示量化后的值,常称为乘性误差模型或移变模型,因为这种模型是移变系统。无论对于数字滤波器或 FFT 算法,只要将以上两种模型的任意一种引入算法流程图,即可对数字滤波器或 FFT 的浮点实现进行误差分析。

对于一个一阶滤波器 $y(n) = ay(n-1) + x(n)$ 可以得出信噪比为

$$\text{SNR}_{dB} = 4.77 + 6.02 + 10\lg(1-a^2) - 10\lg(1+a^2)$$

如果一个二阶滤波器,其极点 $re^{\pm j\theta}$ 接近单位圆,同样也可以得出信噪比为

$$\text{SNR}_{\text{dB}} = 3(2^{2b}) \frac{4(1-r)\sin 2\theta}{3 + 4\cos\theta}$$

8.7 防止溢出的幅度加权因子

实现 IIR 滤波器采用定点制运算时,加法运算不会使字长增加,因而不会产生尾数处理问题,但是加法运算可能出现溢出。以上讨论的舍入噪声,只有在系统不溢出时,才是输出误差的主要来源;而当系统溢出时,输出会出现很大的误差。为此,要在网络中加适当的幅度加权因子,以防止溢出。

必须将每个网络节点值限制为绝对值小于 1 的数值,也就是定点制规格的小数,其整数位表示符号位。

设 $y_k(n)$ 为滤波器第 k 个节点的输出,又设从输入 $x(n)$ 到第 k 个节点的单位冲激响应为 $h_k(n)$,则有

$$y_k(n) = x(n) * h_k(n) = \sum_{n=-\infty}^{\infty} h_k(m)x(n-m) \qquad (8\text{-}7\text{-}1)$$

为了防止各网络节点上的溢出,一种办法是对输入信号幅度加以限制;如果这一点做不到,则可对输入信号幅度进行加权,也就是将输入信号 $x(n)$ 乘以加权因子 α,以压缩输入信号值,使得对所有网络节点都满足

$$|y_k(n)| < 1, k = 1, 2, \cdots \qquad (8\text{-}7\text{-}2)$$

以下讨论三种幅度加权因子的防止溢出办法。

第一种幅度加权因子。为了满足式(8-7-2),由式(8-7-1)可得

$$y_k(n) = \left| \sum_{n=-\infty}^{\infty} h_k(m)x(n-m) \right| \leqslant x_{\max} \sum_{n=-\infty}^{\infty} |h_k(m)| \qquad (8\text{-}7\text{-}3)$$

此式中,已考虑到输入信号有界,即 $|x(n)| \leqslant x_{\max} < 1$,若要满足式(8-7-2),则其充分条件是

$$x_{\max} < \frac{1}{\displaystyle\sum_{m=-\infty}^{\infty} |h_k(m)|}, k = 1, 2, \cdots \qquad (8\text{-}7\text{-}4)$$

若 $x_{\max}$ 不满足式(8-7-4),则需将 $x(n)$ 乘以加权因子 α,可得

$$\alpha x_{\max} < \frac{1}{\displaystyle\sum_{m=-\infty}^{\infty} |h_k(m)|}, k = 1, 2, \cdots \qquad (8\text{-}7\text{-}5)$$

以满足式(8-7-5)方式给输入幅度加权,能保证滤波器的任何节点都

绝不会发生溢出。但是,这种办法使得系统动态范围受到很大的限制,因而这个标准是过于苛刻的。

第二种幅度加权因子。它是针对容带信号的。窄带信号可表示成 $x(n) = x_{\max}\cos(\omega_0 n)$,则网络节点变量为

$$y_k(n) = \mid H_k(\mathrm{e}^{\mathrm{j}\omega_0}) \mid \cdot x_{\max}\cos(\omega_0 n + \arg[H(\mathrm{e}^{\mathrm{j}\omega_0})]) \quad (8\text{-}7\text{-}6)$$

要想满足式(8-7-2),则需

$$\max_{-\pi \leqslant \omega \leqslant \pi} \mid H_k(\mathrm{e}^{\mathrm{j}\omega_0}) \mid \cdot x_{\max} < 1, k = 1, 2, \cdots \quad (8\text{-}7\text{-}7)$$

如果 $x_{\max}$ 不满足此式,则需将输入乘以幅度加权因子 α,此时应满足

$$\alpha x_{\max} < \frac{1}{\max\limits_{-\pi \leqslant \omega \leqslant \pi} \mid H_k(\mathrm{e}^{\mathrm{j}\omega_0}) \mid}, k = 1, 2, \cdots \quad (8\text{-}7\text{-}8)$$

这种加权办法对全部正弦信号都可不发生溢出。

第三种幅度加权因子。它是从能量上考虑的。根据式(8-7-1),将等号右端用频域相乘的傅里叶反变换来表达,则有

$$\mid y_k(n) \mid = \left| \frac{1}{2\pi}\int_{-\pi}^{\pi} H_k(\mathrm{e}^{\mathrm{j}\omega})X(\mathrm{e}^{\mathrm{j}\omega})\mathrm{e}^{\mathrm{j}\omega n}\mathrm{d}\omega \right| \leqslant \frac{1}{2\pi}\int_{-\pi}^{\pi} \mid H_k(\mathrm{e}^{\mathrm{j}\omega})X(\mathrm{e}^{\mathrm{j}\omega}) \mid \mathrm{d}\omega$$

$$(8\text{-}7\text{-}9)$$

利用帕塞瓦公式和施瓦茨不等式,有

$$
\begin{aligned}
\mid y_k(n) \mid &\leqslant \frac{1}{2\pi}\int_{-\pi}^{\pi} \mid H_k(\mathrm{e}^{\mathrm{j}\omega})X(\mathrm{e}^{\mathrm{j}\omega}) \mid \mathrm{d}\omega \\
&\leqslant \left[\frac{1}{2\pi}\int_{-\pi}^{\pi} \mid H_k(\mathrm{e}^{\mathrm{j}\omega}) \mid^2 \mathrm{d}\omega\right]^{1/2} \cdot \left[\frac{1}{2\pi}\int_{-\pi}^{\pi} \mid X(\mathrm{e}^{\mathrm{j}\omega}) \mid^2 \mathrm{d}\omega\right]^{1/2} \\
&= \left[\sum_{n=-\infty}^{\infty} \mid x(n) \mid^2\right]^{1/2} \cdot \left[\frac{1}{2\pi}\int_{-\pi}^{\pi} \mid H_k(\mathrm{e}^{\mathrm{j}\omega}) \mid^2 \mathrm{d}\omega\right]^{1/2}
\end{aligned}
$$

$$(8\text{-}7\text{-}10)$$

若 $\sum\limits_{n=-\infty}^{\infty} \mid x(n) \mid^2 \leqslant 1$,则为了使 $y_k(n)$ 不溢出,对输入信号所施加的幅度加权因子 α 应满足

$$\alpha < \frac{1}{\left[\dfrac{1}{2\pi}\int_{-\pi}^{\pi} \mid H_k(\mathrm{e}^{\mathrm{j}\omega}) \mid^2 \mathrm{d}\omega\right]^{1/2}} = \frac{1}{\left(\sum\limits_{n=-\infty}^{\infty} \mid h_k(n) \mid^2\right)^{1/2}} \quad (8\text{-}7\text{-}11)$$

这一幅度加权办法是用得较多且容易计算的一种办法,但也是过于宽松的办法。故使用中常使 α 再除一个系数,此系数与输入信号类型有关,一般常取为 5,即 α 变成 $\alpha/5$。

以上三种幅度加权办法满足以下的不等式:

$$\left[\sum_{n=-\infty}^{\infty} \mid h_k(n) \mid^2\right]^{1/2} \leqslant \max_{-\pi \leqslant \omega \leqslant \pi} \mid H_k(\mathrm{e}^{\mathrm{j}\omega}) \mid \leqslant \sum_{n=-\infty}^{\infty} \mid h_k(n) \mid \quad (8\text{-}7\text{-}12)$$

如果需要用幅度加权去压缩信号幅度,则输出端的信噪比会降低。这是因为只有信号受到小于 1 的加权,也就是信号功率减少,而噪声功率则不受影响。

在具体考察一个滤波器,以确定加权因子时,并不需要检查网络的所有节点;有些节点只是分支节点,不代表相加,只要其他节点不溢出,它是不可能溢出的;另外一些节点虽代表相加,但是在使用不饱和的补码运算时,有一些相加过程的相加节点就允许溢出,只要关键的节点,即最终相加的节点不产生溢出就行了。

8.8　IIR 滤波器的定点运算中零输入的极限环振荡

用有限长定点运算实现 IIR 数字滤波器时,在乘法运算后要采用舍入处理来限制字长,从而引入量化噪声,并在滤波器输出端引入响应,这种量化噪声在一定条件下会引起滤波器非线性振荡,这一现象称为零输入极限环振荡或简称极限环振荡现象。

设有一个一阶 IIR 数字滤波器,其差分方程为

$$y(n) = 0.625y(n-1) + x(n) \qquad (8\text{-}8\text{-}1)$$

现用 3 位字长(不包括符号位)的定点运算来实现该滤波器。因此,在每次完成乘法运算之后都要及时进行舍入处理,将字长限制到 3 位。舍入处理是一个非线性过程,图 8-11 所示的是式(8-8-1)所定义的滤波器工程实现的非线性模型,该模型由下式描述:

$$y(n) = Q_R[0.625y(n-1)] + x(n) \qquad (8\text{-}8\text{-}2)$$

式中,$Q_R[\cdot]$ 表示舍入量化处理。

现用图 8-11 的模型和式(8-8-2)来计算输入 $x(n)=0.375\delta(n)$ 时滤波器的输出 $y(n)$。表 8-4 列出了通过迭代关系计算了上述模型的各数据,表中的所有数据都用二进制表示。

表 8-4　用 3 位字长定点计算

n	$x(n)$	$y(n-1)$	$0.101y(n-1)$	$Q_R[0.101y(n-1)]$	$y(n)$
0	0.011	0.000	0.000000	0.000	0.011
1	0.000	0.011	0.001111	0.010	0.010
2	0.000	0.010	0.001010	0.001	0.001
3	0.000	0.001	0.000101	0.001	0.001
4	0.000	0.001	0.000101	0.001	0.001
…	…	…	…	…	…

图 8-12(a)所示的是滤波器输出序列 $y(n)$ 的图形。用类似的方法可计算得到系数取为 -0.625，输入仍然是 $x(n)=0.375\delta(n)$ 情况下该滤波器的输出序列，如图 8-12(b)所示。

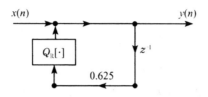

图 8-11　IIR 数字滤波器的非线性模型

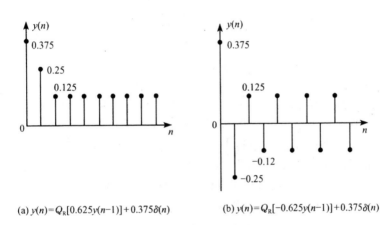

(a) $y(n)=Q_R[0.625y(n-1)]+0.375\delta(n)$ 　　(b) $y(n)=Q_R[-0.625y(n-1)]+0.375\delta(n)$

图 8-12　极限环振荡

从图 8-12(a)可以看出，当滤波器输入衰减为零以后，滤波器输出并不随之也衰减为零而是保持为非零值 0.125。对于系数为 -0.625 的滤波器来说，滤波器的输出在零输入后为一等幅振荡。这种零输入极限环振荡现象是由有限字长定点运算中的舍入量化误差引起的。

在理想情况下，式(8-8-1)所定义的滤波器是一个稳定系统，因为它有唯一的单位圆内的极点 $z=0.625$。当输入信号 $x(n)=0.375\delta(n)$ 衰减到零时，滤波器输出 $y(n)$ 随之很快衰减为零。在不考虑有限字长效应的情况下，可通过迭代关系计算出滤波器的输出，如图 8-13(a)所示。图 8-13(b)示出了滤波器系数为 -0.625 的情况。

从图 8-13(a)可以看出，随着 n 的增加，$y(n)$ 趋近于零。但是，当用 3 位字长定点运算来实现该滤波器时，在每次计算乘积 $0.625y(n-1)$ 之后都要进行舍入处理，以把字长限制到 3 位。从表 8-4 可以看到，当 $n=3$ 时，$0.625y(2)$ 本来已经下降为 0.000 101，但是对其进行舍入处理后，该乘积又增大为 0.001。这就使 $y(4)$ 的值保持 0.001 不变。由于这个原因,此后的每次迭代运算都是这种情况的循环。

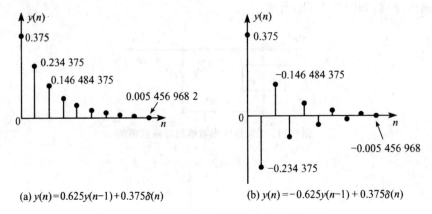

(a) $y(n)=0.625y(n-1)+0.375\delta(n)$ (b) $y(n)=-0.625y(n-1)+0.375\delta(n)$

图 8-13　不考虑有限字长效应时滤波器的输出

有限字长定点乘法运算后进行舍入处理造成输出恒定不变(不衰减为零),这一现象可以从另外一个角度来解释。该滤波器只有一个极点 $z=0.625$,二进制表示为 0.101,位于单位圆内,滤波器稳定。当在 $n=2$ 以后,乘法运算后进行舍入处理的结果使下式成立:

$$Q_R[0.625y(n)]=y(n),n\geqslant 2 \tag{8-8-3}$$

将式(8-8-3)代入式(8-8-1),得到

$$y(n)=y(n-1)+x(n),n\geqslant 3$$

该式意味着,滤波器的极点已由原来的位置 $z=0.625$ 变为 $z=1$ 处(单位圆上),于是滤波器的稳定性从此遭到破坏,从而形成振荡。图 8-13(a)可以认为是频率为零的振荡。对于滤波器系数为 -0.625 的情况,可以进行类似的讨论。

一般情况下一阶的 IIR 滤波器的差分方程为

$$y(n)=ay(n-1)+x(n)$$

现用 b 位字长(不含符号位)的定点运算来实现该系统,乘积 $ay(n-1)$ 运算结果先经过舍入处理,然后才与 $x(n)$ 相加。舍入量化误差的数值范围是

$$|Q_R[ay(n-1)]-ay(n-1)|\leqslant \frac{q}{2}=2^{-b-1} \tag{8-8-4}$$

进入极限环振荡后,有

$$|Q_R[ay(n-1)]|=|y(n-1)| \tag{8-8-5}$$

将式(8-8-5)代入式(8-8-4),可得

$$|y(n-1)|\leqslant \frac{q}{2(1-|a|)}=\frac{2^{-b-1}}{1-|a|} \tag{8-8-6}$$

式中，$|y(n-1)|$ 表示振荡幅度，用 A 表示。可以看出，在字长 b 一定的条件下，$|a|$ 越小，A 越小；而在 $|a|$ 一定的条件下，字长 b 越大，A 就越小。利用式(8-8-6)可以求出振幅的大小。

极限环振荡的产生是有条件的，对于一阶 IIR 滤波器，由式(8-8-6)可以看出，如果振幅的数值小于一个量化间隔 $q=2^{-b}$，那么 b 位定点小数表示的振幅将为零。这意味着，滤波器的输出衰减为零，即不会出现极限环振荡现象。因此，一阶 IIR 滤波器不产生极限环振荡的条件是

$$|y(n-1)| \leqslant \frac{q}{2(1-|a|)} < q$$

由此得出

$$|a| < \frac{1}{2}$$

这意味着，只要滤波器系数的绝对值不超过 0.5，一阶 IIR 滤波器无论用多短的字长来实现都不会产生极限环振荡。

第9章　多抽样率信号处理与滤波器组

　　一个数字传输系统,既可以传输一般的语音信号,也可以传输视频信号,这些信号的频率成分相差甚远,相应的抽样率也相差甚远,因此,该系统应具有传输多种抽样率信号并自动地完成抽样率转换的能力;当需要将数据信号在两个具有独立时钟的数字系统之间传递时,则要求该数据信号的抽样率能根据系统时钟的不同而转换。降低抽样率以去掉过多数据的过程称为信号的抽取(Decimation);提高抽样率以增加数据的过程称为信号的插值(Interpolation)。抽取、插值及两者结合使用可实现信号抽样率的转换。信号抽样率的转换及滤波器组是多抽样率信号处理的核心内容。

9.1　抽取与插值

9.1.1　信号的抽取

　　设 $x(n)=x(t)\big|_{t=nT_s}$,欲使 f_s 降低至 $\dfrac{1}{M}$,最简单的方法是对序列 $x(n)$ 每 M 个点抽取一个点,组成一个新的序列 $y(n)$。显然,$y(n)$ 的抽样率为 $\dfrac{f_s}{M}$。

　　为了导出 $Y(z)$ 和 $X(z)$ 之间的关系,定义一个中间序列 $x'(n)$,$x'(n)$ 与 $x(n)$ 之间的关系为

$$x'(n) = \begin{cases} x(n), n = 0, \pm M, \pm 2M, \cdots \\ 0, 其他 \end{cases}$$

　　对序列 $x'(n)$ 而言,其抽样率仍为 f_s。$x(n)$、$x'(n)$ 及 $y(n)$ 的关系如图 9-1 所示。

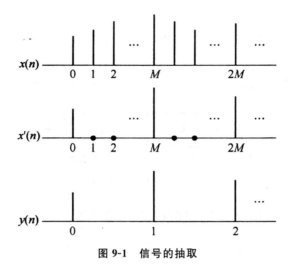

图 9-1　信号的抽取

从图 9-1 可以看出，$y(n)=x(Mn)=x'(Mn)$，因此，有

$$Y(z) = \sum_{n=-\infty}^{\infty} x'(Mn)z^{-n} = \sum_{n=-\infty}^{\infty} x'(n)z^{-\frac{n}{M}} = X'(z^{\frac{1}{M}}) \quad (9\text{-}1\text{-}1)$$

为了得出 $Y(z)$ 和 $X(z)$ 之间的关系，还需要找到 $X'(z)$ 与 $X(z)$ 之间的关系。令

$$p(n) = \begin{cases} 1, n = iM \\ 0, n \neq iM \end{cases} (i \text{ 为任意整数}) \quad (9\text{-}1\text{-}2)$$

显然有

$$x'(n) = x(n)p(n)$$

由于 $p(n)$ 可以表示为

$$p(n) = \frac{1}{M} \cdot \frac{1-\mathrm{e}^{-\mathrm{j}\frac{2\pi}{M}nM}}{1-\mathrm{e}^{\mathrm{j}\frac{2\pi}{M}n}} = \frac{1}{M}\sum_{k=0}^{M-1}\mathrm{e}^{\mathrm{j}\frac{2\pi}{M}kn}$$

于是可将序列 $x'(n)$ 表示为

$$x'(n) = x(n) \cdot \frac{1}{M}\sum_{k=0}^{M-1}W_M^{-kn} \quad (9\text{-}1\text{-}3)$$

式（9-1-3）中 $W_M = \mathrm{e}^{-\mathrm{j}\frac{2\pi}{M}}$。由式（9-1-3）可得序列 $x'(n)$ 的 z 变换为

$$X'(z) = \frac{1}{M}\sum_{n=-\infty}^{\infty} x'(n)z^{-n} = \frac{1}{M}\sum_{n=-\infty}^{\infty} x(n)\sum_{k=0}^{M-1}W_M^{-kn}z^{-n}$$

$$= \frac{1}{M}\sum_{k=0}^{M-1}\Big[\sum_{n=-\infty}^{\infty} x(n)(zW_M^k)^{-n}\Big] = \frac{1}{M}\sum_{k=0}^{M-1}X(zW_M^k)$$

将 $X'(z) = \dfrac{1}{M}\sum\limits_{k=0}^{M-1}X(zW_M^k)$ 代入式（9-1-1），有

$$Y(z) = \frac{1}{M} \sum_{k=0}^{M-1} X(z^{\frac{1}{M}} W_M^k) \qquad (9\text{-}1\text{-}4)$$

在对 $x(n)$ 抽取前先进行低通滤波,压缩其频带,以防止抽取后在 $Y(\mathrm{e}^{\mathrm{j}\omega})$ 中出现频谱的混叠失真。所谓先滤波后抽取,如图 9-2 所示。

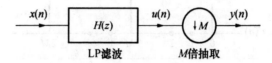

图 9-2 先滤波后抽取示意图

图 9-3 中,$H(z)$ 为一理想低通滤波器,其频带范围为

$$H(\mathrm{e}^{\mathrm{j}\omega}) = \begin{cases} 1, 0 \leqslant |\omega| \leqslant \dfrac{\pi}{M} \\ 0, \text{其他} \end{cases} \qquad (9\text{-}1\text{-}5)$$

图 9-3 所示的是一个多抽样率系统。在图 9-3 中,若记 $x(n)$ 的抽样率为 f_x,$y(n)$ 的抽样率为 f_y,则

$$f_x = M f_y$$

因为数字角频率 ω 是对抽样率的归一化,若令相对 $Y(\mathrm{e}^{\mathrm{j}\omega})$ 的数字角频率为 ω_y,相对 $X(\mathrm{e}^{\mathrm{j}\omega})$ 的数字角频率为 ω_x,则 ω_y 和 ω_x 有如下关系:

$$\omega_y = \frac{2\pi f}{f_y} = \frac{2\pi M f}{f_x} = M \omega_x$$

如果要求 $|\omega_y| \leqslant \pi$,则必须有 $|M\omega_x| \leqslant \pi$,即 $|\omega_x| \leqslant \dfrac{\pi}{M}$。这正是对抽取前的低通滤波器 $H(\mathrm{e}^{\mathrm{j}\omega})$ 的频带要求,如式(9-1-5)所示。同时使用 ω_y 和 ω_x 两个变量虽然能指出抽取前后信号频率的内涵,但使用起来很不方便,而且与平常人们将 $\omega = 2\pi$ 作为一个周期相矛盾。因此,无论抽取前后,信号的数字角频率都统一用 ω 表示,只要搞清了抽取和插值前后的频率关系,一般是不会混淆的。

9.1.2 信号的插值

如果希望将 $x(n)$ 的抽样率 f_s 变成磁,那么,最简单的方法是将 $x(n)$ 每两个点之间补 $(L-1)$ 个 0,如图 9-3 所示。

设补 0 后的信号为 $v(n)$,则

$$v(n) = \begin{cases} x\left(\dfrac{n}{L}\right), n = 0, \pm L, \pm 2L, \cdots \\ 0, \text{其他} \end{cases}$$

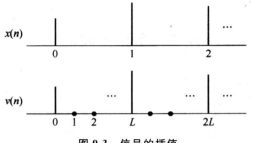

图 9-3　信号的插值

有

$$V(z) = \sum_{n=-\infty}^{\infty} v(n)z^{-n} = \sum_{n=-\infty}^{\infty} x\left(\frac{n}{L}\right)z^{-n} = \sum_{n=-\infty}^{\infty} x(n)z^{-Ln} = X(z^L)$$

令 $z = \mathrm{e}^{\mathrm{j}\omega}$ 得频谱之间的关系为

$$V(\mathrm{e}^{\mathrm{j}\omega}) = X(\mathrm{e}^{\mathrm{j}L\omega}) \tag{9-1-6}$$

式(9-1-6)中，$V(\mathrm{e}^{\mathrm{j}\omega})$ 和 $X(\mathrm{e}^{\mathrm{j}L\omega})$ 都是周期的，$X(\mathrm{e}^{\mathrm{j}L\omega})$ 的周期是 2π，但 $X(\mathrm{e}^{\mathrm{j}L\omega})$ 的周期是 $\frac{2\pi}{L}$，即 $V(\mathrm{e}^{\mathrm{j}\omega}) = X(\mathrm{e}^{\mathrm{j}L\omega})$ 的周期是 $\frac{2\pi}{L}$。$V(\mathrm{e}^{\mathrm{j}\omega}) = X(\mathrm{e}^{\mathrm{j}L\omega})$ 表明，在 $-\pi \sim \pi$ 的范围内，$X(\mathrm{e}^{\mathrm{j}\omega})$ 的带宽被压缩到了 $\frac{1}{L}$，同时产生了 $(L-1)$ 个映像，因此，$V(\mathrm{e}^{\mathrm{j}\omega})$ 在 $-\pi \sim \pi$ 的范围内包含了三个 $X(\mathrm{e}^{\mathrm{j}\omega})$ 的压缩样本。

插值以后，在原来的一个周期 $-\pi \sim \pi$ 内，$V(\mathrm{e}^{\mathrm{j}\omega})$ 出现了三个周期，多余的 $(L-1)$ 个周期称为 $X(\mathrm{e}^{\mathrm{j}\omega})$ 的映像，是应当设法去除的成分。有效的方法是让 $v(n)$ 再通过一个低通滤波器，所谓先插值后滤波，如图 9-4 所示。

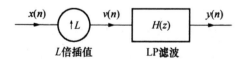

图 9-4　先插值后滤波示意图

图 9-4 中，$H(z)$ 为一理想低通滤波器，其频带范围为

$$H(\mathrm{e}^{\mathrm{j}\omega}) = \begin{cases} 1, & 0 \leqslant |\omega| \leqslant \dfrac{\pi}{L} \\ 0, & \text{其他} \end{cases}$$

滤波器 $H(z)$ 的作用有两个：①去除了 $X(\mathrm{e}^{\mathrm{j}\omega})$ 中多余的 $(L-1)$ 个映像，这是由其频带的设置实现的；②实现了对 $v(n)$ 中填充的零值点的平滑，这是由卷积运算实现的。

9.2 多相滤波器

9.2.1 多相表示

多相(Polyphase)表示在多抽样率信号处理中有着重要作用。一方面，使用多相表示可以在抽样率转换的过程中去掉许多不必要的计算，提高运算效率；另一方面，多相表示还是多抽样率信号处理中的重要工具，常用于理论推导。

给定序列 $h(n)$，假定 $n=0\sim+\infty$，可以将其 z 变换表示为

$$H(z) = \sum_{n=0}^{\infty} h(n)z^{-n} = h(0) + h(4)z^{-4} + h(8)z^{-8} + h(12)z^{-12} + \cdots$$
$$+ h(1)z^{-1} + h(5)z^{-5} + h(9)z^{-9} + h(13)z^{-13} + \cdots$$
$$+ h(2)z^{-2} + h(6)z^{-6} + h(10)z^{-10} + h(14)z^{-14} + \cdots$$
$$+ h(3)z^{-3} + h(7)z^{-7} + h(11)z^{-11} + h(15)z^{-15} + \cdots$$

上式可以进一步表示为

$$H(z) = z^0 \left[h(0) + h(4)z^{-4} + h(8)z^{-8} + h(12)z^{-12} + \cdots \right]$$
$$+ z^{-1} \left[h(1) + h(5)z^{-4} + h(9)z^{-8} + h(13)z^{-12} + \cdots \right]$$
$$+ z^{-2} \left[h(2) + h(6)z^{-4} + h(10)z^{-8} + h(14)z^{-12} + \cdots \right]$$
$$+ z^{-3} \left[h(3) + h(7)z^{-4} + h(11)z^{-8} + h(15)z^{-12} + \cdots \right]$$

就是

$$H(z) = \sum_{l=0}^{3} z^{-l} \sum_{n=0}^{\infty} h(4n+l)z^{-4n} \tag{9-2-1}$$

式(9-2-1)就是系统 $H(z)$ 对 $M=4$ 的多相表示。不失一般性，对任意 M，可以将系统 $H(z)$ 表示为

$$H(z) = \sum_{l=0}^{M-1} z^{-l} E_l(z^M) \tag{9-2-2a}$$

其中

$$E_l(z) = \sum_{n=0}^{\infty} h(Mn+l)z^{-n} \tag{9-2-2b}$$

式(9-2-2)就是系统 $H(z)$ 的多相表示，所对应的多相分解实现结构如图 9-5 所示。系统 $H(z)$ 的抽样率是 $E_1(z)$ 的 M 倍，这样，就用低抽样率子系统 $E_1(z)$ 表示了系统 $H(z)$。这一多相表示对 FIR 系统和 IIR 系统都适用。

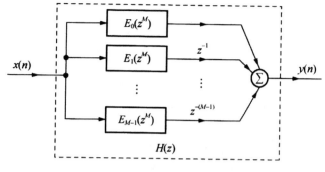

图 9-5　多相分解实现结构

9.2.2　等效关系与互联

多抽样率系统中有几个重要的恒等关系,简单介绍如下。

(1)恒等关系 1:两个信号线性组合后抽取等于它们分别抽取后再线性组合,如图 9-6 所示,图中"⇔"表示等效。

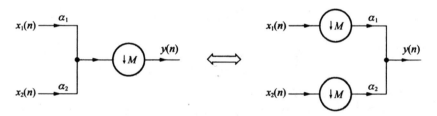

图 9-6　恒等关系 1

利用该恒等关系,信号在抽取后再与常数 α_1、α_2 相乘,可以减少乘法次数。

(2)恒等关系 2:信号延迟 M 个样本后做 M 倍抽取,等效于先 M 倍抽取再延迟一个样本,如图 9-7 所示。

| (a) | (b) |

图 9-7　恒等关系 2

证明:对图 9-7(a),令

$$x'(n) = x(n - M)$$

则

$$X'(z) = z^{-M} X(z)$$

由抽取前后的频域关系,有

$$Y(z) = \frac{1}{M} \sum_{k=0}^{M-1} X'(z^{\frac{1}{M}} W_M^k)$$

所以

$$Y(z) = \frac{1}{M} \sum_{k=0}^{M-1} X(z^{\frac{1}{M}} W_M^k)^{-M} X(z^{\frac{1}{M}} W_M^k)$$

$$= \frac{1}{M} \sum_{k=0}^{M-1} z^{-1} X(z^{\frac{1}{M}} W_M^k)$$

对图 9-7(b),令

$$y'(n) = x(Mn)$$

则

$$y(n) = y'(n-1), Y(z) = z^{-1} Y'(z)$$

又

$$Y'(z) = \frac{1}{M} \sum_{k=0}^{M-1} z^{-1} X(z^{\frac{1}{M}} W_M^k)$$

所以

$$Y(z) = \frac{1}{M} \sum_{k=0}^{M-1} z^{-1} X(z^{\frac{1}{M}} W_M^k)$$

即图 9-7(a)和图 9-7(b)是等效的。

(3)恒等关系 3:如果将 M 倍抽取器前的滤波器移到该抽取器后,则滤波器的变量 z 的幂次减少至 $\frac{1}{M}$,如图 9-7 所示。

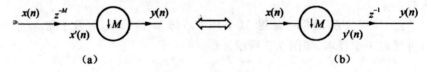

图 9-7 恒等关系 3

证明:设 $H(z^M)$ 的输出为 $y'(n)$,则

$$Y'(z) = X(z) H(z^M), \quad Y(z) = \frac{1}{M} \sum_{k=0}^{M-1} Y'(z^{\frac{1}{M}} W_M^k)$$

所以

$$Y(z) = \frac{1}{M} \sum_{k=0}^{M-1} X(z^{\frac{1}{M}} W_M^k) H[(z^{\frac{1}{M}} W_M^k)^M]$$

$$= \frac{1}{M} \sum_{k=0}^{M-1} X(z^{\frac{1}{M}} W_M^k) H(z)$$

可见,图 9-7(a)和图 9-7(b)等效。

　　为便于理解处理过程,下面以 $M=2$ 的情况为例来说明图 9-8 所示的恒等关系 3。设原始序列为

$$x(n) = \{a, a', b, b', c, c', d, d'\}$$

系统的单位脉冲响应为

$$h(n) = \{h_0, h_1, h_2\}$$

对应的恒等关系 3 如图 9-8 所示。

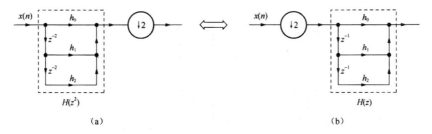

(a)　　　　　　　　　(b)

图 9-8　恒等关系 3 示例

　　序列 $x(n)$ 经过系统 $H(z^2)$ 的处理过程如图 9-9 所示。

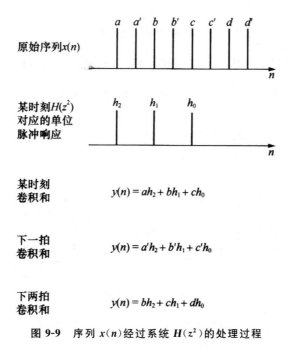

图 9-9　序列 $x(n)$ 经过系统 $H(z^2)$ 的处理过程

序列 $x(n)$ 经过系统 $H(z^2)$ 后再作二抽取，中间的 $y(n)=a'h_2+b'h_1+c'h_0$ 被二抽取去除，则图 9-8(a) 的处理结果为

$$y(n) = ah_2 + bh_1 + ch_0$$
$$y(n+1) = bh_2 + ch_1 + dh_0$$

如果将二抽取移至系统前，其处理过程如图 9-10 所示。可以看出图 9-8(b) 的处理结果亦为

$$y(n) = ah_2 + bh_1 + ch_0$$
$$y(n+1) = bh_2 + ch_1 + dh_0$$

也就是说，图 9-8(a) 与图 9-8(b) 的处理结果是等效的。

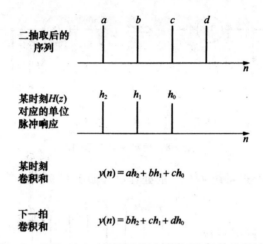

图 9-10　序列 $x(n)$ 二抽取后经过系统 $H(z^2)$ 的处理过程

与上面介绍的抽取的 3 个恒等关系相对应，插值也存在类似的 3 个恒等关系。

(4)恒等关系 4：两个信号各自插值后再与常数相乘等效于它们分别乘以常数后再插值，如图 9-11 所示。

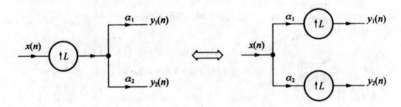

图 9-11　恒等关系 4

(5)恒等关系 5：信号经单位延迟后做 L 倍插值等效于先做 L 倍插值再延迟 L 个样本，如图 9-12 所示。

图 9-12 恒等关系 5

(6)恒等关系 6:如果将 L 倍插值器前的滤波器移到该插值器后,则滤波器的变量 z 的幂次增加至 L 倍,如图 9-13 所示。

图 9-13 恒等关系 6

这 6 个关系又称为 Noble 恒等式。为保证这 6 个关系成立,$H(z)$ 应是 z 的有理多项式,而且 z 的幂次应是整数。

9.2.3 抽取与插值的多相滤波器结构

从前面的分析可以看出,无论是抽取还是插值,都需要一个低通(LP)滤波器。当这个 LP 滤波器为 FIR 滤波器时,连同抽取器或插值器一起,采用合理的结构,可以大大提高运算效率,降低系统运算量。

(1)抽取的多相滤波器结构。对于 M 倍的抽取过程,当 LP 滤波器 $h(n)$ 是长度为 N 的 FIR 滤波器时,其实现结构如图 9-14(a)所示:首先对 $x(n)$ 作滤波,求 $x(n)$ 与 $h(n)$ 的卷积;再对卷积后的结果做抽取。

这时,$x(n)$ 的每一个样值都要与 FIR 滤波器的系数相乘。但是,$v(n)$ 中只有 $v(0),v(M),v(2M)\cdots\cdots$ 是需要的,其余的点在抽取后都被舍弃了,对应的乘法运算都是不必要的。合理的方案是使卷积在低抽样率下进行,利用恒等关系 1,可得其实现结构如图 9-14(b)所示,由级联的延迟器 z^{-1} 移入各抽头的 $x(n)$ 先做抽取,再与 $h(n)(n=0,1,\cdots,N-1)$ 相乘。

由于工作在低抽样率状态,系统的运算量降低至 $\dfrac{1}{M}$。

对长度为 N 的 FIR 滤波器,通常取 N 为 M 的整数倍。假定 $M=3$,取 $N=9$,则 FIR 滤波器的单位脉冲响应为

$\{h(0),h(1),h(2),h(3),h(4),h(5),h(6),h(7),h(8)\}$

根据图 9-14(b)可以看出:

输入到 $h(0)$ 的是 $x(0),x(3),x(6)\cdots$

输入到 $h(1)$ 的是 $x(1),x(4),x(7)\cdots$

输入到 $h(2)$ 的是 $x(2),x(5),x(8)\cdots$

输入到 $h(3)$ 的是 $x(3),x(6),x(9)\cdots$

输入到 $h(4)$ 的是 $z(4),x(7),x(10)\cdots$

输入到 $h(5)$ 的是 $x(5),x(8),x(11)\cdots$

输入到 $h(6)$ 的是 $x(6),x(9),x(12)\cdots$

输入到 $h(7)$ 的是 $x(7),x(10),x(13)\cdots$

输入到 $h(8)$ 的是 $x(8),x(11),x(14)\cdots$

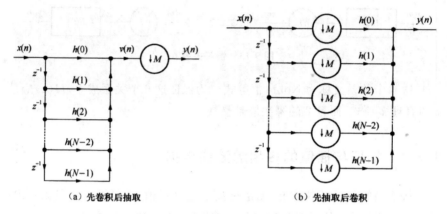

（a）先卷积后抽取　　　　　　　　（b）先抽取后卷积

图 9-14　抽取的 *FIR* 滤波器实现

上面的分组情况表明：与子序列 $x(Mn)$ 做卷积的滤波器系数是 $h(0)$、$h(3)$、$h(6)$；与子序列 $x(Mn+1)$ 作卷积的滤波器系数是 $h(1)$、$h(4)$、$h(7)$；与子序列 $x(Mn+2)$ 做卷积的滤波器系数是 $h(2)$、$h(5)$、$h(8)$。这样，可将 *FIR* 滤波器的系数 $\dfrac{N}{M}=3=3$ 组，其实现结构如图 9-15 所示。

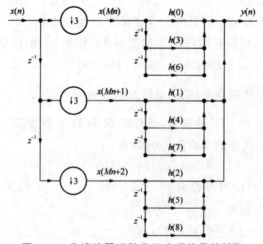

图 9-15　将滤波器系数分组实现信号的抽取

令

$$E_0(z) = h(0) + h(3)z^{-1} + h(6)z^{-2}$$
$$E_1(z) = h(1) + h(4)z^{-1} + h(7)z^{-2}$$
$$E_2(z) = h(2) + h(5)z^{-1} + h(8)z^{-2}$$

于是,可以将图 9-15 表示为图 9-16。

图 9-16 就是抽取的多相结构实现。可以看出,如果对 $H(z)$ 按 $M=3$ 进行多相分解,有

$$H(z) = \sum_{l=0}^{2} z^{-l} E_l(z^3) = E_0(z^3) + z^1 E_1(z^3) + z^{-2} E_2(z^3)$$

则图 9-14(a)所示的结构可以表示成图 9-17。

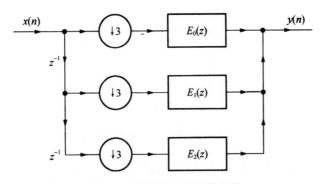

图 9-16　抽取的多相结构实现

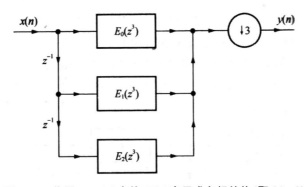

图 9-17　将图 9-14(a)中的 $H(z)$ 表示成多相结构(取 $M=3$)

图 9-17 所示的结构依然是在高抽样率端进行卷积运算。利用恒等关系 3,将图 9-17 中 3 倍抽取器前的子系统 $E_i(z^3)(i=0,1,2)$ 移到 3 倍抽取器后,则子系统 $E_i(z^3)$ 成为 $E_i(z)(i=0,1,2)$,于是得到图 9-16 所示的多相结构实现。此时卷积运算在低抽样率端进行,从而避免了相乘后再在抽取中被去除的无意义运算。

由上面的分析可以看出,利用多相结构实现,能够在抽样率转换的过程中去掉许多不必要的运算,从而使运算效率得到提高。

(2)插值的多相滤波器结构。插值是在 $x(n)$ 的每两点之间增加 $(L-1)$ 个 0,然后滤波,如图 9-18(a)所示。如果利用恒等关系 4,使 $h(n)$ 与 $x(n)$ 相乘后再插 0,可将运行效率提高至三倍,因此将图 9-18(a)改为图 9-18(b)更为合理。

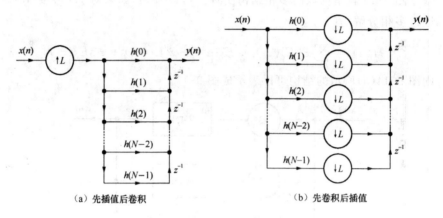

(a) 先插值后卷积   (b) 先卷积后插值

图 9-18　插值的 FIR 滤波器实现

仿照抽取器的多相滤波器结构,可以得到插值器的多相结构实现。在 $N=9$、$L=3$ 的情况下,对 $H(z)$ 进行多相分解,有

$$H(z) = \sum_{l=0}^{2} z^{-l} E_l(z^3) = E_0(z^3) + z^1 E_1(z^3) + z^{-2} E_2(z^3)$$

则图 9-18(a)所示的结构可以表亲成图 9-19。

利用恒等关系 6,将图 9-19 中 3 倍插值器后的子系统 $E_i(z^3)(i=0,1,2)$ 移到 3 倍插值器前,则子系统 $E_i(z^3)$ 成为 $E_i(z)(i=0,1,2)$,于是得到图 9-20 所示的多相结构实现。

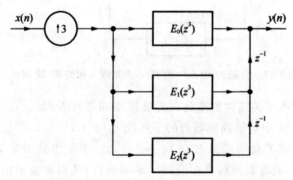

图 9-19　将图 9-18(a)中的 $H(z)$ 表示成多相结构(取 $L=3$)

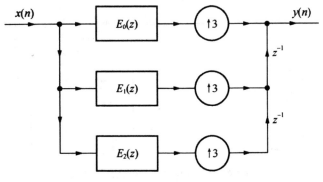

图 9-20　插值的多相结构实现

9.2.4　利用多相分解设计带通滤波器组

带通(BP)滤波器组在多速率信号处理中的应用非常广泛,利用低通(LP)滤波器多相分解的子系统可以设计带通滤波器组。设带通滤波器组 $B_k(z)$ 的中心频率为 $\omega_k = \dfrac{2\pi}{M}k$,$k=0,1,\cdots,M-1$ 则该带通滤波器组可由理想低通滤波器 $H(z)$ 移频 $\dfrac{2\pi}{M}k$ 得到,即

$$B_k(z) = H(z')\big|_{z'=ze^{-j\frac{2\pi}{M}k}} = H(zW_M^k), k=0,1,\cdots,M-1 \quad (9\text{-}2\text{-}3)$$

式(9-2-3)中 $W_M = e^{-j\frac{2\pi}{M}}$ 。

理想低通滤波器 $H(z')$ 的多相表示为

$$H(z') = \sum_{l=0}^{M-1} z'^{-l}E_l(z'^M) \quad (9\text{-}2\text{-}4)$$

将式(9-2-4)代入式(9-2-3),可得

$$B_k(z) = \sum_{l=0}^{M-1} z^{-l}W_M^{-kl}E_l(z^M), k=0,1,\cdots,M-1 \quad (9\text{-}2\text{-}5)$$

式(9-2-5)的矩阵表示为

$$
\begin{bmatrix} B_0(z) \\ B_1(z) \\ \vdots \\ B_{M-1}(z) \end{bmatrix}
=
\begin{bmatrix}
W_M^0 & W_M^0 & \cdots & W_M^0 \\
W_M^0 & W_M^{-1} & \cdots & W_M^{-(M-1)} \\
\vdots & \vdots & \ddots & \vdots \\
W_M^0 & W_M^{-(M-1)} & \cdots & W_M^{-(M-1)^2}
\end{bmatrix}
\begin{bmatrix}
E_0(z^M) \\
z^{-1}E_1(z^M) \\
\vdots \\
z^{-(M-1)}E_{M-1}(z^M)
\end{bmatrix}
$$

$$(9\text{-}2\text{-}6)$$

式(9-2-6)中的形因子矩阵正是 IDFT 的变换矩阵。

上面的分析表明,带通滤波器组可由理想低通滤波器多相分解的子滤

波器 $E_i(z^M)$ 与傅里叶变换器(严格说是 IDFT)的级联来实现,这种滤波器组也叫作 DFT 滤波器组,其等效关系如图 9-21 所示,图中"⇔"表示等效。

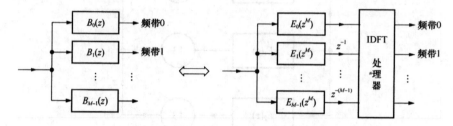

图 9-21　多相网络实现带通滤波器组

在 $M=2$ 的特殊情况下,滤波器组所包含的两个滤波器分别是低通(LP)滤波器 $H_{LP}(z)$ 和高通(HP)滤波器 $H_{HP}(z)$。这两个滤波器可以由一个低通原型滤波器 $H(z)$ 导出:

$$H_{LP}(e^{j\omega}) = H(e^{j\omega})$$

$$H_{HP}(z) = H[e^{j(\omega-\pi)}]$$

其传递函数为

$$H_{LP}(z) = H(z) = \sum_m h(n) z^{-n}$$

$$H_{HP}(z) = H(-z) = \sum_n h(n)(-z)^{-n} = \sum_n (-1)^n h(n) z^{-n}$$

从上面两式可以发现,构成低通滤波器和高通滤波器的单位脉冲响应,其偶数序号的 $h(n)$ 相同,奇数序号的 $h(n)$ 符号相反。可做如下分解:

$$H_{LP}(z) = \sum_m h(2m) z^{-2m} + \sum_m h(2m+1) z^{-(2m+1)}$$

$$H_{PH}(z) = \sum_m h(2m) z^{-2m} - \sum_m h(2m+1) z^{-(2m+1)}$$

令

$$E_0(z^2) = \sum_m h(2m) z^{-2m}, E_1(z^2) = \sum_m h(2m+1) z^{-2m}$$

则

$$H_{LP}(z) = E_0(z^2) + z^{-1} E_1(z^2), H_{HP}(z) = E_0(z^2) - z^{-1} E_1(z^2)$$

只要分别计算滤波器 $E_0(z^2)$ 和 $z^{-1}(z^2)$,然后将它们相加则得到低通滤波器 $H_{LP}(z)$,相减则得到高通滤波器 $H_{HP}(z)$,即

$$\begin{bmatrix} H(z) \\ H(-z) \end{bmatrix} = \begin{bmatrix} 1 & 1 \\ 1 & -1 \end{bmatrix} \begin{bmatrix} E_0(z^2) \\ z^{-1} E_1(z^2) \end{bmatrix} \qquad (9\text{-}2\text{-}7)$$

式(9-2-7)中的 $E_0(z)$ 和 $E_1(z)$ 是低通原型滤波器 $H(z)$ 的多相分量,即

$$H(z) = E_0(z^2) + z^{-1} E_1(z^2)$$

式(9-2-7)中的 2×2 矩阵实际上是两点 DFT 的变换矩阵,可以用一个蝶形完成。式(9-2-7)的实现结构如图 9-22 所示。

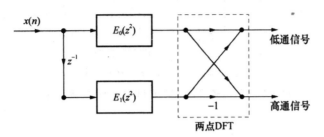

图 9-22　$M = 2$ 的 DFT 滤波器组

考虑一组分路信号 $X_k(z^M)$ 分别通过相应的带通滤波器 $B_k(z)$,各路带通滤波器的输出分别为

$$Y_k(z) = Y_k(z^M) B_k(z), k = 0, 1, \cdots, M-1$$

如图 9-23 所示,FDM 信号 $r(z)$ 由各路带通滤波器的输出综合得到,即

$$Y(z) = \sum_{k=0}^{M-1} Y_k(z) = \sum_{k=0}^{M-1} X_k(z^M) B_k(z) \tag{9-2-8}$$

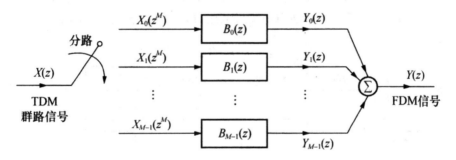

图 9-23　TDM-FDM 的复用转换

该实现方案需要很多带通滤波器 $B_k(z)$,这些带通滤波器的带宽相同,仅中心频率不同,可以由理想低通滤波器多相分解的子滤波器 $E(z)$ 与傅里叶变换器的级联来实现,即

$$B_k(z) = \sum_{l=0}^{M-1} z^{-l} W_M^{-kl} E_l(z^M), k = 0, 1, \cdots, M-1 \tag{9-2-9}$$

将式(9-2-9)代入式(9-2-8),得

$$Y(z) = \sum_{k=0}^{M-1} X_k(z^M) \Big[\sum_{l=0}^{M-1} W_M^{-kl} (z^M) z^{-l} \Big]$$

其中,$E_1(z)$ 是低通原型滤波器的多相分量。利用多相网络实现 TDM 到 FDM 转换的基本原理如图 9-24 所示。

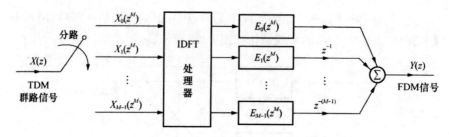

图 9-24 利用多相网络实现 TDM-FDM 的复用转换

9.3 滤波器组基础

9.3.1 滤波器组的基本概念

一个滤波器组是指一组滤波器,它们有着共同的输入,用以将输入信号分解成一组子带信号,或者有着共同的相加后的输出,用以将子带信号重新合成为所需的信号。前者为分析滤波器组,后者为综合滤波器组,如图 9-25 所示。

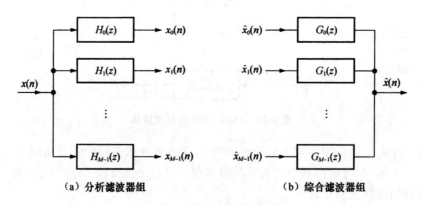

（a）分析滤波器组　　　　　　　　（b）综合滤波器组

图 9-25 滤波器组示意图

假定滤波器 $H_0(z),H_1(z),\cdots,H_{M-1}(z)$ 是一组带通滤波器,其通带中心频率分别为 $\dfrac{2\pi}{M}k$,$k=0,1,2,\cdots,M-1$,则 $x(n)$ 通过这些滤波器后,得到的 $x_0(n),x_1(n),\cdots,x_{M-1}(n)$ 是 $x(n)$ 的一个个子带信号。理想情况下,各子带信号的频谱之间没有交叠。

由于 $H_0(z),H_1(z),\cdots,H_{M-1}(z)$ 的作用是对 $x(n)$ 作子带分解,因此

称它们为分析滤波器组。

M 个信号 $\hat{x}_0(n), \hat{x}_1(n), \cdots, \hat{x}_{M-1}(n)$ 分别通过滤波器 $G_0(z), G_1(z)$, $\cdots, G_{M-1}(z)$ 所产生的输出相加后得到的是重建后的信号 $\hat{x}(n)$，则 $G_0(z)$, $G_1(z), \cdots, G_{M-1}(z)$ 称为综合滤波器组，其任务是将 M 个子带信号综合为信号 $\hat{x}(n)$。

考虑到分解后子带信号的带宽小于原输入信号，可以降低抽样率，以提高计算效率。如果将 $x(n)$ 均匀分成 M 个子带信号，则 M 个子带信号的带宽将是原来的 $\dfrac{1}{M}$，这样，它们的抽样率也降低至 $\dfrac{1}{M}$，需要在分析滤波器 $H_0(z), H_1(z), \cdots, H_{M-1}(z)$ 后分别加上一个 M 倍的抽取器，如图 9-33 所示。图 9-33 中，$H_0(z), H_1(z), \cdots, H_{M-1}(z)$ 工作在抽样率 z 状态下，抽样后的信号处在低抽样率状态 $\left(\dfrac{f_s}{M}\right)$。

各子带信号在低抽样率状态被处理之后，应再恢复为高速率信号，因此，图 9-26 中的综合滤波器 $G_0(z), G_1(z), \cdots, G_{M-1}(z)$ 之前分别加上了一个 M 倍的插值器。综合滤波器组合成输出信号，重建后的信号 $\hat{x}(n)$ 应等于原信号 $x(n)$，或是 $x(n)$ 的好的近似。

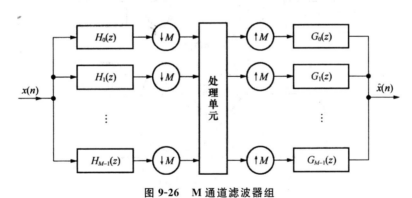

图 9-26　M 通道滤波器组

9.3.2　最大均匀抽样滤波器组

如果滤波器组中 N 个分析滤波器的频响是低通滤波器 $H_0(z)$ 做均匀移位后的结果，这时有

$$H_k(\mathrm{e}^{\mathrm{j}\omega}) = H_0\left[\mathrm{e}^{\mathrm{j}\left(\omega - \frac{2\pi}{N}k\right)}\right], k = 0, 1, \cdots, N-1 \qquad (9\text{-}3\text{-}1)$$

则称该滤波器组为均匀滤波器组。$x(n)$ 经 $H_k(z)$ 滤波器后变成一个个子带信号，因此可以进一步抽取以降低其抽样率。

如果做 M 倍抽取,且有 $M=N$,则称该滤波器组为最大均匀抽样滤波器组(Maximally Decimated Uniform Filter Bank),称这种情况为临界抽样(Critical Subsampling)。这是因为 $M=N$ 是保证实现准确重建的最大抽取数。这样的滤波器组又称 DFT 滤波器组。

9.3.3 正交镜像滤波器组

对最大均匀抽样滤波器组令 $M=2$,可以得到一个两通道的滤波器组,如图 9-27(a)所示,其中分析滤波器 $H_0(z)$ 与 $H_1(z)$ 的关系为

$$H_1(z) = H_0(-z)$$

频域关系为

$$H_1(e^{j\omega}) = H_0\left[e^{j(\omega-\pi)}\right] \qquad (9\text{-}3\text{-}2)$$

它们的幅频响应关于镜像对称,如图 9-27(b)所示。

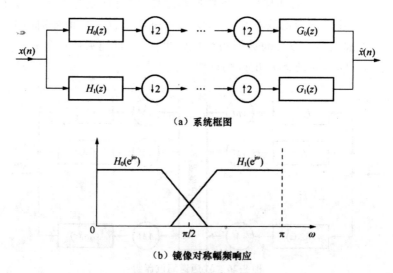

(a) 系统框图

(b) 镜像对称幅频响应

图 9-27　两通道滤波器组

如果 $H_0(e^{j\omega})$ 和 $H_1(e^{j\omega})$ 二者没有重合,即当 $\frac{\pi}{2} \leqslant |\omega| \leqslant \pi$ 时,$|H_0(e^{j\omega})|=0$ 那么,$H_0(e^{j\omega})$ 和 $H_1(e^{j\omega})$ 是正交的,这一类滤波器组称为正交镜像滤波器组(Quadrature Mirror Filter Bank,QMFB)。

如果 $H_0(e^{j\omega})$ 和 $H_1(e^{j\omega})$ 有少量的重叠,但其幅频响应镜像对称,如图 9-34(b)所示,就称它们为 QMFB。

QMFB 是一对分割频率的低通(LP)和高通(HP)滤波器,利用 QMFB 可以构成树状结构的滤波器组,如图 9-28 所示。

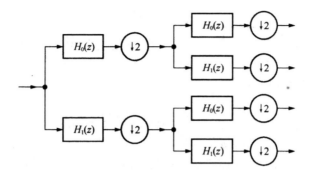

（a）规则树状分析滤波器组

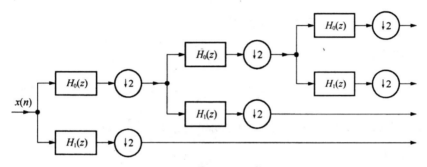

（b）非均匀树状分析滤波器组

图 9-28　树状结构的滤波器组

需要说明的是,图 9-28 中各阶的 $H_0(z)$、$H_1(z)$ 都是关于 $\frac{\pi}{2}$ 镜像对称的,这是因为信号在经过 $H_0(z)$、$H_1(z)$ 后,实际频带减半,二抽取后抽样率减半,工作在第二阶的 $H_0(z)$、$H_1(z)$ 较之第一阶 $H_0(z)$、$H_1(z)$ 实际频带也随之减半,但数字角频率 ω 不变。

9.3.4　互补型滤波器

9.3.4.1　严格互补滤波器

一组滤波器 $H_0(z),H_1(z),\cdots,H_{M-1}(z)$,如果它们的系统函数满足关系

$$\sum_{k=0}^{M-1} H_k(z) = cz^{-n_0} , c,n_0 \text{ 为常数} \qquad (9\text{-}3\text{-}3)$$

则称 $H_0(z),H_1(z),\cdots,H_{M-1}(z)$ 是一组严格互补的滤波器。尽管这组滤波器中每个通道的频率特性不是理想带通的,但 M 个通道合在一起具有全

通特性。

利用 $H_0(z), H_1(z), \cdots, H_{M-1}(z)$ 把信号 $x(n)$ 分成 M 个子带信号,则每个子带信号分别为 $X(z)H_0(z), X(z)H_1(z), \cdots, X(z)H_{M-1}(z)$,然后把这 M 个子带信号相加,有

$$X(z)H_0(z) + \cdots + X(z)H_{M-1}(z) = X(z)\sum_{k=0}^{M-1} H_k(z) = X(z)cz^{-n_0}$$

$X(z)cz^{-n_0}$ 对应的时域信号是 $cx(n-n_0)$,它与原始信号 $x(n)$ 仅差一个延迟和常数倍。显然,这种严格互补的滤波器对于信号的准确重建是非常有用的。

9.3.4.2 功率互补滤波器

如果 M 个滤波器的频响满足

$$\sum_{k=0}^{M-1} |H_k(e^{j\omega})|^2 = c, c \text{ 为常数} \tag{9-3-4}$$

则称 $H_0(z), H_1(z), \cdots, H_{M-1}(z)$ 是功率互补的。$\sum_{k=0}^{M-1} |H_k(e^{j\omega})|^2 = c$ 又可以表示为

$$\sum_{k=0}^{M-1} H_k(z)\tilde{H}_k(z) = c \tag{9-3-5}$$

式(9-3-5)中的 $\tilde{H}_k(z)$ 表示对 $H_k(z)$ 的系数取共轭,并用 z^{-1} 代替 z。如果 $H_k(z)$ 是实系数的,则式(9-3-5)成为

$$\sum_{k=0}^{M-1} H_k(z)H_k(z^{-1}) = c$$

功率互补滤波器在实现信号准确重建的滤波器组中具有重要作用。例如,在图 9-28 中,若令 $G_k(z) = \tilde{H}_k(z), k = 0, 1, \cdots, M-1$,并将图 9-28(b) 直接与图 9-28(a) 相级联,那么,重建信号为

$$\hat{X}(z) = X(z)\sum_{k=1}^{M-1} H_k(z)G_k(z) = X(z)\sum_{k=1}^{M-1} H_k(z)\tilde{H}_k(z) \tag{9-3-6}$$

如果 $H_0(z), H_1(z), \cdots, H_{M-1}(z)$ 是功率互补的,将式(9-3-5)代入式(9-3-6),则有 $\hat{X}(z) = cX(z)$,即 $\hat{x}(n) = cx(n)$。

在 $M=2$ 的情况下,功率互补可表示为

$$H_0(z)\tilde{H}_0(z^{-1}) + H_1(z)\tilde{H}_1(z) = c \tag{9-3-7}$$

称 $H_0(z)$、$H_1(z)$ 是功率互补的。如果 $H_0(z)$、$H_1(z)$ 是实系数的,则

$$H_0(z)H_0(z^{-1}) + H_1(z)H_1(z^{-1}) = c \tag{9-3-8}$$

9.3.5　第 M 带滤波器

将滤波器 $H(z)$ 表示为多相形式,有

$$H(z) = \sum_{l=0}^{M-1} z^{-l} E_l(z^M) \qquad (9\text{-}3\text{-}9)$$

其中

$$E_l(z) = \sum_{n=-\infty}^{\infty} h(Mn+l) z^{-n} \qquad (9\text{-}3\text{-}10)$$

如果其第 0 相,也就是 $E_0(z^M)$ 恒为一常数 c,即

$$H(z) = c + \sum_{k=0}^{M-1} z^{-l} E_l(z^M) \qquad (9\text{-}3\text{-}11)$$

那么,其单位脉冲响应必有

$$h(Mn) = \begin{cases} c, & n=0 \\ 0, & \text{其他} \end{cases} \qquad (9\text{-}3\text{-}12)$$

满足式(9-3-12)的滤波器 $h(z)$ 称为第 M 带滤波器。

式(9-3-12)的含义是,除了在 $n=0$ 点外,$h(n)$ 在 M 的整数倍处都为 0,如图 9-29 所示。

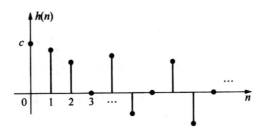

图 9-29　第 M 带滤波器的单位脉冲响应($M=3$)

对第 M 带滤波器,可以证明有

$$\sum_{k=0}^{M-1} H(zW_M^k) = Mc = 1 \left(\text{假设 } c = \frac{1}{M} \right) \qquad (9\text{-}3\text{-}13)$$

证明:将滤波器 $H(z)$ 表示为多相形式,有

$$H(z) = \sum_{l=0}^{M-1} z^{-l} E_l(z^M)$$

其中

$$E_l(z) = \sum_{n=-\infty}^{\infty} h(Mn+l) z^{-n}$$

对第 M 带滤波器,当 $l=0$ 时,$E_0(z^M)=c$ 即

$$E_0(z^M) = \sum_{n=-\infty}^{\infty} h(Mn)z^{-Mn} = \sum_{n=-\infty}^{\infty} e_0(n)z^{-Mn} = c \qquad (9\text{-}3\text{-}14)$$

式(9-3-14)中序列 $e_0(n)$ 是对序列 $h(n)$ 做 M 倍抽取之后的序列。利用抽取前后 z 变换的关系式可得

$$E_0(z) = \frac{1}{M}\sum_{k=0}^{M-1} H(z^{\frac{1}{M}}W_M^k) \qquad (9\text{-}3\text{-}15)$$

式(9-3-15)中 $W_M = e^{-\frac{2\pi}{jM}}$ 由式(9-3-14)和式(9-3-15),可得

$$\frac{1}{M}\sum_{k=0}^{M-1} H(zW_M^k) = c$$

假设 $c = \dfrac{1}{M}$,则有

$$\sum_{k=0}^{M-1} H(zW_M^k) = 1$$

于是式(9-3-13)得证。

若令 $H_k(z) = H(zW_M^k)$, $k = 0, 1, \cdots, M-1$,则 $H_0, H_1, \cdots, H_{M-1}$ 构成的频响存在如下关系

$$\sum_{k=0}^{M-1} H_k(z) = 1$$

$$\sum_{k=0}^{M-1} H\left[e^{j(\omega-\frac{2\pi}{M}k)}\right] = 1$$

如果有一个第 M 带滤波器 $h(n)$,那么将其依次移位 $\dfrac{2\pi}{M}k$ 后,所得到的 M 个滤波器的频响之和等于 1,即 $H_0(z), H_1(z), \cdots, H_{M-1}(z)$ 是一组严格互补滤波器。

9.3.6 半带滤波器

在第 M 带滤波器中,令 $M=2$,则所得的滤波器称为半带(Half-Band)滤波器。与第 M 带滤波器一样,半带滤波器也是严格互补的。

对半带滤波器($M=2$),式(9-3-11)和式(9-3-12)分别成为

$$H(z) = c + z^{-1}E_1(z^2) \qquad (9\text{-}3\text{-}16)$$

$$h(2n) = \begin{cases} c, n=0 \\ 0, 其他 \end{cases} \qquad (9\text{-}3\text{-}17)$$

也就是说,除了在 $n=0$ 点外,$h(n)$ 在所有偶数序号处都为 0,如图 9-30 所示。

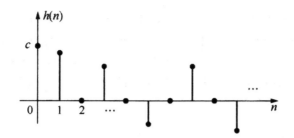

图 9-30　半带滤波器的单位脉冲响应

在式(9-3-13)中,令 $M=2,c=\dfrac{1}{2}$,则有

$$H(z)+H(-z)=1, H(e^{j\omega})+H[(e^{j(\omega-\pi)})]=1$$

令 $H_0(z)=H(z), H_1(z)=H(-z)$,则 $H_1(e^{j\omega})$ 和 $H_0(e^{j\omega})$ 关于 $\dfrac{\pi}{2}$ 对称,称 $H_0(z)$ 和 $H_1(z)$ 构成一个正交镜像滤波器组(QMFB)。在 QMFB 中,并没有要求 $H_0(e^{j\omega})+H_1(e^{j\omega})=1$,所以,两通道正交镜像滤波器不一定是半带滤波器。但半带滤波器一定是正交镜像滤波器。半带滤波器在设计具有理想重建(Perfect Reconstruction,PR)性能的滤波器组方面具有重要作用。

9.4　两通道滤波器组

9.4.1　信号的理想重建

图 9-31 所示为两通道滤波器组,它包含 3 个基本模块:分析滤波器组、综合滤波器组以及它们之间的与具体应用有关的处理单元。

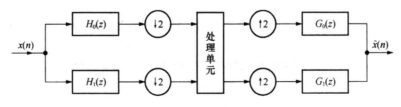

图 9-31　两通道滤波器组

信号 $x(n)$ 经过分解、处理和综合得到 $\hat{x}(n)$,希望重建信号 $\hat{x}(n)=x(n)$。例如,在通信中总希望接收到的信号与发送的信号完全一样。但

是，$\hat{x}(n) = x(n)$ 几乎是不可能的。如果有 $\hat{x}(n) = cx(n-n_0)$，c, n_0 为常数，即 $\hat{x}(n)$ 是 $x(n)$ 纯延迟后的信号，只是幅度发生倍乘，则称 $\hat{x}(n)$ 是 $x(n)$ 的准确重建或理想重建(PR)，能实现 PR 的滤波器组就称为 PR 系统。

下面通过对图 9-32 中各信号间关系的分析，讨论实现信号理想重建的条件及途径。

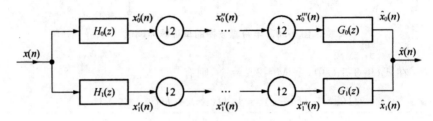

图 9-32　两通道滤波器组

由图 9-32 可知

$$\begin{cases} X'_0(z) = X(z)H_0(z) \\ X''_0(z) = \dfrac{1}{2}\big[X'_0(z^{\frac{1}{2}}) + X'_0(-z^{\frac{1}{2}})\big] \\ X'''_0(z) = X''_0(z^2) \\ \hat{X}_0(z) = X'''_0(z)G_0(z) \end{cases}$$

可得

$$\hat{X}_0(z) = \frac{1}{2}H_0(z)G_0(z)X(z) + \frac{1}{2}H_0(-z)G_0(z)X(-z)$$

$$(9-4-1)$$

同理可得

$$\hat{X}_1(z) = \frac{1}{2}H_1(z)G_1(z)X(z) + \frac{1}{2}H_1(-z)G_1(z)X(-z)$$

有

$$\begin{aligned} \hat{X}(z) &= \hat{X}_0(z) + \hat{X}_1(z) \\ &= \frac{1}{2}\big[H_0(z)G_0(z) + H_1(z)G_1(z)\big]X(z) \\ &= \frac{1}{2}\big[H_0(-z)G_0(z) + H_1(-z)G_1(z)\big]X(-z) \end{aligned}$$

令

$$T(z) = \frac{1}{2}\big[H_0(z)G_0(z) + H_1(z)G_1(z)\big] \qquad (9-4-2)$$

$$F(z) = \frac{1}{2}\big[H_0(-z)G_0(z) + H_1(-z)G_1(z)\big] \qquad (9-4-3)$$

则有

$$\hat{X}(z) = T(z)X(z) + F(z)X(-z)$$

式中

$$X(-z)\big|_{z=e^{j\omega}} = X(-e^{j\omega}) = X[e^{j(\omega-\pi)}]$$

是 $X(e^{j\omega})$ 移位 π 后的结果,因此是混叠成分。

要实现信号的理想重建,输入、输出信号需满足 $\hat{x}(n) = cx(n-n_0)$,c、n_0 为常数,即 $\hat{X}(z) = cX(z)z^{-n_0}$。于是可以得到信号的理想重建条件如下。

(1)无混叠条件。为了消除映像 $x(-z)$ 引起的混叠,要求

$$F(z) = \frac{1}{2}\big[H_0(-z)G_0(z) + H_1(-z)G_1(z)\big] = 0$$

此时

$$\hat{X}(z) = T(z)X(z) = \frac{1}{2}\big[H_0(z)G_0(z) + H_1(z)G_1(z)\big]X(z)$$

(2)纯延迟条件。$T(z)$ 反映了去除混叠失真后的两通道滤波器组的总的传输特性,为了使 $\hat{X}(z)$ 成为 $X(z)$ 的延迟,要求

$$T(z) = cz^{-n_0}$$

式中,c、n_0 为常数,且 n_0 为整数。即要求 $T(z)$ 是具有线性相位特性的全通系统,以保证整个系统既不发生幅度失真也不发生相位失真。

无混叠条件和纯延迟条件共同构成信号理想重建的条件。

如果将综合滤波器取为

$$G_0(z) = + H_1(-z) \tag{9-4-4a}$$

$$G_1(z) = - H_0(-z) \tag{9-4-4b}$$

可以看出,无论给出什么样的 H_0 和 H_1,都可去除混叠失真。

如果在分析滤波器 H_0、H_1 之间建立如下联系:

$$H_1(z) = H_0(+z)$$

则两者的幅频关系满足

$$H_1(e^{j\omega}) = H_0(-e^{j\omega}) = H_0(e^{j(\omega-\pi)})$$

即该滤波器组为 QMFB。如果 $H_0(z)$ 是低通的,则 $H_1(z)$ 是高通的。不难看出,按式(9-4-4),$G_0(z)$ 是低通的,而 $G_1(z)$ 是高通的。

要实现理想重建(PR),在无混叠的条件下,还要去除相位失真和幅度失真。如果 $H_0(z)$、$H_1(z)$、$G_0(z)$ 和 $G_1(z)$ 全部用线性相位的 FIR 数字滤波器实现,可以设计出符合 PR 条件的滤波器组。

对选取 $H_1(z) = H_0(-z)$ 的 QMFB,要满足 PR 特性,其阻带衰减特性是很差的。解决上述矛盾的途径如下。

（1）去除相位失真，尽可能地减小幅度失真，实现近似理想重建（Near Perfect Reconstruction，NPR）。实现方案是 FIR 正交镜像滤波器组（QMFB）。

（2）去除幅度失真，不考虑相位失真，这种情况也是实现近似理想重建（NPR）。实现方案是 IIR 正交镜像滤波器组（QMFB）。

（3）放弃 $H_1(z) = H_0(-z)$ 的简单形式，取更为合理的形式，从而实现理想重建。

9.4.2　FIR 正交镜像滤波器组

FIR 滤波器的优点是容易实现线性相位。假定 $H_0(z)$ 是 N 点 FIR 低通滤波器，其单位脉冲响应为 $h_0(n)$，则

$$H_0(z) = \sum_{n=0}^{N-1} h_0(n) z^{-n}$$

如果有

$$h_0(n) = h_0(N-1-n)$$

则 $H_0(z)$ 是线性相位的。根据

$$H_1(z) = H_0(-z)$$
$$G_0(z) = + H_1(-z) \qquad\qquad (9\text{-}4\text{-}5)$$
$$G_1(z) = - H_0(-z)$$

可知，H_1、G_0 和 G_1 也是线性相位的。因而

$$T(z) = \frac{1}{2}\big[H_0(z)G_0(z) + H_1(z)G_1(z)\big] = \frac{1}{2}\big[H_0^2(z) - H_1^2(z)\big]$$

$$(9\text{-}4\text{-}6)$$

或

$$T(\mathrm{e}^{\mathrm{j}\omega}) = \frac{1}{2}\big[H_0^2(\mathrm{e}^{\mathrm{j}\omega}) - H_1^2(\mathrm{e}^{\mathrm{j}\omega})\big] = \frac{1}{2}\big[H_0^2(\mathrm{e}^{\mathrm{j}\omega}) - H_0^2(\mathrm{e}^{\mathrm{j}(\omega+\pi)})\big]$$

$$(9\text{-}4\text{-}7)$$

也是线性相位的，可以去除相位失真。下面来分析一下，在保证线性相位的条件下，$T(\mathrm{e}^{\mathrm{j}\omega})$ 的幅度情况。

将线性相位 FIR 低通滤波器 $H_0(z)$ 的频响表示为

$$H_0(\mathrm{e}^{\mathrm{j}\omega}) = \mathrm{e}^{-\mathrm{j}\omega(N-1)/2} H_0(\omega) \qquad\qquad (9\text{-}4\text{-}8)$$

式（9-4-8）中，幅度函数 $H_0(\omega)$ 功是 ω 的实函数，可正可负。将式（9-4-8）代入式（9-4-7），有

$$T(\mathrm{e}^{\mathrm{j}\omega}) = \mathrm{e}^{-\mathrm{j}\omega(N-1)} \frac{1}{2}\big[H_0^2(\omega) - (-1)^{N-1} H_0^2(\omega+\pi)\big]$$

$$= \mathrm{e}^{-\mathrm{j}\omega(N-1)} \frac{1}{2} \big[\, |\, H_0(\mathrm{e}^{\mathrm{j}\omega})\,|^{\,2} - (-1)^{N-1} \, |\, H_0(\mathrm{e}^{-\mathrm{j}(\omega+\pi)})\,|^{\,2} \big]$$

如果 $(N-1)$ 为偶数,即 N 为奇数,则 $T(\mathrm{e}^{\mathrm{j}\omega})$ 可以表示为

$$T(\mathrm{e}^{\mathrm{j}\omega}) = \mathrm{e}^{-\mathrm{j}\omega(N-1)} \frac{1}{2} \big[\, |\, H_0(\mathrm{e}^{\mathrm{j}\omega})\,|^{\,2} + |\, H_0(\mathrm{e}^{-\mathrm{j}(\omega+\pi)})\,|^{\,2} \big]$$

可以看出, $|\, H_0(\mathrm{e}^{\mathrm{j}\omega})\,|^{\,2} - |\, H_0(\mathrm{e}^{-\mathrm{j}(\omega+\pi)})\,|^{\,2}$ 在 $\omega = \dfrac{\pi}{2}$ 处为 0,即

$$T(\mathrm{e}^{\mathrm{j}\omega})\,\big|_{\omega=\frac{\pi}{2}} = 0$$

也就是说, $|\, T(\mathrm{e}^{\mathrm{j}\omega})\,|$ 不可能是全通函数,这将导致严重的幅度失真。

如果 $(N-1)$ 为奇数,即 N 为偶数,则 $T(\mathrm{e}^{\mathrm{j}\omega})$ 可以表示为

$$T(\mathrm{e}^{\mathrm{j}\omega}) = \mathrm{e}^{-\mathrm{j}\omega(N-1)} \frac{1}{2} \big[\, |\, H_0(\mathrm{e}^{\mathrm{j}\omega})\,|^{\,2} + |\, H_0(\mathrm{e}^{-\mathrm{j}(\omega+\pi)})\,|^{\,2} \big]$$

可以看出,只要

$$|\, H_0(\mathrm{e}^{\mathrm{j}\omega})\,|^{\,2} = \mathrm{e}^{-\mathrm{j}\omega(N-1)} \frac{1}{2} \big[\, |\, H_0(\mathrm{e}^{\mathrm{j}\omega})\,|^{\,2} + |\, H_0(\mathrm{e}^{-\mathrm{j}(\omega+\pi)})\,|^{\,2} \big] \tag{9-4-9}$$

则有

$$T(\mathrm{e}^{\mathrm{j}\omega}) = 0.5\mathrm{e}^{-\mathrm{j}\omega(N-1)}$$

这样,既去除了相位失真,又去除了幅度失真。按照式(9-4-5),可以将式 (9-4-9)表示为

$$|\, H_0(\mathrm{e}^{\mathrm{j}\omega})\,|^{\,2} + |\, H_1(\mathrm{e}^{\mathrm{j}\omega})\,|^{\,2} = 1 \tag{9-4-10}$$

式(9-4-10)就是前面介绍过的功率互补滤波器。也就是说,如果能设计出功率互补的线性相位 FIR 滤波器 $H_0(z)$、$H_1(z)$(单位脉冲响应的长度 N 为偶数),就可以实现理想重建。

实际中只能使滤波器的频响近似式(9-4-9),在保证无相位失真的情况下实现近似理想重建(NPR),近似的程度取决于滤波器的设计。约翰斯顿(Johnston)算法是方法之一,该算法通过优化过程,使 $H_0(\mathrm{e}^{\mathrm{j}\omega})$ 在通带内的幅频特性接近于 1,在阻带内的幅频特性接近于 0,同时,由于选择了 $H_1(z) = H_0(-z)$,因此, $H_1(\mathrm{e}^{\mathrm{j}\omega})$ 在 $H_0(\mathrm{e}^{\mathrm{j}\omega})$ 的通带内的幅频特性接近于 0,在其阻带内的幅频特性接近于 1, $H_0(z)$ 和 $H_1(z)$ 的幅频特性可以近似做到式(9-4-10)所示的功率互补。

9.4.3　IIR 正交镜像滤波器组

根据

$$H_1(z) = H_0(-z)$$
$$G_0(z) = + H_1(-z)$$

$$G_1(z) = -H_0(-z)$$

可知

$$T(z) = \frac{1}{2}\left[H_0(z)G_0(z) + H_1(z)G_1(z)\right] = \frac{1}{2}\left[H_0^2(z) - H_1^2(z)\right]$$

$$(9\text{-}4\text{-}11)$$

将 $H_0(z)$ 按 $M=2$ 表示成多相形式,有

$$H_0(z) = E_0(z^2) + z^{-1}E_1(z^2) \qquad (9\text{-}4\text{-}12)$$

则 $H_1(z) = H_0(-z)$ 的多相表示为

$$H_1(z) = E_0(z^2) - z^{-1}E_1(z^2) \qquad (9\text{-}4\text{-}13)$$

对综合滤波器,有

$$G_0(z) = H_1(-z) = E_0(z^2) + z^{-1}E_1(z^2)$$

$$G_1(z) = -H_0(-z) = -\left[E_0(z^2) - z^{-1}E_1(z^2)\right]$$

于是可将图 9-32 所示的两通道滤波器组用图 9-33 所示的多相结构来实现。为减少运算量,通常将运算放在抽取之后、插值之前进行。利用等效关系,可以将图 9-33 进一步表示为其等效形式,如图 9-34 所示。

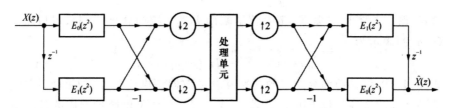

图 9-33　多相分量实现两通道滤波器组

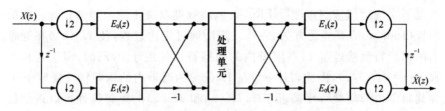

图 9-34　多相分量实现两通道滤波器组的等效形式

根据式(9-4-12)和式(9-4-13),可以将式(9-4-11)表示为

$$T(z) = 2z^{-1}E_0(z^2)E_1(z^2) \qquad (9\text{-}4\text{-}14)$$

如果要去除幅度失真,传递函数 $T(z)$ 必须是全通函数,则 $E_0(z)$ 和 $E_1(z)$ 也都是全通的,因而也都是 IIR 的。

如果令

$$E_0(z) = \frac{1}{2}A(z), E_1(z) = \frac{1}{2}B(z)$$

则式(9-4-12)和式(9-4-13)所示的分析滤波器可以构造为如下形式:

$$H_0(z) = \frac{1}{2}\left[A(z^2) + z^{-1}B(z^2)\right] \qquad (9\text{-}4\text{-}15a)$$

$$H_1(z) = \frac{1}{2}\left[A(z^2) - z^{-1}B(z^2)\right] \qquad (9\text{-}4\text{-}15b)$$

可以证明,$A(z)$和$B(z)$都是幅度为 1 的全通系统,即

$$A(z) = \prod_{i=1}^{N} \frac{a_i + z^{-1}}{1 + a_i z^{-1}}, B(z) = \prod_{i=1}^{M} \frac{b_i + z^{-1}}{1 + b_i z^{-1}}$$

对综合滤波器,有

$$G_0(z) = H_1(-z) = \frac{1}{2}\left[A(z^2) + z^{-1}B(z^2)\right] \qquad (9\text{-}4\text{-}16a)$$

$$G_1(z) = -H_0(-z) = -\frac{1}{2}\left[A(z^2) - z^{-1}B(z^2)\right] \qquad (9\text{-}4\text{-}16b)$$

传递函数 $T(z)$ 成为

$$T(z) = \frac{1}{2}z^{-1}A(z^2)B(z^2)$$

这是一个全通的传递函数。

图 9-35 所示为全通分量实现图 9-32 所示的两通道滤波器组。

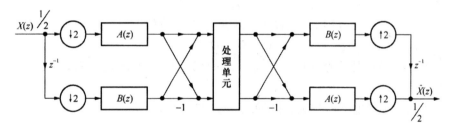

图 9-35 全通分量实现两通道滤波器组

一阶、二阶及 N 阶全通系统的系统函数可以用展开式表示为

$$A_1(z) = \frac{\lambda + z^{-1}}{1 + \lambda z^{-1}} \qquad (9\text{-}4\text{-}17)$$

$$A_2(z) = \frac{\lambda_2 + \lambda_1 z^{-1} + z^{-2}}{1 + \lambda_1 z^{-1} + \lambda_2 z^{-2}} \qquad (9\text{-}4\text{-}18)$$

$$A_N(z) = \frac{\lambda_N + \lambda_{N-1}z^{-1} + \cdots + \lambda_1 z^{-(N-1)} + z^{-N}}{1 + \lambda_1 z^{-1} + \lambda_2 z^{-2} + \cdots + \lambda_N z^{-N}} \qquad (9\text{-}4\text{-}19)$$

9.4.4 共轭正交镜像滤波器组

要实现 PR,只有放弃 $H_1(z) = H_0(-z)$ 的简单形式,取更为合理的形式。有关文献研究了 $H_0(z)$ 和 $H_1(z)$ 的指定方法,$H_0(z)$ 取为一个低通 FIR 滤波器,并令

$$H_1(z) = z^{-(N-1)}H_0(-z^{-1}) \qquad (9\text{-}4\text{-}20)$$

式(9-4-20)中 N 是 FIR 滤波器 $H_0(z)$ 的单位脉冲响应的长度,为偶数(则该 FIR 滤波器的阶次是奇数)。抗混叠条件仍然保持为

$$G_0(z) = + H_1(-z) \qquad (9\text{-}4\text{-}21\text{a})$$
$$G_1(z) = - H_0(-z) \qquad (9\text{-}4\text{-}21\text{b})$$

由 $H_0(z)$ 得到 $H_1(z)$ 包含如下三个步骤。

(1)将 z 变成 $-z$,这等效于将 $H_1(e^{j\omega})$ 移位 π,所以得到的 $H_0(-z)$ 是高通滤波器。

(2)将 z 变成 z^{-1},这等效于将 $h_0(n)$ 翻转变成 $h_0(-n)$。如果 $h_0(n)$ 是因果的,设 $n=0,1,N-1$,那么 $h_0(-n)$ 将是非因果的,其范围是 $-(N-1),\cdots,-1,0$。

(3)乘以延迟因子 $z^{-(N-1)}$,目的是将 $h_0(-n)$ 变成因果的。将式(9-4-20)代入式(9-4-23),因为 $(N-1)$ 为奇数,有

$$G_0(z) = H_1(-z) = - z^{-(N-1)}H_0(z^{-1})$$
$$G_1(z) = - H_0(-z)$$

可见,$G_0(z)$ 仍是低通(LP)滤波器,$G_1(z)$ 仍是高通(HP)滤波器,且二者都是因果的。

这 4 个滤波器的频域、时域关系可以归纳如下:

$$H_0(z) = \sum_{n=0}^{N-1} h_0(n)z^{-n}, h_0(n), n = 0,1,\cdots,N-1,N \text{ 为偶数}$$

$$H_1(z) = z^{-(N-1)}H_0(-z^{-1}), h_1(n)$$
$$= (-1)^{N-1-n}h_0(N-1-n) = (-1)^{n+1}h_0(N-1-n)$$

$$G_0(z) = H_1(-z) = - z^{-(N-1)}H_0(z^{-1}), \ g_0(n) = - h_0(N-1-n)$$
$$G_1(z) = - H_0(-z), g_1(n) = (-1)^{n+1}h_0(n) = - h_1(N-1-n)$$

由于综合滤波器与分析滤波器相同,只是时序反转,因而实现简单。

将按式(9-4-20)定义的滤波器组称为共轭正交镜像滤波器组(Conjugate Quadrature Mirror Filter Bank,CQMFB)。为避免混淆,有关文献将

按 $H_1(z) = H_0(-z)$ 关系建立的 QMFB 称为"标准正交镜像滤波器组"。将式(9-4-21)代入式(9-4-20)所示的传递函数表达式

$$T(z) = -\frac{1}{2}\left[H_0(z)G_0(z) + H_1(z)G_1(z)\right]$$

有

$$T(z) = -\frac{1}{2}\left[H_0(z)H_1(-z) + H_0(-z)H_1(z)\right]$$

再将式(9-4-20)代入上式,可得

$$T(z) = -\frac{1}{2}z^{-(N-1)}\left[H_0(z)H_0(z^{-1}) + H_0(-z)H_0(-z^{-1})\right]$$

如果所设计的 FIR 滤波器 $H_0(z)$ 是功率互补的,即

$$\left|H_0(e^{j\omega})\right|^2 + \left|H_0(e^{j(\omega+\pi)})\right|^2 = 1 \qquad (9\text{-}4\text{-}22a)$$

或

$$H_0(z)H_0(z^{-1}) + H_0(-z)H_0(-z^{-1}) = 1 \qquad (9\text{-}4\text{-}22b)$$

则有

$$T(z) = -\frac{1}{2}z^{-(N-1)}$$

从而可以实现 PR。因此,问题的关键在于设计一个能满足式(9-4-22)所示功率互补关系的 FIR 滤波器 $H_0(z)$。需要说明的是,这里对 $T(z)$ 没有线性相位的要求。为了讨论方便,记

$$P(z) = H_0(z)H_0(z^{-1}) \qquad (9\text{-}4\text{-}23)$$

则

$$P(-z) = H_0(-z)H_0(-z^{-1})$$

如果所设计的 FIR 滤波器 $H_0(z)$ 是功率互补的,由式(9-4-22b)有

$$P(z) + P(-z) = 1 \qquad (9\text{-}4\text{-}24)$$

式(9-4-25)为利用谱分解的方法设计功率互补的 $H_0(z)$ 打下了基础,同时,也是 CQMFB 可以实现 PR 的主要原因。

将 $P(z)$ 按 $M=2$ 表示成多相形式,有

$$P(z) = E_{p0}(z^2) + z^{-1}E_{p1}(z^2)$$

则

$$P(-z) = E_{p0}(z^2) - z^{-1}E_{p1}(z^2)$$

将 $P(z)$、$P(-z)$ 代入式(9-4-24),有

$$E_{p0}(z^2) = 0.5$$

因此

$$P(z) = 0.5 + z^{-1}E_{p1}(z^2) = \frac{1}{M} + z^{-1}E_{p1}(z^2)$$

可见功率互补的 $H_0(z)$ 所对应的 $P(z) = H_0(z)H_0(z^{-1})$ 是一个半带滤波器。与之相对应，应有

$$P(z) = 0.5 + z^{-1}E_{p1}(z^2)$$
$$P(-z) = 0.5 - z^{-1}E_{p1}(z^2)$$

则

$$P(z) + P(-z) = 1$$

可以看出，如果 $P(z)$ 能给出 $P(z) = H_0(z)H_0(z^{-1})$ 的分解，则 $H_0(z)$ 是功率互补的。将能给出 $P(z) = H_0(z)H_0(z^{-1})$ 的分解的 $P(z)$ 称为"合适的半带滤波器"。

9.4.5 共轭正交镜像滤波器组的正交性

共轭正交镜像滤波器组（CQMFB）具有很强的正交性，所以也叫正交滤波器组。具体描述如下。

（1）$h_0(n)$ 和 $h_1(n)$ 各自都具有偶次位移的正交归一性，即

$$\langle h_0(n), h_0(n+2k)\rangle = \delta_k = \begin{cases} 1, k=0 \\ 0, 其他 \end{cases}, k \in Z \qquad (9\text{-}4\text{-}25a)$$

$$\langle h_1(n), h_1(n+2k)\rangle = \delta_k = \begin{cases} 1, k=0 \\ 0, 其他 \end{cases}, k \in Z \qquad (9\text{-}4\text{-}25b)$$

（2）$h_0(n)$ 与 $h_1(n)$ 之间具有偶次位移的正交性，即

$$\langle h_0(n), h_1(n+2k)\rangle = , k \in Z \qquad (9\text{-}4\text{-}26)$$

证明：由 $P(z) = H_0(z)H_0(z^{-1})$，有

$$p(n) = h_0(n) * h_0(-n) = R_h(n)$$

式中，$R_h(n)$ 表示确定性能量信号 $h_0(n)$ 的自相关函数。前面已指出，$P(z)$ 是半带滤波器，所以，除 $p(0) \neq 0$ 外，$p(2n) = 0$，因此有

$$\langle h_0(n), h_0(n+2k)\rangle = \sum_n h_0(n)h_0(n+2k) = R_h(2k) = p(2k) = \delta_k$$

同理可证式（9-4-25b）。

式（9-4-26）的左边表示 $h_0(n)$ 和 $h_1(n)$ 的互相关。由于

$$h_1(n) = (-1)^{n+1}h_0(N-1-n)$$

即 $h_1(n)$ 是 $h_0(n)$ 翻转、移位并将偶数序号项取负所得到的，因此两者经偶次移位后再做内积运算，所得序列的前一半必与后一半大小相等、符号相反，因而在总和中相消（单位脉冲响应的长度 N 为偶数），所以式（9-4-26）成立。

9.4.6　双正交滤波器组

标准正交镜像滤波器组（QMFB）和共轭正交镜像滤波器组（CQMFB），中的制约关系如下：

（1）滤波器组实现理想重建（PR）的条件是，在去除混叠失真的前提下，滤波器组的传递函数

$$T(z) = \frac{1}{2}\big[H_0(z)G_0(z) + H(z)G_1(z) \big]$$

是具有线性相位的全通函数。

（2）为去除混叠失真，即保证 $F(z)=0$，QMFB 和 CQMFB 均按以下原则选取综合滤波器：

$$G_0(z) = + H_1(-z)$$
$$G_1(z) = - H_0(-z)$$

因此，一旦分析滤波器组给定，综合滤波器组也就随之确定。

（3）在 QMFB 中，分析滤波器组选择了简单的关系，即 $H_1(z) = H_0(-z)$。这样，用 FIR 滤波器设计的具有 PR 性质的滤波器组无实用价值，于是只能放弃 PR 要求，允许幅度失真，做到近似理想重建（NPR）；用 IIR 滤波器设计的滤波器组存在相位失真，也只能做到 NPR。

（4）在 CQMFB 中，用 FIR 滤波器设计的分析滤波器组选择

$$H_1(z) = z^{-(N-1)} H_0(- z^{-1})$$

如果分析滤波器组具有功率互补性质，就可以使整个滤波器组是线性相位的，从而实现 PR。但是，其 4 个滤波器本身都不是线性相位的，若要满足线性相位，那么正如前面指出的，滤波器的滤波性能就不好，无实用价值。

对一个两通道滤波器组，我们有如下希望。

（1）具有 PR 性能。

（2）4 个滤波器都具有好的滤波性能。

（3）4 个滤波器都具有线性相位。

要实现上面三点希望，就不能简单地由 $H_0(z)$ 得到 $H_1(z)$。具体地说，一是要放弃 $H_1(z) = H_0(-z)$，二是要放弃 $H_1(z) = z^{-(N-1)} H_0(-z^{-1})$。

放弃 $H_1(z) = H_0(-z)$ 和 $H_1(z) = z^{-(N-1)} H_0(-z^{-1})$ 表面上是要求 $H_1(z)$ 不再是简单地来自 $H_0(z)$，本质上是放弃 $H_0(z)$ 和 $H_1(z)$ 之间的正交性，而只保留抗混叠条件

$$G_0(z) = + H_1(-z)$$
$$G_1(z) = - H_0(-z)$$

这一类滤波器组称为双正交滤波器组。

前面已经指出,如果半带滤波器 $P(z)$ 满足

$$P(z) = H_0(z)H_1(z^{-1}) \tag{9-4-27}$$

则称 $P(z)$ 为"合适的半带滤波器",$P(z)$ 是最小相位的,$H_0(z^{-1})$ 是最大相位的。但式(9-4-29)并不是对 $P(z)$ 唯一的分解方式。

对半带滤波器可以证明,如果半带滤波器 $P(z)$ 是非因果的、零相位的 FIR 滤波器,即 $P(z)$ 对应的时域序列满足 $p(n) = p(-n)$,那么 $p(n)$ 的单边最大长度为奇数,表示为 $2J-1$(J 为整数),总长度为 4 的整数倍减 1,表示为

$$N = 2(2J-1)+1 = 4J-1$$

若将 $P(z)$ 乘以 $z^{-(2J-1)}$,即可将零相位的 FIR 滤波器变成因果的、具有线性相位的滤波器。

设 $P(z)$ 的长度为 $4J-l$,$H_0(z)$ 和 $H_1(z^{-1})$ 的长度均为 $N=2J$,为偶数,且幅频响应相同。

现将因果的 $z^{-(N-1)}P(z)$ 按下式分解为

$$z^{-(N-1)}P(z) = H_0(z)H_1(-z) \tag{9-4-28}$$

由 $H_0(z)$ 和 $H_1(z)$ 也可定义一个分析滤波器组。在满足抗混叠条件

$$G_0(z) = +H_1(-z)$$

$$G_1(z) = -H_0(-z)$$

的情况下,滤波器组的传递函数

$$T(z) = \frac{1}{2}\left[H_0(z)G_0(z) + H_1(-z)G_1(z)\right]$$

可以表示为

$$T(z) = \frac{1}{2}\left[H_0(z)H_1(-z) - H_0(-z)H_1(z)\right]$$

将式(9-4-28)代入上式,考虑到 FIR 滤波器 $P(z)$ 的单位脉冲响应长度 $N=2J$,为偶数,可得

$$T(z) = \frac{1}{2}z^{-(N-1)}\left[P(z) + P(-z)\right] \tag{9-4-29}$$

对半带滤波器 $P(z)$ 有

$$P(z) = 0.5 + z^{-1}E_{p1}(z^2)$$

则

$$P(-z) = 0.5 - z^{-1}E_{p1}(z^2)$$

于是

$$P(z) + P(-z) = 1 \tag{9-4-30}$$

将式(9-4-30)代入式(9-4-29)可得

$$T(z) = \frac{1}{2} z^{-(N-1)}$$

为纯延迟,可以实现 PR。

式(9-4-28)的谱分解称为广义谱分解,分解时,$H_0(z)$ 和 $H_1(-z)$ 的零点个数可以不一样,因此二者的幅频响应也就不一样,得到的 $H_0(z)$ 和 $H_1(-z)$ 是两类不同的滤波器。这样分解的好处是可以保证两个滤波器都具有线性相位。

由于 $H_0(z)$ 和 $H_1(-z)$ 是两类不同的滤波器,所以 $H_0(z)$ 和 $H_1(z)$ 不是正交的。但由于

$$G_0(z) = + H_1(-z)$$
$$G_1(z) = - H_0(-z)$$

所以,$G_0(z)$ 和 $H_1(z)$ 是正交的,$G_1(z)$ 和 $H_0(z)$ 也是正交的,这就是双正交关系。

第 10 章　数字信号处理的应用

数字信号处理技术灵活、精确、抗干扰性能强,数字信号处理设备体积小、功耗低、造价便宜,因此数字信号处理技术正在得到越来越广泛的应用。正如绪论中所述,它的发展与新器件的出现、微计算机技术的进步,以及实际中对信息处理越来越高的要求密不可分。而且随着新理论和新算法的不断出现和发展,数字信号处理技术将开拓出更多新的应用领域。例如,语音信号、雷达信号、声呐信号、地震信号、图像等信号的数字处理均获得成功后,这些数字信号处理技术在通信系统、生物医学、遥感遥测、地质勘探、机械振动、交通运输、宇宙航行、产品检验、自动测量等方面得到了广泛的应用。

数字信号处理在各领域的应用内容非常多,每一部分应用都可以写一本书,例如数字语音信号处理、数字图像信号处理等的科技用书。限于篇幅,本书不可能详细地介绍这些内容。经过选择,本章介绍数字信号处理的三种典型应用举例。通过应用举例可以说明书中的基本理论和基本分析方法,也是其他专业课程的重要基础。

10.1　数字信号处理在生物医学工程中的应用

10.1.1　生物医学信号概念

信号是运载信息的工具,是信息的载体。信号在广义上包括光信号、电信号和声信号等。例如,光谱分析技术被用于测量发光体的辐射光谱或受激发产生的荧光光谱,分析有机化合物或生物大分子的相关信息。生物电磁信号,如脑电图(Eletroencephalogram,EEG)、心电图(Electrocardiogram,ECG)、脑磁图(Magnetoencephalography,MEG)等 E×G 信号,利用电场和磁场的微弱变化来进行脑功能研究和相关疾病的诊断。超声诊断

(Ultrasonic Diagnosis)是将超声检测技术应用于人体,通过测量回波无创检测生理或组织结构的数据和形态来发现疾病,与 X 射线(X-ray)、CT(Computed Tomography)、磁共振成像(Magnetic Resonance Imaging,MRI)并称为四大医学影像技术。

生物医学信号(Biomedical Signal)是由复杂的生命个体发出的不稳定的信号,是广义信号的一个子集。例如,大脑神经系统电信号主要包括神经元锋电位信号和场电位信号,信息处理机制十分复杂。然而要研究大脑神经系统工作机制,必须同时记录神经元的锋电位信号和场电位信号。

生物医学信号处理是生物医学工程中的一个重要研究领域,也是近年来迅速发展的数字信号处理(Digital Signal Processing,DSP)技术的一个重要的应用方面。正是数字信号处理技术和生物医学工程的紧密结合,使得我们在生物医学信号特征的检测、提取及临床应用上有了新的手段,因而也帮助我们加深了对生命体自身的认识和了解。

10.1.2　生物医学信号处理流程

生物医学信号处理的典型过程如图 10-1 所示。大多数人体能量信号经过传感器转换为电信号 $x(t)$[图 10-2(a)],首先经过放大器和前置模拟滤波器 $H_a(s)$ 去掉一些带外成分和干扰,从而得到图 10-2(b)中的模拟信号 $x_a(t)$。然后以采样周期 T 对 $x_a(t)$ 进行采样,获得时域离散信号 $x_a(nT)$,如图 10-2(c)所示,时域离散信号 $x_a(nT)$ 是时间上离散、幅值连续的信号,而非数字信号。再对 $x_a(nT)$ 进行幅值量化处理,从而得到时间和幅值都是离散的信号,即数字信号 $x(n)$[图 10-2(d)],其中 n 取整数变量。因此信号的 A/D(模/数)转换过程实际上包括时域离散和幅值量化。数字信号需要被存储和缓存,便于进一步的信号处理。经过数字信号处理后,获得的信号如图 10-2(e)所示。然后经过 D/A(数/模)转换过程[图 10-2(f)]重构经过滤波后的模拟信号,如图 10-2(g)所示。

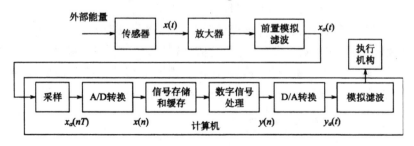

图 10-1　数字信号处理的典型过程

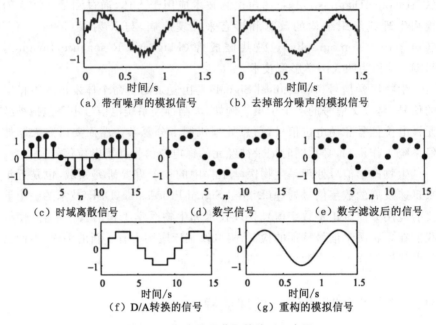

图 10-2　数字信号获取的波形示意图

　　图 10-1 是数字信号处理的典型过程,实际处理时并不一定包括所有过程。例如,有些温度传感器,直接串行输出数字信号,就不需要 A/D 转换;有些影像显示系统的输入为数字信号,因此不需要 D/A 转换;对于一些纯数字信号,只需要数字信号处理器及其相关算法即可。图 10-1 中数字信号处理可以是计算机或者微处理器,通过软件编程对信号进行相关处理和变换。目前,专用芯片(DSP)越来越多地被用来作为嵌入式信号处理的基本器件。

10.1.3　生物医学传感器

　　生物医学传感器是一种将能量从一种形式转换成另一种形式的器件。在生物医学信号处理领域,传感器的目的是传递信息而不是传递能量。一般来说,传感器作为输入器件,将非电信号转换为电信号;电极例外,它是将离子活动转换为电能量。传感器的输出一般是能够被检测到的电压(或者电流)信号。常用的生物医学传感器按照使用方式可以分为以下几类。

10.1.3.1　体表传感器

　　生物医学传感器的发展方向是无创、非接触、无干扰。体表传感器定义为与生物组织表面物理接触，实现无创测量的传感器。体表传感器包括体表电极和非电量测量传感器。生物电信号直接测量的传感器，主要包括各种电极，体表电极是一种可以将离子电流变为电子电流的传感器件，可以测量的信号包括体表心电、脑电、肌电。脑电的测量比较复杂，一般采用 16 导联、32 导联方法，包括与上位机的接口和相应的处理软件。用户需要在实验设计、后期信号的特征识别等方面开展相应的处理工作。

体表压力传感器将体表的压力信号转换为电信号，如测量血压、脉搏波、眼压的传感器。在生物体上开展光声研究的超声传感器，可以检测生物体内由于光作用诱发的超声信号，经过信号的放大、滤波、数据采集、信号处理、图像重建算法、控制信号输出，无创获得生物体内部组织信息的空间分布图像。

体表光电传感器将体表测量获得的光信号转换为电信号，如动脉血氧饱和度检测、脑血氧饱和度检测、肌血氧饱和度检测、癌变组织血氧饱和度检测等。由于血液中 Hb 和 HbO_2 对波长在 $600 \sim 900$ nm 的光具有独特的吸收光谱，因此可以用该波段的光测量生物组织的血氧参数。光在经过生物体吸收和散射后幅值非常微小，同时易受到背景光的干扰，所以光电采集时可以采用锁相放大技术。血氧参数的计算算法大都采用相对变化值，通过定标则可以获得绝对数值。

体表温度传感器可以有效地获得体表的温度，从而通过建立相关的分析模型，确定温度与疾病的关联关系。人体核心温度作为一个重要的生理指标，越来越受到临床的关注。

10.1.3.2　植入式传感器

植入式传感器分为固定式和非固定式两种。固定式传感器是一种能埋植于人体内部的传感检测装置，可以直接获取处于自然状态下的生物组织的信息。生物相容性和稳定性是植入式传感器需要解决的重要问题。植入式传感器可以测量 pH、血压和体液参数，如感应式血糖测量仪，当患者在测量仪前挥动被植入传感器的臂膀时，测量仪借助磁感应脉冲读出患者的血糖值。植入式传感器也可以替代人体丢失的感知器官，如将人造视网膜植入眼球的后部；将传感器放置在截肢患者的膝盖部位，代替破坏的神经系统等。各类腔穴传感器，因为需要进入人体内部，这里也定义为固定式植入式传感器。

非固定式传感器如吞服式无线电胶囊内窥镜，该胶囊可以获得消化道器官中的各类生理、生化图像信息，分析消化道的机能。胶囊内窥镜可以携带图像传感器(CCD)、无线发射装置、生理参数传感器、组织采样舱室、喷洒药物舱室等。需要完成信号的采集、放大、传输、后处理等信号处理工作。

10.1.3.3 微创式传感器

微创式传感器是测量时造成生物体创伤较小的传感器。肿瘤热消融治疗时的微波治疗针上的温度传感器，通过分析温度对微波治疗功率进行控制，对治疗效果进行评估。微细光电学纤维内窥镜，可柔软、能动地进入血管、胆管、胰管等微小管腔，检测并获得分辨率较高的图像。一种轻便的血糖无损检测系统，其原理是利用人体间隙渗出液（Suction Effusion Fluid，SEF）中葡萄糖浓度与血液中的葡萄糖浓度变化同步，通过一个吸收单元吸取 SEF，送到葡萄糖传感器后，输出值用计算机进行处理得到葡萄糖浓度值。在动物实验上，采用微距双光纤探头，检测组织在进行射频毁损过程中的近红外光谱信息，采用信号处理算法提取光谱中包含的特征信息，从而对射频毁损的组织体积、形状进行评估。颅内压（ICP）和颅内温度（ICT）测量装置，也是一种典型的微创测量方式。

10.1.3.4 非接触式传感器

传感器与人体非接触的检测方法，是最易被患者和医生所接受的。非接触的检测设备很多，如 CT、磁共振等。近红外乳腺诊断设备采用了非接触式传感器——高灵敏度 CCD，获得乳房组织表面的红外图像，通过信号处理进行比对，获得乳房组织内部的信息。

10.1.3.5 体外传感器

体外传感器主要包括各种生化分析传感器，如 DNA 芯片应用已知序列的核酸探针进行杂交，对未知核酸序列进行检测，成为分子生物学中常用的研究手段之一。光谱分析仪器在生物医学检测中也得到了广泛的应用，如组织成分的分析、特征谱的检测等。

10.1.4 生物医学信号特点

生物体中每时每刻都存在着大量的生命信息，由于整个生命过程都在不断地实现着物理的、化学的及生物的变化，因此所产生的信息是极其复杂的。这些信息可以分为化学信息和物理信息。化学信息是指生物组织发生化学变化时产生的信息，它属于生物化学的范畴。物理信息是指生物体各个器官运动时所产生的信息，分为电信号和非电信号两类。这些信号如果是由于人体在生命活动中自发产生的，则称为内源信号（internal source signal），如心电、脑电等。如果人体在有源的外界系统探测下，检测到与人体相互作用后被人体吸收、反射、散射或者折射的信号,则称为外源信号(external source signal),如光学成像、X 射线成像和超声等。感生信号(induced signal or evoked signal)要求施感信号(inducing signal)与检测到的信号性质不同,人体和探测系统皆是有源的,如磁共振成像和光声成像(optical acoustic imaging)。生物医学信号具有如下几个特点。

10.1.4.1　信号弱、频率范围一般较低

通过观察部分生物医学信号的幅值和频率范围会发现生物医学信号较弱,并且信号的频率一般较低,特别是信号的频率重叠,无法采用经典的频分滤波器进行区分。因此在信号的获取、放大、处理时要充分考虑信号的频率响应特性。

10.1.4.2　噪声强

噪声在生物医学工程领域被定义为研究者不关心的信号,包括干扰和噪声。例如,在采集脑电的时候,会伴随着眼电、肌电等信号的干扰,而且常混有很强的工频干扰;诱发脑电中常常伴随着较强的自发脑电信号;从母体中提取的胎儿心电信号常被较强的母亲心电所淹没。这些都为信号处理带来了较大的困难。

噪声的来源包括生理信号变异性(physiological variability)、环境干扰(运动,motion)等。生理信号变异性噪声是生物医学信号处理中重要的噪声来源,如果实验设计不合理而产生这样的噪声,所有的结果都将不准确。如采用不同时间间隔(在此称为刺激频率)的光刺激人眼,想要研究刺激频率对人体脑电改变的影响,是否会导致与刺激频率接近的脑电信号的增强。结果显示相关频率的脑电得到了增强,但同时其他频率的信号也得到了增强,这些增强是由于光刺激而产生的还是由于频率刺激而产生的,就无法得到验证,从而需要进一步实验的比对。人体不自觉的运动(呼吸、眨眼等)所导致的环境干扰是另一个重要的干扰来源,因此与人体相接触的传感器的设计尤为重要。

10.1.4.3　随机性强

随机性强主要是因为生理数据的时间变异性和个体差异性。生物医学信号是随机信号,很难用确定的数学函数式进行描述,只有通过大量统计结果获得它的规律,因此必须借助统计处理技术来处理随机信号和估计其特征。而且它往往是非平稳的,即信号的统计特征(如均值、方差等)随时间的变化而改变。因此在信号处理时往往进行相应的理想化和简化。若信号非平稳性变化不太快,则可以把它作为分段平稳的准平稳信号来处理;若信号

具有周期重复的节律性,只是周期和各周期的波形有一定程度的随机变异,则可以作为周期平稳的重复性信号来处理。更一般性的方法是采用自适应处理技术,使处理的参数自动跟随信号的非平稳性而变化。

10.1.5 生物组织参数时域平均算法的应用

10.1.5.1 视觉诱发响应信号的提取

时域平均技术是一种简单有效的噪声滤除算法。对于生物医学信号,如果观测的是同一个可以重复的生理过程,可以通过时域平均算法对信号的特征进行增强。同时达到滤除噪声的目的。时域平均算法最大的难点在于起始点的确定和对齐。比如,对于视觉诱发信号(Visual Evoked Response,VER),以外部刺激时刻为信号对齐时刻,采用上百次的平均可以获得其中微弱的响应信号。

采用 avg = mean (data)对视觉诱发信号进行平均,获得图 10-3 所示的平均信号。平均信号对视觉诱发刺激进行了增强,从而突出了信号的特征。

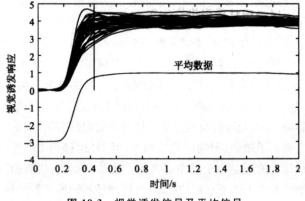

图 10-3 视觉诱发信号及平均信号

10.1.5.2 光学参数与组织局部热凝固关系研究

热凝固疗法是对目标区域进行彻底热损毁,但不能损伤周围正常组织。因此热凝固治疗过程中热凝固程度和热凝固区域大小的实时监控变得尤为重要。由于治疗时存在个体差异,传热模型在实际应用中存在很大的误差,实时监测可以实时获取组织参数,及时发现治疗过程中存在的问题。现有热疗实时监控技术主要是实时获取体表温度,通过体表温度和治疗时间来评估肿瘤内部的凝固程度,实际仍无法实时获取肿瘤内部凝固程度,在热疗剂量的选取上基本依靠临床经验,具有较大的不确定性,因此寻找一种无损实时在位的肿瘤热疗效果评估是非常重要的。

(1)实验设计。为了能够进行实时在位的测量,本书采用作者所在实验室开发的光学参数实时在位测量系统。该系统基本组成和原理如图 10-4 所示。图 10-4 的光学参数实时在位测量系统中,光源采用的是钨卤素白色光源(HL2000-HP,Ocean Optics 公司),组织光谱采集采用 USBCCD 光纤光谱仪(USB2000,Ocean Optics 公司),微创探头由两根光纤组成,其中单根光纤直径为 $100~\mu m$。

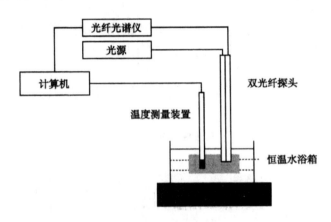

图 10-4　组织热凝固实验装置示意图

系统测量时将微创探头紧贴在生物组织表面进行无损测试,或插入组织内部进行微创测试,光纤探头中一根光纤将光源的光传输到被测量的组织,另一根光纤将由组织反射、散射出的光传输到光谱仪,由计算机进行采集处理,得到光学参数,这里重点研究的是约化散射系数 μ'_s。

系统通过 Intralipid 样品和 OXImeter 系统进行定标,并在 Phantom 实验和大鼠实验得到验证,证明了测试系统的稳定性和可靠性。这里通过该系统实时在位测试 μ'_s 来评估热疗效果,实验测试温度范围为 $20\sim 80~℃$。

系统定标:4%的 Intralipid 溶液,对仪器的积分时间、斜率等参数进行设定。

测试样品:新鲜的鸡蛋(分为蛋白和蛋黄)、猪肝作为离体测量。

(2)实验结果。鸡蛋的主要成分是脂肪和蛋白质,因此被很多实验用来研究组织的热凝固过程。将鸡蛋分离成蛋清和蛋黄,分别进行了 20 组实验,图 10-5 给出 20 组蛋黄受热温度和约化散射系数的统计规律平均曲线,误差棒表示测量值与平均值的误差范围,横坐标为温度,纵坐标为对应温度下的 μ'_s。

图 10-6 给出了蛋清 μ'_s 与受热温度的关系曲线,蛋清主要成分是蛋白质,与

图 10-5 相比,μ_s' 除了在数值上有所差异外,整体趋势是一致的。图 10-6 中热凝固的温度为 63 ℃,与蛋黄蛋白质热凝固的温度 62～64 ℃ 是一致的。

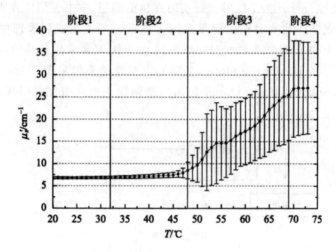

图 10-5　蛋黄约化散射系数与受热温度的关系曲线

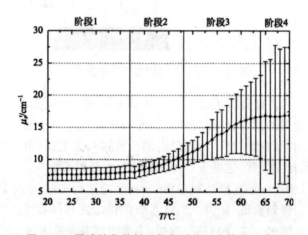

图 10-6　蛋清约化散射系数与受热温度的关系曲线

　　用蛋黄和蛋清可以准确地研究蛋白质的凝固特性,但蛋黄和蛋清不是真正的生物组织,为了得到生物组织的蛋白质变性规律,本书采用真正的生物组织——猪肝进行验证。猪肝被切成 3 cm×3 cm×3 cm 的块状,与 0.9% 的氯化钠溶液共同组成被测对象,测试完毕后进行剖切观察,确定热凝固的程度。

　　图 10-7 为猪肝 μ_s' 与受热温度的关系曲线。从形状和趋势上看,图 10-7 与图 10-5、图 10-6 类似。同样可以根据 μ_s' 的变化趋势和数值分为四个阶段。

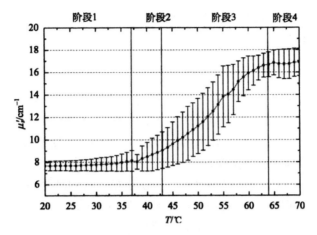

图 10-7　猪肝约化散射系数与受热温度的关系曲线

通过观察实际测量的关系曲线(图 10-7),可以根据曲线的拐点获得对实际热凝固过程有指导意义的信息。在曲线阶段 1 和阶段 2 的拐点处,$\mu'_s(T) \leqslant$(8.0±0.9) cm^{-1} 时 $T \leqslant 37$ ℃;在阶段 2 和阶段 3 的拐点处,$\mu'_s(T) \leqslant (9.31 \pm 1.6)$ cm^{-1} 时 $T \leqslant 44$ ℃;在阶段 3 和阶段 4 的拐点处,$\mu'_s(T) \leqslant (16.85 \pm 1.1)$ cm^{-1} 时 $T < 65$ ℃。因此,有可能通过拐点的信息,获得生物组织热凝固过程所处的阶段和对应的温度及其凝固程度的关系。

在此获得的蛋黄、蛋清和猪肝的约化散热系数与受热温度的关系曲线,与文献的变化规律是一致的。与之相比,本书研究了更大的温度范围,采用了可能用于实时在位测量的方法。

10.1.6　脑电 α、β、θ、δ 波段的提取

10.1.6.1　技术原理

脑电波(Electro Encephalo Gram,EEG)是大量神经元同步发生的突触后电位总和,是脑神经细胞的电生理活动在大脑皮层或头皮表面的总体反映。脑电波可以通过专用的脑电记录仪进行采集。在许多脑电研究中,研究者一般提取 $\delta(0.5 \sim 3$ Hz)、$\theta(4 \sim 7$ Hz)、$\alpha(8 \sim 13$ Hz)、$\beta(14 \sim 30$ Hz)四个重要的脑电波段进行分析。但这并不代表脑电仅由这四个波段组成,研究表明在觉醒并专注于某一事时,常可见一种频率较 β 波更高的 γ 波,其频率为 $30 \sim 80$ Hz,波幅范围不定;而在睡眠时还可出现另一些波形较为特殊的正常脑电波,如驼峰波、σ 波、λ 波、κ 复合波、μ 波等。脑电波是脑科学的基础理论研究,脑电波监测广泛运用于临床实践中。

从脑电波中提取上述几个波段的方法有许多种,这里采用快速傅里叶变换(FFT)的方法对上述四个波段进行提取。

10.1.6.2 仿真结果

首先采集或者从网上下载 EEG 信号,这里以某一个通道为例进行分析,其他通道的分析方法类似。作为工程实际应用,需要关注 EEG 时域信号的点数,然后是采样频率,由这两个参数获得信号持续的时间。然后根据 EEG 信号的特点,选择合适的点数进行 DFT 变换,获得 $X(k)$,通过采样频率,确定频域横轴所对应的频率。本例使用矩形窗的理想带通滤波器直接截取四种波形的频段,获得相应的时域信号 $X_{\alpha\beta\delta\theta}(k)$。最后对各个频段进行傅里叶反变换,获得对应频段的时域信号 $x_{\alpha\beta\delta\theta}(n)$,通过与采样频率的关系获得与时间相关的序列。分析流程图如图 10-8 所示。

图 10-8　脑电信号的分析流程图

本例的采样频率为 256 Hz,选择了长度为 4 s 的时域信号,对其进行 FFT。时域信号和对应的频域信号如图 10-9 所示。

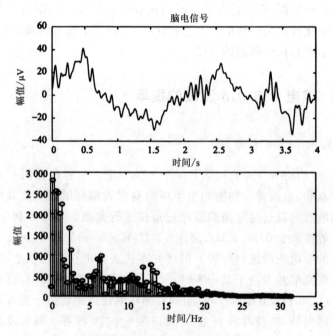

图 10-9　脑电信号及对应频谱

采用理想的矩形窗带通函数,直接处理图 10-9 的频谱,分别获得如图 10-10 所示的四个脑电波段的频谱。

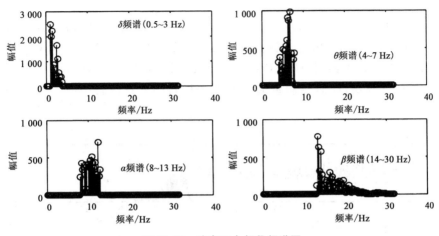

图 10-10　脑电四个频段频谱图

对图 10-10 所示的四个波段频谱进行傅里叶反变换,获得如图 10-11 的 δ、θ、α、β 脑电波信号。图中可以明显看出,频率越高的信号在时域中的震荡越显著。

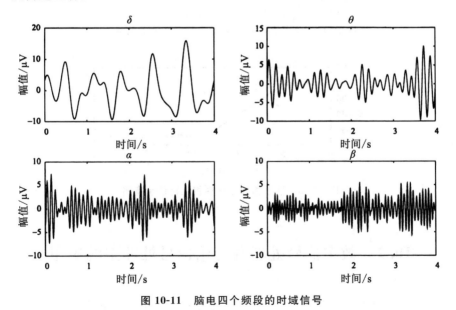

图 10-11　脑电四个频段的时域信号

本实验调用了 Matlab 中的 fft.m 文件,用于把脑电信号从时域转化到频域,以便对不同波段频率对应的脑电信号进行滤波提取。

10.1.7 脑电信号的 FIR 数字带通滤波器滤波实例

使用带通 FIR 滤波器对脑电信号进行滤波。FIR 带通滤波器截止频率为 6 Hz 和 12 Hz，使用 129 阶的布莱克曼窗函数，EEG 采样频率为 50 Hz。设计带通滤波器，并绘制原始 EEG 信号、滤波后 EEG 信号、原始 EEG 频率、滤波后 EEG 频谱，同时绘制带通滤波器频谱特性曲线，结果如图 10-12 和图 10-13 所示。

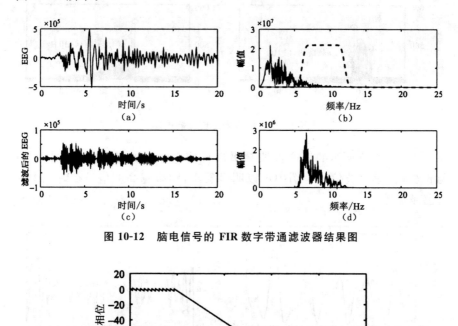

图 10-12　脑电信号的 FIR 数字带通滤波器结果图

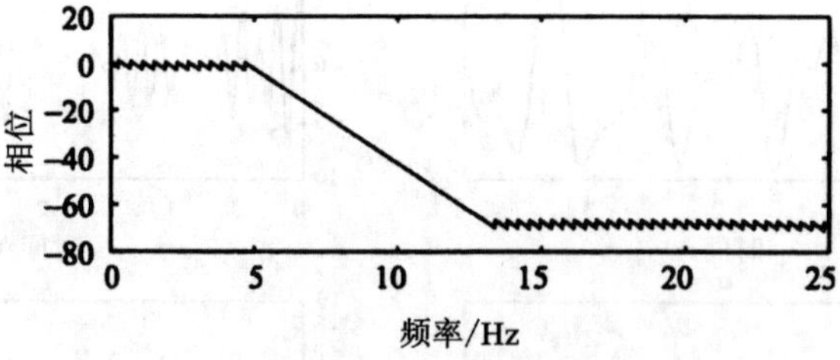

图 10-13　低通滤波器线性相位特性示意图

10.2　数字信号处理在音乐信号处理中的应用

随着视听技术的发展，数字信号处理技术在音乐信号处理中的应用日益增多。我们知道音乐信号处理中，经常需要音乐的录制和加工，应用数字信号处理技术进行这方面的工作显得灵活又方便。

　　大多数音乐节目的录制是在一间隔音的录音室中进行的。来自每一种乐器的声音由离乐器非常近的专用麦克风采集,再被录制到多达 48 个轨道的多轨磁带录音机的一个轨道上。录音师通过各种信号处理改变各种乐器的声音,包括改变音色、各乐器声音的相互平衡等。最后进行混音,并加入室内的自然效果及其他特殊效果。

　　下面介绍两方面内容,一是如何在时域用数字信号处理方法将录制信号加入延时和混响,二是如何在频域对所录制的信号进行均衡处理。

10.2.1　时域处理

　　在隔音录音室里产生的音乐和在音乐厅中演奏的音乐是不一样的,主要是听起来不自然、声音发干。为此下面首先介绍音乐厅中听众听到的音乐信号的特点。

　　在音乐厅中,音乐信号的声波向各个方向传播,而且从各个方向在不同的时间传给听众。听众接收到的声音信号有三种。直接传播到听众的称为直达声。接下来收到是一些比较近的回音,称为早期反射,早期反射通过房间各方向进行反射,到达听众的时间是不定的。早期反射以后,由于多次反复反射,越来越多的密集反射波传给听众,这部分反射群被称为混响。混响的振幅随时间呈指数衰减。另外,因为不同物质的吸收特性对不同频率不一样,因此混响时间的长短和反射的强度在不同频率上不一样。上面的概念可以用图 10-14 描述。

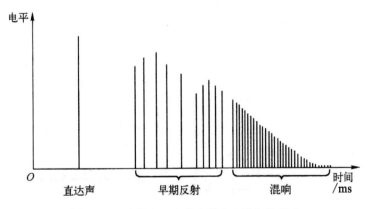

图 10-14　房间内一个单声源产生的各种混响

　　早期反射基本上是直达声的延时和衰减,时间波形和直达声一样,然而混响由密集的回声组成,可以用数字滤波器实现这种回声。假设直接声音

信号用 $x(n)$ 表示,直接声音碰到墙壁等障碍物的一次反射波形和直接声音的波形一样,仅存在幅度衰减和时间延迟,收到的信号 $y(n)$ 用下面差分方程表示

$$y(n) = x(n) + \alpha x(n-R) \qquad |\alpha| < 1 \qquad (10\text{-}2\text{-}1)$$

式中,R 表示相对直接声音的延迟时间。将上式进行 z 变换,得到

$$H(z) = Y(z)/X(z) = 1 + \alpha z^{-R} \qquad (10\text{-}2\text{-}2)$$

上式中,$H(z)$ 是一个 FIR 滤波器,也是一个 R 阶的梳状滤波器,$x(n)$ 经过这样一个滤波器便得到了它和它的一次反射音的合成声音,该滤波器称为单回声滤波器。单回声滤波器的结构、单位脉冲响应及幅度特性如图 10-15 所示。

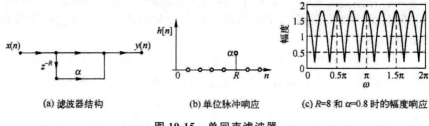

(a) 滤波器结构   (b) 单位脉冲响应   (c) $R=8$ 和 $\alpha=0.8$ 时的幅度响应

图 10-15 单回声滤波器

如果一次反射信号又经过这样一次反射,形成二次反射信号,该信号用 $\alpha^2 x(n-2R)$ 表示,如果有 $N-1$ 次这样的反射,形成多重回声,这种多重回声滤波器的系统函数可表示为

$$H(z) = 1 + \alpha z^{-R} + \alpha^2 z^{-2R} + \alpha^3 z^{-3R} + \cdots + \alpha^{N-1} z^{-(N-1)R}$$

$$= \frac{1 - \alpha^N z^{-NR}}{1 - \alpha z^{-R}}$$

$$(10\text{-}2\text{-}3)$$

上式是一个 IIR 滤波器,设 $\alpha=0.8$,$N=6$,$R=4$,多重回声滤波器的结构、单位脉冲响应如图 10-16 所示。

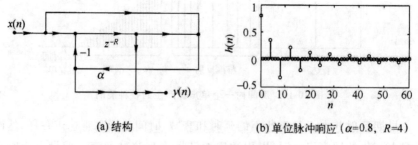

(a) 结构   (b) 单位脉冲响应($\alpha=0.8$,$R=4$)

图 10-16 多重回声滤波器

当产生无穷个回声时,式(10-2-3)中 $\alpha^N \rightarrow 0$,同时再延时 R,此时 IIR 滤波器的系统函数为

$$H(z) = \frac{z^{-R}}{1 - \alpha z^{-R}} \quad |\alpha| < 1 \qquad (10\text{-}2\text{-}4)$$

设 $R=4$,其结构图、单位脉冲响应和幅度特性如图 10-17 所示。

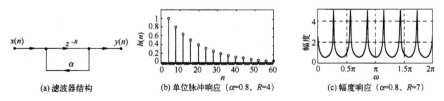

(a) 滤波器结构　　(b) 单位脉冲响应 ($\alpha=0.8$, $R=4$)　　(c) 幅度响应 ($\alpha=0.8$, $R=7$)

图 10-17　产生无限个回声的 IIR 滤波器

由图 10-17(c)可见,该幅度特性不够平稳,且回波也不够密集,会引起回声颤动。为得到一种比较接近实际的混响,已经提出一种有全通结构的混响器,它的系统函数为

$$H(z) = \frac{\alpha + z^{-R}}{1 + \alpha z^{-R}} \quad |\alpha| < 1$$

这种全通混响器的结构及单位脉冲响应($\alpha=0.8$,$R=4$)如图 10-18 所示,这种结构的特点是只用了一个乘法器和一个延时器,推导过程这里不再赘述。将图 10-17(a)和全通混响器进行组合,可以达到令人满意的一种声音混响器,如图 10-19 所示。图中用了 4 个产生无限个回声的 IIR 滤波器并联,再和 2 个级联全通混响器进行级联,这种方案得到了令人满意的声音混响,可以产生如同音乐厅中的声音。

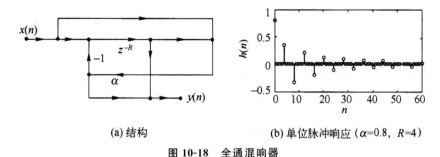

(a) 结构　　　　　　　(b) 单位脉冲响应 ($\alpha=0.8$, $R=4$)

图 10-18　全通混响器

如果用一个低通 FIR 滤波器或者 IIR 滤波器 $G(z)$ 函数替换式(10-2-4)中的 α,形成系统函数为

$$H(z) = \frac{z^{-R}}{1 - G(z)z^{-R}} \quad |\alpha| < 1 \qquad (10\text{-}2\text{-}5)$$

该滤波器称为齿状滤波器,可以用于人为地产生自然音调。

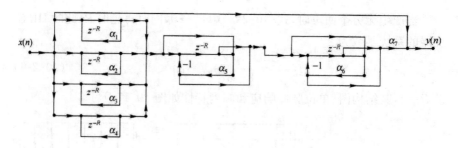

图 10-19　一种自然声音混响器的方案

10.2.2　频域处理

录音师在混音过程中,常常需要对单独录制的乐器声或者表演者的音乐声进行频率修改,例如通过提升 $100\sim300$ Hz 的频率成分,可以使弱乐器(如吉他)具有丰满的效果;通过提升 $2\sim4$ kHz 的频率成分,可使手指弹拨吉他弦的声音瞬变效果更加明显;对于 $1\sim2$ kHz 的频段用高频斜坡方式进行提升,可以增加如手鼓、军乐鼓这样的打击乐器的脆性等。不同频段的修改,用不同类型的滤波器,高频段和低频段的修改用斜坡滤波器,中频带的均衡(修改)用峰化滤波器。在录音和传输过程中还会用到其他类型的滤波器,例如低通滤波器、高通滤波器及陷波器等。以上提到的滤波器均可使用数字滤波器,针对不同的要求,选择已学过的设计方法。下面主要介绍斜坡滤波器和峰化滤波器。

10.2.2.1　一阶滤波器和斜坡滤波器

很多人都应该知道下面这个一阶低通数字滤波器,它的系统函数重写如下

$$H_{\mathrm{LP}}(z) = \frac{1-\alpha}{2}\frac{1+z^{-1}}{1-\alpha z^{-1}} \tag{10-2-6}$$

相应的一阶高通数字滤波器用下式表示

$$H_{\mathrm{LP}}(z) = \frac{1+\alpha}{2}\frac{1-z^{-1}}{1-\alpha z^{-1}} \tag{10-2-7}$$

它们的 3 dB 截止频率 ω_{c} 用下式计算

$$\omega_{\mathrm{c}} = \arccos\left(\frac{2\alpha}{1+\alpha^2}\right) \tag{10-2-8}$$

式(10-2-6)和式(10-2-7)也可以写成下面两式

$$H_{\mathrm{LP}}(z) = \frac{1}{2}\big[1 - A_1(z)\big] \tag{10-2-9}$$

$$H_{\mathrm{HP}}(z) = \frac{1}{2}\big[1 + A_1(z)\big] \tag{10-2-10}$$

式中

$$A_1(z) = \frac{\alpha - z^{-1}}{1 - \alpha z^{-1}} \qquad (10\text{-}2\text{-}11)$$

请读者自己证明式(10-2-6)和式(10-2-7)分别与式(10-2-9)和式(10-2-10)是一样的。注意到是一个一阶全通函数。利用式(10-2-9)和式(10-2-10)进行组合,形成如图 10-20 所示的滤波器。该滤波器有一个输入和两个输出,上端是高通输出,下端是低通输出,而且 3 dB 截止频率 ω_c 可以用全通滤波器的系数 α 进行调整。

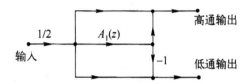

图 10-20　有一个参数可调的一阶低通/高通滤波器

如果将图 10-20 中的两个输出进行组合,形成下面的系统函数

$$G_{LP}(z) = \frac{K}{2}[1 - A_1(z)] + \frac{1}{2}[1 + A_1(z)]$$

式中,K 是一个常数。其结构图如图 10-21 所示,增益特性(用 dB 表示)如图 10-22 所示。该滤波器称为低频斜坡滤波器。相应地有高频斜坡滤波器,系统函数为

$$G_{HP}(z) = \frac{1}{2}[1 - A_1(z)] + \frac{K}{2}[1 + A_1(z)]$$

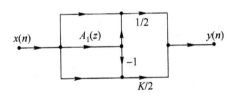

图 10-21　低频斜坡滤波器结构

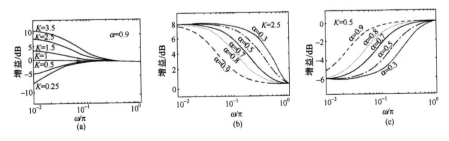

图 10-22　低频斜坡滤波器增益特性

其结构图如图 10-23 所示,增益特性如图 10-24 所示。高、低频斜坡滤波器都可以通过调整参数 K 控制通带的强弱,$K>1$ 通带增强,$K<1$ 通带减弱,$K=1$ 通带保持原幅度。通过调整口控制带宽。

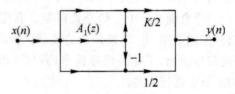

图 10-23   高频斜坡滤波器结构

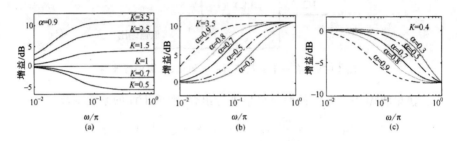

图 10-24   高频斜坡滤波器增益特性

10.2.2.2   二阶滤波器和均衡器

下面介绍用二阶滤波器形成的峰化滤波器(二阶均衡器)。
二阶带通和二阶带阻滤波器的系统函数分别为

$$H_{BP}(z) = \frac{1-\alpha}{2} \frac{1-z^{-2}}{1-\beta(1+\alpha)z^{-1}+\alpha z^{-2}} \qquad (10\text{-}2\text{-}12)$$

$$H_{BS}(z) = \frac{1+\alpha}{2} \frac{1-2\beta z^{-1}+z^{-2}}{1-\beta(1+\alpha)z^{-1}+\alpha z^{-2}} \qquad (10\text{-}2\text{-}13)$$

带通滤波器的中心频率 ω_0 和带阻滤波器的陷波频率 ω_0 用下式计算

$$\omega_0 = \arccos\beta \qquad (10\text{-}2\text{-}14)$$

它们的 3 dB 带宽用下式计算

$$B_W = \arccos\left(\frac{2\alpha}{1+\alpha^2}\right) \qquad (10\text{-}2\text{-}15)$$

令

$$A_2(z) = \frac{\alpha-\beta(1+\alpha)z^{-1}+z^{-2}}{1-\beta(1+\alpha)z^{-1}+\alpha z^{-2}} \qquad (10\text{-}2\text{-}16)$$

得到

$$H_{BP}(z) = \frac{1}{2}\big[1-A_2(z)\big] \qquad (10\text{-}2\text{-}17)$$

$$H_{BS}(z) = \frac{1}{2}\left[1 + A_2(z)\right] \qquad (10\text{-}2\text{-}18)$$

注意 $A_2(z)$ 是全通函数。和前面方法类似,将上面两式组合成一个系统,其结构图如图 10-25(a)所示,图中上臂是带阻输出,下臂是带通输出。全通部分 $A_2(z)$ 用如图 10-25(b)所示的格型结构实现,特点是可以独立地调谐中心频率 ω_0 及 3 dB 带宽 B_W。

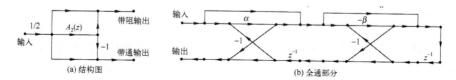

图 10-25　二阶带通/带阻滤波器

和一阶的情况一样,用二阶带通/带阻滤波器上臂和下臂组合成下面的二阶均衡器 $G_2(z)$,即

$$G_2(z) = \frac{K}{2}\left[1 - A_2(z)\right] + \frac{1}{2}\left[1 + A_2(z)\right] \qquad (10\text{-}2\text{-}19)$$

式中,K 是一个正常数。二阶均衡器的结构图如图 10-26 所示,中心频率 ω_0 可用 β 参数独立调整,3 dB 带宽 B_W 由参数 α 单独决定。幅度响应的峰值或者谷值由 $K = G_2(e^{jw_0})$ 给出。通过改变 K,α 和 β 得到的增益响应(用 dB 表示)如图 10-27～图 10-29 所示。

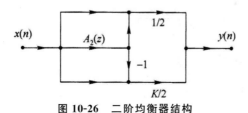

图 10-26　二阶均衡器结构

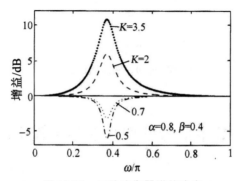

图 10-27　二阶均衡器增益响应

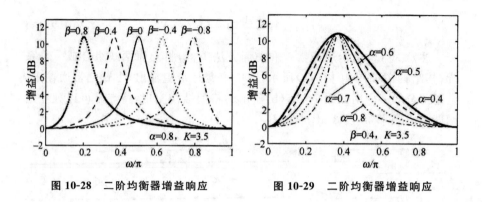

图 10-28 二阶均衡器增益响应   图 10-29 二阶均衡器增益响应

10.2.2.3 图形均衡器

用一阶和二阶均衡器进行级联,形成一个图形均衡器,它是个高阶均衡器,特点是每一部分的最大增益可由外部进行控制。图 10-30(a)所示为一个一阶和三个二阶均衡器的级联方框图,图 10-30(b)所示为在典型参数下的增益特性。

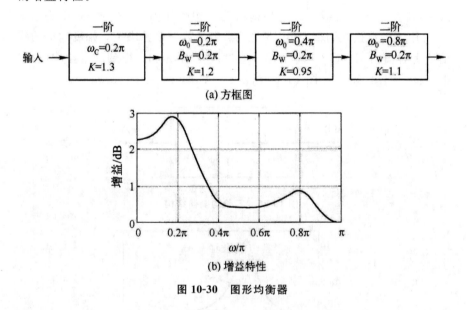

图 10-30 图形均衡器

10.3 数字信号处理在地学工程中的应用

随着科学技术的发展,数字信号处理的理论研究成果不断出现,数字信号处理在各个工程领域的应用越来越广泛,其中,数字信号处理在地学工程方面有着丰富的应用成果,这些应用成果丰富了数字信号处理的学科架构,推动了地球科学研究的不断进步。本章以自动钻进系统的钻具振动去噪技术为例说明数字信号在地学工程中的应用。本章引用一些研究人员业已发表的论文,介绍了他(她)们的研究成果,说明数字信号处理的有关理论和方法在地学工程方面的应用。

10.3.1 垂直钻进系统的基本概念

在地质工程中,钻探是一个常用的技术手段。在早期的钻探工作中,根据地质师确定的钻孔坐标和钻孔深度,司钻人员操作钻机实施整个钻进工程。

由于钻进地域地质体的不均匀,使得钻进过程中的钻具不是时时绝对垂直向下,钻进轨迹不是一条理想的垂直线,而是一条弯曲的钻孔,其钻进终点可能与设计靶心有着相当的距离。因此,时时掌握钻进参数,及时控制钻进轨迹是钻探工程追求的目标。

自动垂直钻井是一种能实时防斜、主动纠斜、提高钻井速度的钻井技术,用于解决高陡构造和复杂地层的防斜打直技术难题。自动垂直钻井工具带有井下闭环控制系统,可实现井下主动防斜、纠斜,有效提高机械钻速,降低钻井成本。

目前,国内有关单位研制了自动垂直钻井系统,地面试验和某井现场试验表明:该系统能将垂直井眼轨迹的精度控制在 1 度以内,达到了钻井过程中防斜与纠斜的目的。

一般垂直钻进系统如图 10-31 所示,地面有钻机平台,钻进动力与手动控制设备,钻杆装卸设备,随钻测试显示设备等,地下有钻杆和钻具;钻具结构如图 10-32 所示。钻具内有发电机单元、测试单元、伺服单元、导向单元和钻头单元等,其中,测控单元内安装了斜传感器和处理器信号处理模块。

在钻进时,地面钻机平台的钻机动力设备通过钻杆为钻具前端的钻头提供向下的钻压和水平旋转力进行岩石切削钻进,钻具内发电机给充电电池充电,为测控单元和伺服单元的电磁阀提供工作电源,测斜传感器检测钻具的姿态。处理器信号处理模块计算井斜角和高边工具面角,根据表 10-1所示的井斜控制策略,通过如图 10-33 所示的合适的导向单元产生一个合力矢量指向重高边工具面,改变钻进方向,保证钻机的垂直方向钻进。另外,测控单元存储钻进姿态与参数,并与地面上的随钻测试显示设备保持通信联系,使之成为一个闭环的智能垂直钻进系统。

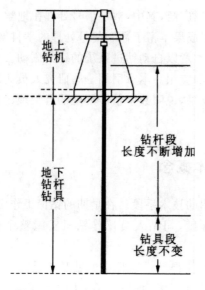

图 10-31　垂直钻进系统基本框图

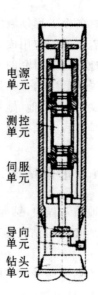

图 10-32　钻具结构

表 10-1　井斜角超标时垂钻控制策略

高边工具面角	导向块 A	导向块 B	导向块 C	集中导向力角
330°～30°	伸出	缩回	缩回	0
30°～90°	伸出	伸出	缩回	60
90°～150°	缩回	伸出	缩回	120
150°～210°	缩回	伸出	伸出	180
210°～270°	缩回	缩回	伸出	240
270°～330°	伸出	缩回	伸出	300

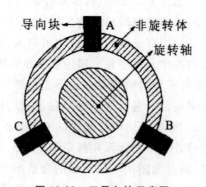

图 10-33　三导向块示意图

井斜角传感器内的重力加速度 g 在三轴加速度计上的三个分量分别

为 g_x, g_y, g_z。z 轴沿具轴线方指向钻头一端,则井斜角 α 的计算公式为:

$$\alpha = \arctan \frac{\sqrt{g^2x + g^2y}}{g_z} \qquad (10\text{-}3\text{-}1)$$

工具面角 θ 为 x 轴与高边夹角,其计算公式为:

$$\theta = \arctan(\frac{g_y}{-g_x}) \qquad (10\text{-}3\text{-}2)$$

自动纠斜流程如图 10-34 所示。首先由井斜检测单元测出井斜,判断是否超差,进而确定井斜工具面,然后井下控制单元控制导向机构动作,使钻井轨迹重新回到垂直位置。在这一过程中,井斜角 α 和重力工具面角 θ 的精确测量是自动纠斜的必要条件。

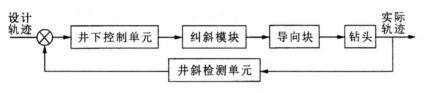

图 10-34　自动纠斜流程框图

有关文献报道过自动垂直钻进系统的钻进轨迹,如图 10-35 所示。两口不同的孔井,在 365 m~2 053 m,一口井采用垂直钻进的最大井斜小于 1°,另一口井采用普通钻进的最大井斜超过 2.5°。

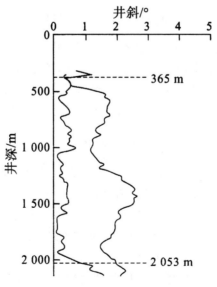

图 10-35　自动垂直钻进轨迹记录

10.3.2 钻进过程的信号处理

在钻进过程中,钻具处于振动状态,测斜传感器的输出信号中除了加速度三分量信号等有效信号外,还包含许多振动噪声。这些噪声的幅度大,频率高,时间短。针对有效信号和干扰信号的上述特征,采取如图 10-36 所示的数字信号处理方案,对三轴加速度采样信号进行处理。首先采用低通数字滤波器滤除高频分量,包括振动信号以及传感器自身的交流噪声等。然后对信号进行限幅滤波处理,消除信号序列中冲击信号的干扰。最后采用自相关运算处理信号序列。由于确定性信号在不同时刻取值一般都具有较强的相关性,而干扰噪声的不同时刻取值的相关性较弱,利用这一差异可以把确定性信号和干扰噪声区分开来。

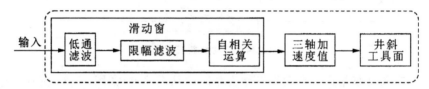

图 10-36 测斜传感器三轴输出信号处理框图

自相关法从噪声中恢复有用信号的计算式为:

$$R(k) = \frac{1}{N} \sum_{n=1}^{N} x(n)x(n-k) \quad (k = 1, 2, \cdots)$$

式中,$R(k)$ 为自相关函数值;N 为信号序列长度;$x(n)$ 为信号序列。

每次滑动窗向后滑动更新一个采样数据,就对信号序列进行低通滤波和限幅滤波以及自相关处理。得到的结果作为当前滑动窗的加速度值输出,最后通过式(10-3-1)和式(10-3-2)计算得到井斜和重力工具面。

10.3.2.1 随机振动的试验分析

将传感器模块安装在振动台上,记录该位置静态井斜为 $0.819°$,工具面为 $150.5°$。设定振动台三轴以有效值为 $1g$ 的加速度进行随机振动,试验结果如图 10-37 和图 10-38 所示。图 10-37 中,上面为采集的原始数据,下面为处理后的数据。结果显示,在随机振动下,处理后的 x、y 轴微小分量稳定在 $0.012g$ 和 $0.007g$ 左右,稳态井斜值为 $0.82°$,而稳态工具面为 $149.0°\sim150.5°$,与静态工具面最大相差 $1.5°$,工具面测量误差满足要求。

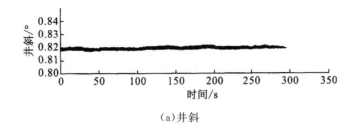

（a）井斜

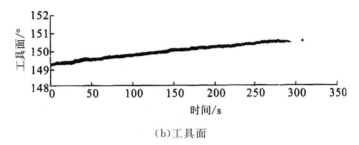

（b）工具面

图 10-37　随机振动情况下的井斜角与工具面角

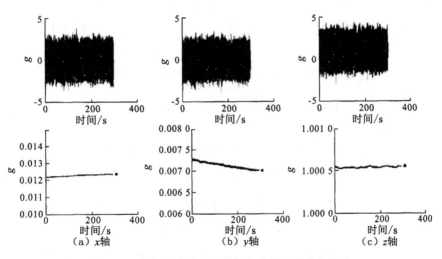

（a）x轴　　　　　　（b）y轴　　　　　　（c）z轴

图 10-8　随机振动情况下测斜传感器三轴输出信号

10.3.2.2　强振动的试验分析

为了进一步检验该动态测量方法的效果，将从实际生产井中以 6 677 Hz 的采样率随钻采集得到的振动数据输入振动台作为振源信息，模拟井下强振动和冲击工况。将传感器模块固定，记录静态井斜、重力工具面分别为 0.50°和 80.20°，试验结果如图 10-39 和图 10-40 所示。

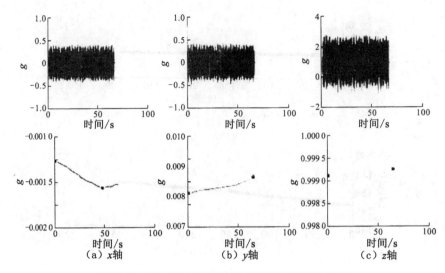

图 10-39 强振动情况下测斜传感器三轴输出信号

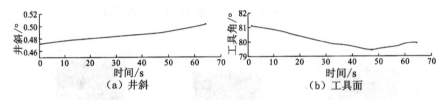

图 10-40 强振动情况 F 的井斜角与工具面角

试验结果显示,在经过算法处理后,x、y 轴微小分量稳定在 $-0.001\,5g$ 和 $0.008\,0g$ 左右,稳态井斜值为 $0.47°\sim0.500°$,稳态工具面为 $79.50°$。试验结果表明,该方案能够在实钻强振动环境中得到稳定精确的井斜和重力工具面与常规测量方案相比,其精度和实时性均有较大的提升。

10.3.2.3　冲击振动的试验分析

为了进一步检验该方案在冲击环境中的表现,给振动台输入另一组井下采集信号。该组振动数据主要表现为冲击信号特征。试验结果如图 10-41 和图 10-42 所示。图 10-41 中上面为采集的原始数据,下面为处理后的数据。

在这组试验中,静态井斜和工具面分别为 $0.49°$ 和 $81.30°$,传感器模块采集信号并经过算法处理之后,稳态井斜值为 $0.46°\sim0.49°$,稳态工具面为 $81.00°\sim83.80°$,稳态工具面与静态的最大差值为 $2.500°$。

试验结果表明,所提供的动态测量方案在冲击环境中同样有较好的表现,能够有效降低冲击干扰带来的不利影响。

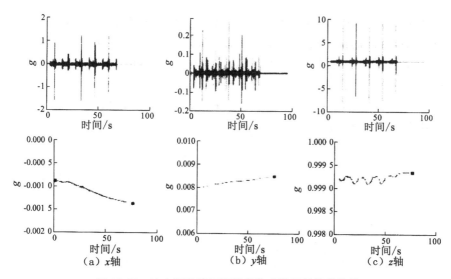

图 **10-41** 冲击振动情况下测斜传感器三轴输出信号

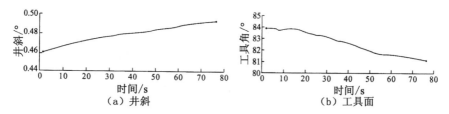

图 **10-42** 冲击振动情况下的井斜角与工具面角

在本章中介绍了广义 s 变换在探地雷达地层识别中的应用,自相关算法在垂直钻进工程井斜信号检测去噪方面的应用,这些成果仅仅是众多的数字信号处理在地学工程中应用的两个实例。

应该指出,地学工程是数字信号处理的一个重要的应用领域,很多地学类的研究方法推动和丰富了数字信号处理的理论研究和实际应用,例如,20世纪 80 年代的小波分析就是法国科学家 Grossman 和 Morlet 在进行地震信号分析时提出的,目前,小波分析方法应用于许多工程领域,为解决各类工程问题发挥了极其重要的作用。

在实际的工程应用中,信号处理必须与工程问题相联系,需要明确实际工程中的各种物理参数和信号参数有着怎样的联系,这些信号参数具有怎样的时域特性和频域特性,如何反映实际各类物理系统的基本状态,在信号处理中,如何获取这些参数的各类特性,不仅需要信号处理的基本理论和方法,同时需要更为深入的信号分析知识。

本书介绍了最基本的数字信号处理的原理和方法,但在解决不同工程问题的信号处理时,还需要更多的现代数字信号处理的方法,如现代功率谱估计和信号的倒谱分析——多速率信号处理、信号时频分析与小波分析、随机信号的统计最优滤波技术(维纳滤波器、维纳预测器和卡尔曼滤波器),自适应滤波技术、高阶与分数低阶统计信号处理等。这些正是今后从事数字信号处理解决实际工程问题所需要继续学习的内容,以期增强处理各类信号处理问题的能力。

参考文献

[1] (巴西)迪尼兹等著. 数字信号处理系统分析与设计[M]. 2版. 张太镒,汪烈军,
于迎霞译. 北京:机械工业出版社,2013.

[2] (美)Paulo S. R. Diniz等著. 数字信号处理系统分析与设计[M]. 门爱东,等译.
北京:电子工业出版社,2004.

[3] (美)Willis J. Tompkins著. 生物医学数字信号处理[M]. 林家瑞,徐邦荃,等译.
武汉:华中科技大学出版社,2001.

[4] 陈昌灵. 数字信号处理[M]. 上海:华东师范大学出版社,1993.

[5] 陈绍荣,刘郁林,雷斌等. 数字信号处理[M]. 北京:国防工业出版社,2016.

[6] 陈玉东. 数字信号处理[M]. 北京:地质出版社,2014.

[7] 戴文战. 数字信号处理[M]. 杭州:浙江教育出版社,2008.

[8] 邓小玲,徐梅宣,刁寅亮. 数字信号处理[M]. 北京:北京理工大学出版社,2019.

[9] 傅华明. 数字信号处理原理及应用[M]. 武汉:中国地质大学出版社,2016.

[10] 桂志国,陈友兴. 数字信号处理原理及应用[M]. 2版. 北京:国防工业出版
社,2016.

[11] 桂志国,杨民,陈友兴,等. 数字信号处理原理及应用[M]. 北京:国防工业出版
社,2012.

[12] 郭永彩,廉飞宇,林晓钢. 数字信号处理[M]. 重庆:重庆大学出版社,2009.

[13] 胡剑凌,徐盛. 数字信号处理系统的应用和设计[M]. 上海:上海交通大学出版
社,2003.

[14] 黄顺吉,黄振兴,刘醒凡,等. 数字信号处理及其应用[M]. 北京:国防工业出版
社,1982.

[15] 季秀霞. 数字信号处理[M]. 西安:西安交通大学出版社,2019.

[16] 冀振元. 数字信号处理[M]. 哈尔滨:哈尔滨工业大学出版社,2011.

[17] 贾君霞. 数字信号处理[M]. 北京:中国铁道出版社,2011.

[18] 蒋小燕,俞伟钧,李俊生,等. 数字信号处理与应用[M]. 南京:东南大学出版
社,2008.

[19] 李芬华,常铁原,潘立冬等. 数字信号处理[M]. 北京:中国计量出版社,2007.

[20] 李洪涛,顾陈,朱晓华等. 数字信号处理系统设计[M]. 北京:国防工业出版社,2017.

[21] 李丽芬,蔡小庆. 数字信号处理[M]. 武汉:华中科技大学出版社,2015.

[22] 李睟韬,钱志余. 数字信号处理及生物医学工程应用[M]. 北京:科学出版
社,2018.

[23] 李永全,杨顺辽,孙祥娥. 数字信号处理[M].武汉:华中科技大学出版社,2011.

[24] 李勇. 数字信号处理原理与应用[M].西安:西北工业大学出版社,2016.

[25] 刘顺兰,吴杰. 数字信号处理[M].西安:西安电子科技大学出版社,2015.

[26] 门爱东,杨波,全子一等. 数字信号处理[M].北京:人民邮电出版社,2003.

[27] 聂能,尧德中,谢正祥. 生物医学信号数字处理技术及应用[M].北京:科学出版社,2005.

[28] 邵朝等. 数字信号处理[M].北京:北京邮电大学出版社,2004.

[29] 王超,安建伟,周贤伟,等. 数字信号处理[M].北京:国防工业出版社,2010.

[30] 王凤文,舒冬梅,赵宏才. 数字信号处理[M].北京:北京邮电大学出版社,2006.

[31] 王华奎,张立毅. 数字信号处理及应用[M].北京:高等教育出版社,2004.

[32] 王岩,奚伯齐,温奇咏,等. 数字信号处理器原理及应用[M].哈尔滨:哈尔滨工业大学出版社,2016.

[33] 王永玉,孙衢. 数字信号处理及应用[M].北京:北京邮电大学出版社,2009.

[34] 王永玉,孙衢. 数字信号处理及应用实验教程与习题解答[M].北京:北京邮电大学出版社,2009.

[35] 吴先良. 数字信号处理[M].合肥:安徽大学出版社,2018.

[36] 吴瑛,张莉,张冬玲,等. 数字信号处理[M].西安:西安电子科技大学出版社,2009.

[37] 聂能,尧德中,谢正祥. 生物医学信号数字处理技术及应用[M].北京:科学出版社,1992.

[38] 宿富林,冀振元,赵雅琴,等. 数字信号处理[M].哈尔滨:哈尔滨工业大学出版社,2012.

[39] 徐以涛. 数字信号处理[M].西安:西安电子科技大学出版社,2009.

[40] 杨会成. 数字信号处理[M].北京:国防工业出版社,2012.

[41] 姚志恩. 数字信号与处理[M].杭州:浙江大学出版社,2018.

[42] 俞一彪,孙兵. 数字信号处理理论与应用[M].南京:东南大学出版社,2011.

[43] 俞一彪. 数字信号处理理论与应用[M].3 版. 南京:东南大学出版社,2017.

[44] 原萍. 数字信号处理[M].北京:中国铁道出版社,2012.

[45] 张洪涛,万红,杨述斌. 数字信号处理[M].武汉:华中科技大学出版社,2007.

[46] 张立材,王民,高有堂,等. 数字信号处理原理、现实及应用[M].北京:北京邮电大学出版社,2011.

[47] 张立材,王民,高有堂等. 数字信号处理[M].北京:北京邮电大学出版社,2004.

[48] 张小虹等. 信号、系统与数字信号处理[M].北京:机械工业出版社,2004.

[49] 张彦仲. 数字信号处理系统及其实现[M].北京:科学出版社,1989.

[50] 张长森. 数字信号处理[M].北京:中国电力出版社,2007.

[51] 周良柱. VLSI 与数字信号处理系统设计[M].长沙:国防科技大学出版社,1990.

[52] 朱金秀,江冰,吴迪等. 数字信号处理[M].北京:北京航空航天大学出版社,2011.

[53] 朱军. 数字信号处理[M].合肥:合肥工业大学出版社,2009.